INTRODUÇÃO
À ANÁLISE
MATEMÁTICA

Blucher

GERALDO ÁVILA

INTRODUÇÃO À ANÁLISE MATEMÁTICA

2ª edição revista

Introdução à análise matemática
© 1999 Geraldo Severo de Souza Ávila
2ª edição – 1999
8ª reimpressão – 2020
Editora Edgard Blücher Ltda.

Blucher

Rua Pedroso Alvarenga, 1245, 4º andar
04531-934 – São Paulo – SP – Brasil
Tel.: 55 11 3078-5366
contato@blucher.com.br
www.blucher.com.br

É proibida a reprodução total ou parcial por quaisquer meios, sem autorização escrita da Editora.

Todos os direitos reservados pela Editora Edgard Blücher Ltda.

FICHA CATALOGRÁFICA

Ávila, Geraldo Severo de Souza,
    Introdução à análise matemática / Geraldo Severo de Souza Ávila – São Paulo: Blucher, 1999.

Bibliografia.
ISBN 978-85-212-0168-7

1. Análise matemática I. Título.

06-0499   CDD-515

Índices para catálogo sistemático:
1. Análise matemática: 515

Para Neuza,
de coração

Prefácio

O presente livro, lançado em fevereiro de 1993, teve uma reimpressão em 1995 e agora aparece em sua segunda edição, que incorpora as correções dos erros encontrados, alguns exercícios a mais e uma parte final sobre o teorema de Ascoli.

Um curso de Análise, Cálculo, ou qualquer outra disciplina matemática, deve, antes de tudo, transmitir idéias. E isto, muitas vezes, é prejudicado em exposições carregadas de formalismo e rigor. Até mesmo em cursos mais avançados, a insistência excessiva nesses elementos da apresentação freqüentemente dificulta a transmissão das idéias e o próprio aprendizado. O testemunho histórico nos ensina que 150 anos decorreram desde o surgimento do Cálculo, com Newton e Leibniz no século XVII, até o início de sua formulação rigorosa por volta de 1820. E não foi por falta de cérebros capazes que nesse interregno nada se fez de satisfatório sobre os fundamentos. Esse longo período de tempo viu passar gênios de primeira grandeza, como os Bernoulli, Euler, d'Alembert e Lagrange. E vários deles tentaram, sem sucesso, prover o Cálculo de uma fundamentação rigorosa. Como bem observa Dieudonné (na p. 22 da referência [D2]), "a falta de rigor imputada aos matemáticos do século XVIII provém sobretudo das dificuldades por eles enfrentadas em definir de maneira precisa as noções básicas do Cálculo, das quais, todavia, tinham muitas vezes uma boa concepção intuitiva". Foi precisamente essa *concepção intuitiva* que os guiou com muito sucesso durante todo o século. Por isso mesmo, embora rigor e formalismo sejam ingredientes essenciais de um curso de Análise, procuramos fazê-los presentes, em nossa apresentação, de maneira equilibrada, sem descurar as virtudes do pensamento intuitivo.

O presente livro cobre o material que costuma ser apresentado num primeiro curso de Análise de final de graduação ou início da pós-graduação. Ele pressupõe que o aluno já tenha feito um curso de Cálculo de uma variável, incluindo derivadas e integrais, o estudo do comportamento das funções, esboços de curvas e séries de Taylor e MacLaurin. Basta isso como pré-requisito; por isso mesmo, cremos ser bastante aconselhável que um curso de Análise nos moldes do presente livro seja ministrado logo após um primeiro curso de Cálculo.

O capítulo 1 introduz o aluno ao conjunto dos números reais como corpo ordenado completo, porém de um ponto de vista prático, enfatizando a propriedade do supremo e a desigualdade do triângulo. Os capítulos 2 e 3, sobre seqüências e séries numéricas, cobrem, em grande parte, material que faz parte de um segundo curso de Cálculo. Por isso mesmo, dependendo do preparo prévio dos alunos, talvez possam ser dispensados; mas apenas em parte, pois aí aparecem resultados importantes, como o teorema de Bolzano-Weierstrass, os conceitos de "limite superior" e "limite inferior" de uma seqüência, o teorema dos intervalos encaixados, a forma mais geral do teste da raiz sobre convergência de séries etc., tópicos esses que são imprescindíveis para o que virá depois. Tudo o mais, a partir do capítulo 4, é material consagrado de um curso de Análise.

O livro traz, evidentemente, a marca do autor; primeiro, é claro, no estilo da exposição. Mas sua principal característica, que o distingue dos textos congêneres, são as "Notas históricas e complementares" no final de cada capítulo. Aqui o propósito não é apenas o de registrar dados biográficos e fatos pitorescos, mas, sobretudo, o de orientar o leitor no entendimento da evolução das idéias. Muitas teorias matemáticas são de difícil compreensão, no seu porquê, quando vistas isoladamente ou separadas do contexto histórico em que se desenvolveram. Cremos que o estudo da Matemática, auxiliado pelo acompanhamento de sua evolução histórica, de seu papel num contexto científico mais amplo, e do fascinante jogo das idéias no cenário da invenção e descoberta, é estimulante e enriquecedor na formação do aluno, sobretudo de sua capacidade de apreciação crítica da disciplina.

Essa mesma linha de idéias nos guia na escolha das demonstrações, quando podemos optar entre duas ou mais disponíveis na literatura. Nem sempre preferimos a demonstração mais "elegantemente" formalizada, porém aquela que seja mais natural, mais didática ou mais criativa; e como esses elementos estão muito presentes na evolução histórica das idéias, várias vezes nossas apresentações são as mesmas originais ou delas muito se aproximam. Exemplo disso é a demonstração de Oresme sobre a divergência da série harmônica (p. 48), a de Riemann para o Teorema 3.29 (p. 67) sobre séries condicionalmente convergentes, ou a apresentação da fórmula de Taylor (p. 190 e seguintes).

Na organização do texto, adotamos o costume de alguns autores, com numeração única para as definições, teoremas, exemplos e fórmulas, fazendo referências diretamente às páginas. Isto muito facilita e torna mais amena a leitura. Os exercícios propostos são sempre seguidos de sugestões em muitos casos e soluções completas para os mais difíceis. Evidentemente, o leitor deve primeiro tentar resolvê-los sozinho, só recorrendo às sugestões e soluções após um razoável esforço próprio.

Agradecimentos aos colegas e estudantes, de perto e de longe, que nos procuraram, pessoalmente e por carta, com sugestões de mudanças, críticas construtivas, correções de erros, tudo contribuindo para melhorar nosso trabalho. Agradecemos também a Josenildo Ramiro e Silva e Mauro Timbó pela ajuda com os desenhos no computador.

Esperamos que o livro continue servindo a jovens estudantes e professores universitários, de quem esperamos continuar recebendo críticas e sugestões que possam contribuir para aprimorá-lo ainda mais. Àqueles que assim se dispuserem a colaborar conosco, pedimos que nos escrevam, utilizando-se do endereço da Editora.

Geraldo Ávila
Brasília, agosto de 2000

Conteúdo

Capítulo 1: Os Números Reais, 1

Generalidades, 1. Supremo e ínfimo de um conjunto, 2. Exercícios, 5. Sugestões e soluções, 6. Desigualdade do triângulo, 7. O princípio de indução e a desigualdade de Bernoulli, 8. Exercícios, 9. Sugestões e soluções, 9. Notas históricas e complementares, 10. Q é um conjunto enumerável, 10. O conjunto R não é enumerável, 11. Os números reais, de Eudoxo a Dedekind, 11. Definição de corpo, 15.

Capítulo 2: Seqüências Infinitas 16

Primeiras noções, 16. Conceito de limite e primeiras propriedades, 17. Operações com limites, 22. Exercícios, 24. Sugestões e soluções, 25. Seqüências monótonas, 26. O número e, 27. Subseqüências, 28. Limites infinitos, 29. Seqüências recorrentes, 31. Exercícios, 32. Sugestões e soluções, 34. Pontos aderentes e teorema de Bolzano-Weierstrass, 35. Limite superior e limite inferior, 37. O critério de convergência de Cauchy, 39. Intervalos encaixados, 40. Ainda o teorema de Bolzano-Weierstrass, 41. Exercícios, 41. Sugestões, 42. Notas históricas e complementares, 43. A não enumerabilidade dos números reais, 43. Cantor e os números reais, 43. Bolzano, o critério de Cauchy e o teorema de Bolzano-Weierstrass, 45.

Capítulo 3: Séries Infinitas 47

Primeiras definições e propriedades, 47. Séries de termos positivos, 50. Exercícios, 51. Sugestões, 51. Teste de comparação, 52. Irracionalidade do número e, 53. Exercícios, 56. Sugestões, 57. Testes da raiz e da razão, 57. Exercícios, 61. Sugestões, 62. O teste da integral, 62. Exercícios, 63. Sugestões, 64. Convergência absoluta e condicional, 64. Séries alternadas e convergência condicional, 65. Exercícios, 68. Notas históricas e complementares, 68. A origem das séries infinitas, 68. Nicole Oresme e a série de Swineshead, 69. Cauchy e as séries infinitas, 70.

Capítulo 4: Funções, Limite e Continuidade 72

Preliminares, 72. Noções sobre conjuntos, 72. Noções topológicas na reta, 74. Exercícios, 77. Funções, 78. Exercícios, 81. Sugestões e soluções, 82. Limite e continuidade, 82. Propriedades do limite, 84. Exercícios, 89. Sugestões e soluções, 90. Limites laterais e funções monótonas, 91. Limites infinitos e limites no infinito, 92. As descontinuidades de uma função, 95. O conjunto e a função de Cantor, 98. Exercícios, 101. Sugestões e soluções, 102. Notas históricas e complementares, 103. O Início do rigor na Análise Matemática, 103. Carl Friedrich Gauss (1777-1855), 107.

CAPÍTULO 5: FUNÇÕES GLOBALMENTE CONTÍNUAS   108

Conjuntos compactos, 108. Funções contínuas em domínios compactos e intervalos, 109. Exercícios, 113. Sugestões, 114. Teorema de Borel-Lebesgue, 115. Continuidade uniforme, 116. Exercícios, 118. Sugestões e soluções, 119. Notas históricas e complementares, 120. O Teorema do valor intermediário, 120. Weierstrass e os fundamentos da Análise, 121. O teorema de Borel-Lebesgue, 121.

CAPÍTULO 6: O CÁLCULO DIFERENCIAL   123

Derivada e diferencial, 123. Derivada da função inversa, 127. Exercícios, 128. Sugestões, 129. Máximos e mínimos locais, 129. Teorema do valor médio, 130. Exercícios, 134. Sugestões, 136. Notas históricas e complementares, 137. As origens do Cálculo, 137. O cálculo fluxional de Newton, 138. O cálculo formal de Leibniz, 139. Newton e Leibniz, 140. O problema dos fundamentos, 140.

CAPÍTULO 7: A INTEGRAL DE RIEMANN   142

Introdução, 142. Somas inferiores e superiores, funções integráveis, 142. Exercícios, 148. Critérios de integrabilidade, 48. Exercícios, 151. Sugestões, 151. Propriedades da integral, 151. Exercícios, 155. Sugestões, 155. Somas de Riemann, 156. Exercícios, 158. Conjuntos de medida zero e integrabilidade, 159. Notas históricas e complementares, 163. Cauchy e a integral, 163. Dirichlet e a série de Fourier, 163. Riemann e a integral, 164.

CAPÍTULO 8: O TEOREMA FUNDAMENTAL E APLICAÇÕES DO CÁLCULO   167

Primitivas de funções contínuas, 169. Integração por partes e substituição, 171. Exercícios, 172. Sugestões, 173. A função logarítmica, 173. A função exponencial e o número e, 175. A exponencial a^x, 176. Exercícios, 177. Ordem de grandeza, 178. Exercícios, 181. Sugestões, 181. Regra de l'Hôpital, 181. Exercícios, 183. Sugestões, 184. Integrais impróprias, 184. Exercícios, 188. Sugestões, 190. Fórmula de Taylor, 190. Exercícios, 195. Respostas e sugestões, 196. Fórmula de Taylor com resto integral, 196. Notas históricas e complementares, 197. O início do Cálculo, 197. O teorema fundamental segundo Newton, 198. O teorema fundamental segundo Leibniz, 199. O logaritmo como Área, 199. Leibniz, os irmãos Bernoulli e l'Hôpital, 200. A interpolação e o polinômio de Taylor, 200. Leonhard Euler (1707-1783), 201.

CAPÍTULO 9: SEQÜÊNCIAS E SÉRIES DE FUNÇÕES   202

Introdução, 202. Convergência simples e convergência uniforme, 202. Exercícios, 206. Sugestões e soluções, 207. Conseqüências da convergência uniforme, 208. Séries de funções, 213. Exercícios, 215. Sugestões e soluções, 216. Séries de potências, 217. Raio de convergência, 219. Propriedades das séries de potências, 220. Funções C^∞ e funções analíticas, 222. Exercícios, 223. Sugestões, 224. As funções trigonométricas, 224. Exercícios, 226. Sugestões, 226. Multiplicação de séries, 226. Divisão de séries de potências, 228. Exercícios, 229. Teoremas de Abel e Tauber, 230. Séries trigonométricas, 232. Exercícios, 235. Equicontinuidade, 235. Notas históricas e complementares, 240. As séries de potências, 240. Lagrange e as funções analíticas, 241. A convergência uniforme, 241. A aritmetização da Análise, 243.

REFERÊNCIAS BIBLIOGRÁFICAS   245
BIBLIOGRAFIA ADICIONAL   248
ÍNDICE ALFABÉTICO   249
ÍNDICE DE NOMES   253

Capítulo 1

OS NÚMEROS REAIS

Generalidades

O objetivo deste capítulo é o de introduzir alguns tópicos sobre os números reais, que serão necessários em nosso estudo, dentre eles a chamada *propriedade do supremo*. Não nos ocuparemos com uma "teoria dos números reais"; para nossos objetivos basta o conhecimento que o leitor certamente já possui das propriedades desses números, acrescidas daquelas aqui tratadas.

O conjunto dos números reais, como é sabido, constitui-se de todos os números *racionais*, juntamente com os *irracionais*. Como é costume, designaremos o conjunto dos números reais por R e o dos racionais por Q; então, o conjunto dos números irracionais é o complementar de Q em R, ou seja, $R - Q$, que não tem notação própria.

Dentre os vários conjuntos numéricos que nos interessam considerar, destacam-se os *intervalos*, que são de vários tipos. Assim, dados dois números a e b, com $a < b$, chama-se *intervalo aberto* de extremos a e b, designado por (a, b), ao conjunto

$$(a, b) = \{x \in R \colon a < x < b\}.$$

Se incluirmos os extremos a e b no intervalo, então ele será denominado *intervalo fechado* e indicado com o símbolo $[a, b]$:

$$[a, b] = \{x \in R \colon a \leq x \leq b\}.$$

O intervalo pode também ser *semifechado* ou *semi-aberto*, como nos exemplos seguintes:

$$[-3, 1) = \{x \in R \colon -3 \leq x < 1\}; \quad (3, 5] = \{x \in R \colon 3 < x \leq 5\}.$$

Introduzindo os símbolos $-\infty$ e $+\infty$, podemos considerar todo o eixo real como um intervalo:

$$(-\infty, +\infty) = \{x \colon -\infty < x < +\infty\}.$$

Adotamos notação análoga para semi-eixos fechados ou abertos na extremidade finita, como

$$[7, +\infty) = \{x \colon 7 \leq x < +\infty\}; \quad (-\infty, 3) = \{x \colon -\infty < x < 3\}.$$

Sempre que nos referirmos aos intervalos (a, b), $[a, b]$, $(a, b]$ ou $[a, b)$, a e b serão números finitos, com $a < b$.

Supremo e ínfimo de um conjunto

Diz-se que um conjunto C de números reais é *limitado à direita* ou *limitado superiormente* se existe um número K tal que $c \leq K$ para todo $c \in C$. Do mesmo modo, C é *limitado à esquerda* ou *limitado inferiormente* se existe um número k tal que $k \leq c$ para todo $c \in C$. Os números K e k são chamados *cotas* do conjunto C, *superior* e *inferior*, respectivamente. Por exemplo, o conjunto dos números naturais é limitado inferiormente, mas não superiormente, enquanto que o conjunto dos números racionais menores do que 8 é limitado superiormente, mas não inferiormente. O conjunto dos números reais x tais que $x^2 \leq 10$ é limitado, tanto à direita como à esquerda; tal conjunto é o mesmo que o intervalo fechado $[-\sqrt{10}, \sqrt{10}]$, isto é,

$$[-\sqrt{10}, \sqrt{10}] = \{x \in R\colon x^2 \leq 10\} = \{x \in R\colon -\sqrt{10} \leq x \leq \sqrt{10}\}.$$

Um conjunto como este último, que é limitado à direita e à esquerda ao mesmo tempo, é dito, simplesmente, *conjunto limitado*. É também limitado qualquer intervalo de extremos finitos a e b.

Quando um conjunto é limitado superiormente, ele pode ter um elemento que seja o maior de todos, o qual é chamado o *máximo* do conjunto. Por exemplo, o conjunto dos números racionais x tais que $x \leq 10$ tem 10 como seu máximo. Já o conjunto

$$A = \left\{\frac{1}{2}, \frac{2}{3}, \frac{3}{4}, \ldots, \frac{n}{n+1}, \ldots\right\} \tag{1.1}$$

não tem máximo, embora seja limitado superiormente. Os elementos desse conjunto, como vemos, são frações dispostas de maneira crescente:

$$\frac{1}{2} < \frac{2}{3} < \frac{3}{4} < \ldots < \frac{n}{n+1} < \ldots$$

e nenhuma dessas frações é maior do que todas as outras. Pelo contrário, qualquer delas é superada pela que vem logo a seguir, isto é,

$$\frac{n}{n+1} < \frac{n+1}{n+2}.$$

Não obstante isso, qualquer elemento do conjunto é menor que o número 1, o qual é, portanto, uma de suas *cotas superiores*. Aliás, 1 é a menor dessas cotas, pois, dado qualquer número $c < 1$, é sempre possível encontrar n tal que $c < n/(n+1)$ (Veja o Exerc. 1 adiante), o que quer dizer que c não é cota superior.

Este último exemplo ilustra uma situação interessante: o conjunto é limitado superiormente, não tem máximo, mas tem uma cota superior que é a menor de todas. Isso sugere a definição de *supremo* de um conjunto, mediante uma das seguintes proposições (que são equivalentes, como veremos logo a seguir):

1.1. Definição. *Chama-se supremo de um conjunto C à menor de suas cotas superiores.*

Chama-se supremo de um conjunto C ao número S que satisfaz as duas condições seguintes: a) $c \leq S$ para todo $c \in C$; b) dado qualquer número $\varepsilon > 0$, existe um elemento $c \in C$ tal que $S - \varepsilon < c$.

Para vermos que a segunda definição é equivalente à primeira, basta notar que seu item a) nos diz que S é cota superior de C, e o ítem b) está afirmando que não há outra cota menor do que essa; logo, ela é a menor de todas.

Face à definição que demos, a pergunta natural que se põe é a de saber se todo conjunto limitado superiormente tem supremo. A resposta, dada a seguir, é afirmativa.

1.2. Proposição. *Todo conjunto não vazio de números reais, que seja limitado superiormente, possui supremo.*

Esta é a *propriedade do supremo* que mencionamos acima. No final do capítulo, em nota complementar, veremos que ela tanto pode ser um axioma como um teorema, tudo dependendo da maneira como introduzimos os números reais.

É claro que se um conjunto possui máximo, este é também o supremo do conjunto. Mas o supremo de um conjunto não é necessariamente seu máximo, como é o caso do conjunto dado em (1.1). Outro exemplo de conjunto cujo supremo não é máximo é qualquer intervalo aberto à direita, como

$$[-5,\ 12) = \{x \in R\colon\ -5 \leq x < 12\},$$

que não tem máximo, mas tem 12 como seu supremo.

A parte b) da segunda definição em (1.1) nos diz que qualquer número à esquerda de S, isto é, $S - \varepsilon$, terá algum elemento c de C à sua direita. Tal elemento c pode ser o próprio S, quando este for o máximo do conjunto. Por exemplo, o conjunto

$$\{2,\ 3,\ 9/2,\ 5,\ 6,\ 13/2,\ 7\}$$

tem supremo 7, que é também seu máximo. Dado $\varepsilon = 1/2$, $S - \varepsilon$ será $13/2$; e o único elemento do conjunto à direita de $13/2$ é o próprio 7.

A noção de *ínfimo* é introduzida de maneira análoga à de supremo.

1.3. Definição. *Chama-se ínfimo de um conjunto C à maior de suas cotas inferiores*; ou ainda

Chama-se ínfimo de um conjunto C ao número s que satisfaz as duas condições seguintes; a) $s \leq c$ para todo $c \in C$; b) dado qualquer número $\varepsilon > 0$, existe um elemento $c \in C$ tal que $c < s + \varepsilon$.

Com a propriedade do supremo prova-se que *todo conjunto não vazio de números reais, que seja limitado inferiormente possui ínfimo*. (Veja o Exerc. 2 adiante.)

Conjuntos não limitados à direita certamente não possuem supremos finitos. Convenciona-se considerar $+\infty$ como o supremo desses conjuntos. Analogamente, $-\infty$ é considerado o ínfimo dos conjuntos não limitados inferiormente.

Observe que se nos ativermos ao conjunto dos números racionais, então não será verdade que todo conjunto limitado superiormente tenha supremo ou que todo conjunto limitado inferiormente tenha ínfimo. O exemplo clássico disso, discutido a seguir, baseia-se no fato de que *não existe número racional cujo quadrado seja* 2 (Exerc. 3 adiante).

1.4. Exemplo. Consideremos o conjunto F dos números racionais positivos cujos quadrados sejam inferiores a 2:

$$F = \{f \in Q:\ f > 0 \text{ e } f^2 < 2\}. \tag{1.2}$$

Como se vê, F é o conjunto das aproximações racionais de $\sqrt{2}$ por falta. Vamos mostrar que F não tem máximo. Para isso basta provar, como faremos a seguir, que sempre existe um elemento de F à direita de qualquer outro elemento dado $f \in F$. Com efeito, sendo $f^2 < 2$, vamos determinar um número positivo ε, bastante pequeno para que $(f + \varepsilon)^2$ ainda seja menor do que 2: $(f + \varepsilon)^2 < 2$. Expandindo o quadrado e passando f^2 para o segundo membro, isso significa

$$(2f + \varepsilon)\varepsilon < 2 - f^2.$$

Para simplificar o problema, evitando resolver essa inequação em ε, restringimos ε a partir de agora, tomando-o menor do que 1. Assim, $2f + \varepsilon < 2f + 1$, de sorte que

$$(f + \varepsilon)^2 = f^2 + (2f + \varepsilon)\varepsilon \leq f^2 + (2f + 1)\varepsilon.$$

Agora a inequação que temos de resolver é mais simples:

$$f^2 + (2f + 1)\varepsilon < 2 \Leftrightarrow \varepsilon < \frac{2 - f^2}{2f + 1}.$$

Esta restrição em ε (juntamente com ε < 1) garante que o número f + ε também pertence ao conjunto F, o que prova que este conjunto não tem máximo.

Consideremos também o conjunto E das aproximações racionais por excesso da raiz quadrada de 2:

$$E = \{e \in Q \colon e > 0,\ e^2 > 2\}. \tag{1.3}$$

Com um raciocínio inteiramente análogo ao que desenvolvemos acima, demonstra-se que o conjunto E não tem mínimo (Exerc. 5 adiante).

Ora, se F não tem máximo e E não tem mínimo, então, no conjunto dos números racionais F não tem supremo. Com efeito, tal supremo, se existisse, teria de ser um elemento de E, o que não é possível, pois E não tem um menor elemento. Analogamente, prova-se que E não tem ínfimo no conjunto dos números racionais.

Como F é limitado superiormente, pela Proposição 1.2 ele tem supremo, só que esse supremo não é racional, mas o número irracional $\sqrt{2}$, que é também o ínfimo do conjunto E.

Exercícios

1. Prove que o número 1 é efetivamente o supremo do conjunto definido em (1.1), mostrando que, dado ε > 0, existe N tal que
$$n \geq N \Rightarrow 1 - \varepsilon < \frac{n}{n+1}.$$

2. Prove que todo conjunto limitado inferiormente tem ínfimo.

3. Prove que não existe número racional r tal que $r^2 = 2$.

4. Prove que não existe número racional r tal que $r^2 = p$, onde p é um número primo qualquer.

5. Prove que o conjunto E definido em (1.3) não tem mínimo.

6. Do mesmo modo que postulamos a existência do supremo e provamos a existência do ínfimo, podíamos ter postulado a existência do ínfimo de qualquer conjunto limitado inferiormente e provado que *todo conjunto limitado superiormente possui supremo*. Faça isso como exercício.

7. Prove que $a > 1 \Rightarrow a^n > a$ para todo inteiro $n > 1$.

8. Prove que $0 < a < 1 \Rightarrow a^n < a$ para todo inteiro $n > 1$.

9. Use a propriedade do supremo para provar a existência da raiz n-ésima positiva de qualquer número $a > 0, a \neq 1$.

10. Sejam A e B conjuntos numéricos não vazios. Prove que
$$A \subset B \Rightarrow \inf A \geq \inf B \text{ e } \sup A \leq \sup B.$$

11. Sejam A e B dois conjuntos numéricos não vazios, tais que $a \leq b$ para todo $a \in A$ e todo $b \in B$. Prove que $\sup A \leq \inf B$. Prove ainda que $\sup A = \inf B \Leftrightarrow$ qualquer que seja ε > 0, existem $a \in A$ e $b \in B$ tais que $b - a < \varepsilon$.

6 Cap. 1: Os Números Reais

12. Sejam A e B dois conjuntos numéricos não vazios, limitados inferiormente, e r um número tal que $r \leq a + b$ para todo $a \in A$ e todo $b \in B$. Prove que $r \leq \inf A + \inf B$. Enuncie e demonstre resultado análogo para os supremos.

13. Dados dois conjuntos numéricos limitados A e B, definimos o conjunto $A + B = \{a + b : a \in A,\ b \in B\}$. Prove que
$$\sup(A+B) = \sup A + \sup B, \quad \inf(A+B) = \inf A + \inf B.$$

14. Dado um conjunto numérico limitado A, e um número real qualquer α, definimos o conjunto $\alpha A = \{\alpha a : a \in A\}$. Mostre que $\sup(\alpha A) = \alpha \sup A$, $\inf(\alpha A) = \alpha \inf A$ se $\alpha \geq 0$; e $\sup(\alpha A) = \alpha \inf A$ se $\alpha < 0$. Em particular, $\sup(-A) = -\inf A$, ou ainda, $\sup A = -\inf(-A)$.

Sugestões e soluções

1. $N > (1-\varepsilon)/\varepsilon$.

2. Seja A um conjunto limitado inferiormente e seja B o conjunto de todas as cotas inferiores de A. É claro que B não é vazio e é limitado superiormente por qualquer elemento de A, de forma que B tem supremo; além disso, sendo S esse supremo, todo número menor do que S pertence a B. Vamos provar que S é o ínfimo de A. Observamos que a) $S \leq a$ para todo $a \in A$, pois qualquer número menor do que S está em B. Ademais, b) dado $\varepsilon > 0$, existe $a \in A$ tal que $a < S + \varepsilon$, senão todo número menor do que $S + \varepsilon$ estaria em B e S não seria o supremo de B.

3. Suponhamos por um momento que existisse um número racional m/n tal que $(m/n)^2 = 2$. Então $m^2 = 2n^2$. Ora, o fator primo 2 aparece um número ímpar de vezes em $2n^2$ e um número par de vezes em m^2. Como a decomposição de um número em fatores primos é única, a igualdade $m^2 = 2n^2$ é absurda, logo a hipótese inicial é falsa.

5. O procedimento é análogo ao que usamos no Exemplo 1.4 para provar que o conjunto F não tem máximo: sendo e qualquer elemento de E,
$$(e-\varepsilon)^2 = e^2 - 2\varepsilon e + \varepsilon^2 > e^2 - 2\varepsilon e.$$
Como $e^2 > 2$, basta fazer $\varepsilon < (e^2-2)/2e$ para termos $(e-\varepsilon)^2 > 2$, portanto, $e - \varepsilon \in E$.

6. Análogo ao Exerc. 2.

7. $a > 1 \Rightarrow a^2 > a$, logo $a^2 > a > 1$. Isso, por sua vez, implica $a^3 > a^2 > a$. Assim prosseguimos até chegarmos a $a^n > a^{n-1} > \ldots > a$.

8. Observe que $b = 1/a > 1$.

9. Supomos, evidentemente, que $n > 1$. Devemos provar que existe um número $b > 0$ tal que $b^n = a$. Para isso consideramos o conjunto C dos números $c \geq 0$ tais que $c^n < a$. Trata-se de um conjunto não vazio, pois contém o número 1 se $a > 1$ e, de acordo com o exercício anterior, contém o número a se $a < 1$. Vemos também que C é limitado superiormente, pelo número 1 se $a < 1$ e pelo próprio a se $a > 1$. Designando por b seu supremo, vamos provar que $b^n = a$. Para isso, mostremos primeiro que é absurdo ser $b^n < a$. De fato, nesta hipótese, seja ε um número positivo menor do que 1, de sorte que

$$\begin{aligned}(b+\varepsilon)^n &= b^n + nb^{n-1}\varepsilon + \ldots + \varepsilon^n \\ &= b^n + \varepsilon\left[nb^{n-1} + \frac{n(n-1)}{2}b^{n-2}\varepsilon + \ldots + \varepsilon^{n-1}\right] \\ &< b^n + \varepsilon\left[nb^{n-1} + \frac{n(n-1)}{2}b^{n-2} + \ldots + 1\right] = b^n + K\varepsilon,\end{aligned}$$

onde K é a expressão entre colchetes, que independe de ε. Ora, fazendo $\varepsilon < (a - b^n)/K$, teríamos $b^n < (b + \varepsilon)^n < a$, absurdo, pois então b não seria o supremo do conjunto C. Mostremos agora que é absurdo ser $b^n > a$. Isso implica $(1/b)^n < 1/a$. Então, com raciocínio análogo ao que acabamos de fazer, existe $\varepsilon > 0$ tal que

$$\left(\frac{1}{b}\right)^n < \left(\frac{1}{b} + \varepsilon\right)^n < \frac{1}{a},$$

donde obtemos

$$b^n > \left(\frac{b}{1 + b\varepsilon}\right)^n > a.$$

Ora, isso também contradiz o fato de b ser o supremo do conjunto C, de forma que devemos concluir que $b^n = a$, como desejávamos.

Desigualdade do triângulo

O leitor certamente conhece a definição de *valor absoluto* de um número r, indicado pelo símbolo $|r|$, e que é igual a r se $r \geq 0$ e a $-r$ se $r < 0$. Muito importante para nosso estudo é a chamada *desigualdade do triângulo*, segundo a qual,

$$|a + b| \leq |a| + |b|, \tag{1.4}$$

quaisquer que sejam os números a e b. Para demonstrá-la observamos que

$$\begin{aligned}|a+b|^2 &= (a+b)^2 = a^2 + b^2 + 2ab = |a|^2 + |b|^2 + 2ab \\ &\leq |a|^2 + |b|^2 + 2|a||b| = (|a| + |b|)^2.\end{aligned}$$

Agora é só extrair a raiz quadrada para obtermos o resultado desejado.

A desigualdade (1.4) pode também ser estabelecida por verificação direta, considerando as várias hipóteses: 1) $a \geq 0$ e $b \geq 0$; 2) $a \leq 0$ e $b \leq 0$; 3) $a \geq 0 > b$ e $a \geq |b|$ etc. Deixamos ao leitor a tarefa de verificar que em (1.4) vale o sinal de igualdade se e somente se a e b tiverem o mesmo sinal.

Observação. A desigualdade (1.4) é chamada "desigualdade do triângulo" porque ela é válida também quando a e b são vetores, digamos **a** e **b**. Neste caso, **a**, **b** e **a+b** são os três lados de um triângulo e a desigualdade traduz a propriedade geométrica bem conhecida: *em um triângulo qualquer lado é menor do que a soma dos outros dois*, isto é, se **a** e **b** não são colineares e nenhum deles é vetor nulo, então

$$|\mathbf{a} + \mathbf{b}| < |\mathbf{a}| + |\mathbf{b}|.$$

Deixamos ao leitor a tarefa de demonstrar, como exercícios, as outras desigualdades seguintes:

$$|a - b| \leq |a| + |b|; \quad |a| - |b| \leq |a \pm b| \tag{1.5}$$

8   Cap. 1: Os Números Reais

$$|b| - |a| \leq |a \pm b|; \quad \Big||a| - |b|\Big| \leq |a \pm b| \qquad (1.6)$$

O princípio de indução e a desigualdade de Bernoulli

Designamos com N o conjunto dos números naturais, ou inteiros positivos. Uma importante propriedade desses números é o princípio que enunciamos a seguir.

Princípio de indução. *Seja $P(n)$ uma propriedade referente ao número natural n. Suponhamos que:*
  a) $P(r)$ é verdadeira, onde r é um número natural;
  b) $P(k) \Rightarrow P(k+1)$ para todo número natural k.
Então $P(n)$ é verdadeira para todo número natural $n \geq r$.

Como interessante aplicação desse princípio, vamos estabelecer a seguinte desigualdade: *quaisquer que sejam o número $x \geq -1$ e o número inteiro $n \geq 1$, vale a seguinte desigualdade* [devida a Jacques Bernoulli (1654–1705)]:

$$(1+x)^n \geq 1 + nx.$$

Se $x \geq 0$, essa desigualdade segue facilmente da fórmula binomial, pois

$$(1+x)^n = 1 + nx + \frac{n(n-1)}{2}x^2 + \frac{n(n-1)(n-2)}{2.3}x^3 + \ldots + x^n$$

e todos os termos que aí aparecem são não negativos.

Para provar a desigualdade no caso mais geral $x \geq -1$ (x podendo ser negativo), observamos que ela é uma proposição $P(n)$. É fácil verificar que $P(1)$ é verdadeira. Vamos provar que $P(k)$ implica $P(k+1)$; para isso partimos de $P(k)$, isto é,

$$(1+x)^k \geq 1 + kx.$$

Multiplicando essa desigualdade pelo número não negativo $1+x$, obtemos:

$$(1+x)^{k+1} \geq (1+kx)(1+x) = 1 + (k+1)x + kx^2.$$

Como $kx^2 \geq 0$, podemos desprezar este termo, obtendo $P(k+1)$:

$$(1+x)^{k+1} \geq 1 + (k+1)x.$$

Isso completa a demonstração de que $P(k) \Rightarrow P(k+1)$. Como já sabemos que $P(1)$ é verdadeira, concluimos, pelo princípio de indução, que $P(n)$ é verdadeira para todo número natural n.

Cap. 1: Os Números Reais   9

Exercícios

1. Prove as quatro desigualdades em (1.5) e (1.6).
2. Prove que se a desigualdade $|a| - |b| \leq |a - b|$ é válida quaisquer que sejam a e b, o mesmo é verdade de $|a + b| \leq |a| + |b|$.
3. Prove por indução que $|a_1 + a_2 + \ldots + a_n| \leq |a_1| + |a_2| + \ldots + |a_n|$, quaisquer que sejam os números $a_1, a_2, \ldots, a_n$.
4. Prove que $|a_1 + a_2 + \ldots + a_n| \geq |a_1| - |a_2| - \ldots - |a_n|$, quaisquer que sejam os números $a_1, a_2, \ldots, a_n$.
5. Sabemos, das progressões aritméticas, que
$$1 + 2 + 3 + \ldots + n = \frac{n(n+1)}{2}.$$
Prove esse resultado por indução.
6. Prove, por indução, a *expansão binomial*
$$(a+b)^n = \sum_{r=0}^{n} \binom{n}{r} a^{n-r} b^r,$$
onde $\binom{n}{r} = \dfrac{n(n-1)(n-2)\ldots(n-r+1)}{r!}$ é o chamado *coeficiente binomial*.
7. Prove, por indução, que, para todo inteiro $n \geq 0$, $\int_0^\infty e^{-x} x^n dx = n!$.
8. Prove que o princípio de indução como enunciado no texto é equivalente à seguinte formulação:

Seja $P(n)$ uma propriedade referente ao número natural n e suponhamos que:
a) $P(r)$ é verdadeira, onde r é um número natural;
b) $P(n)$ ser verdadeira para todo $n \in N, r \leq n \leq k$ implica que $P(k+1)$ é verdadeira.
Então $P(n)$ é verdadeira para número natural $n \geq r$.

9. Dê uma interpretação geométrica à desigualdade de Bernoulli, construindo os gráficos das funções $g(x) = (1+x)^n$ e $h(x) = 1 + nx$. Mostre que a desigualdade vale estritamente se $x \neq 0$ e $n > 1$. Mostre também que se n for par a desigualdade é válida para todo x e se n for ímpar ≥ 3 ela é válida para todo $x \geq -2$. (Veja [A8], p. 52 e seguintes.)

Sugestões e soluções

1. A primeira desigualdade em (1.5) é conseqüência de (1.4) com $-b$ em lugar de b. Quanto à segunda com sinal negativo, observe, por (1.4), que
$$|a| = |(a - b) + b| \leq |a - b| + |b|.$$
Trocando b por $-b$ obtemos a desigualdade com sinal positivo. A primeira desigualdade em (1.6) segue da segunda de (1.5) com a troca de a com b. Finalmente, a segunda desigualdade em (1.6) segue das duas últimas mencionadas; basta observar que
$$x < r \text{ e } -x < r \Leftrightarrow |x| < r.$$

2. Faça $a - b = c$ e observe que se a e b são arbitrários, o mesmo é verdade de b e c.

4. Observe que
$$|a_1 + a_2 + \ldots + a_n| = |a_1 + (a_2 + \ldots + a_n)|$$
$$\geq |a_1| - |a_2 + \ldots + a_n| \geq |a_1| - (|a_2| + \ldots |a_n|) = |a_1| - |a_2| - \ldots - |a_n|.$$

9. Estude a função $f(x) = g(x) - h(x)$, considerando o comportamento de suas duas primeiras derivadas, f' e f''. Conclua então que o gráfico de f passa por um mínimo relativo em $x = 0$ e tem a concavidade sempre voltada para cima se n for par; e, no caso $n \geq 3$ ímpar, f tem a concavidade voltada para cima em $x > -1$ e para baixo em $x < -1$, tendendo a $-\infty$ com $x \to -\infty$, de sorte que ela passa por um máximo relativo em algum valor $x = a < -1$ e deve se anular em algum valor $x_0 < a < -1$, sendo negativa à esquerda de x_0 e positiva à direita (exceto em $x = 0$, onde ela se anula).

Notas históricas e complementares

Q é um conjunto enumerável

Um dos primeiros fatos surpreendentes que surge na consideração de conjuntos infinitos diz respeito à possibilidade de haver equivalência entre um conjunto e um seu subconjunto próprio. Por exemplo, a correspondência $n \mapsto 2n$ estabelece equivalência entre o conjunto dos números inteiros e o conjunto dos números pares. Segundo Georg Cantor (1845–1918), dois conjuntos são *equivalentes*, ou têm a mesma *cardinalidade*, quando é possível estabelecer uma correspondência que leve elementos distintos de um conjunto em elementos distintos do outro, todos os elementos de um e do outro conjunto sendo objeto dessa correspondência. Em termos precisos, a correspondência de que estamos falando chama-se *bijeção* (Veja a definição na p. 80). No caso de conjuntos finitos, serem equivalentes corresponde a terem o mesmo número de elementos, de sorte que o conceito de cardinalidade é uma extensão, a conjuntos infinitos, do conceito de "número de elementos de um conjunto".

É claro que se todos os conjuntos infinitos tivessem a mesma cardinalidade, essa noção não teria importância. E era isso que se imaginava fosse verdade, até que, em 1874 Cantor surpreendeu o mundo matemático com uma de suas primeiras descobertas sobre conjuntos, a de que o conjunto dos números reais tem cardinalidade diferente da do conjunto N dos números naturais, como provaremos logo adiante.

Cantor passou a chamar de *enumerável* a todo conjunto que tem a mesma cardinalidade de N. Vamos provar que o conjunto Q dos números racionais forma um conjunto enumerável. Para isso é suficiente trabalhar com o conjunto Q_+ dos racionais positivos, pois sendo este conjunto enumerável, ele poderá ser posto em correspondência com o conjunto $2N$, enquanto o conjunto dos racionais negativos Q_- poderá ser posto em correspondência com o conjunto dos números naturais ímpares, resultando assim que o conjunto Q fique em correspondência com o conjunto N.

Para estabelecer a desejada correspondência, reunimos as frações em grupos, cada grupo contendo aquelas que são irredutíveis e cuja soma do numerador com o denominador seja constante. Por exemplo,
$$\frac{1}{6}, \frac{2}{5}, \frac{3}{4}, \frac{4}{3}, \frac{5}{2}, \frac{6}{1}$$
é o grupo das frações com numerador e denominador somando 7, enquanto
$$\frac{1}{7}, \frac{3}{5}, \frac{5}{3}, \frac{7}{1}$$
é o grupo correspondente à soma 8. Observe que cada grupo desses tem um número finito de elementos. Basta então escrever todos os grupos, um após outro, na ordem crescente das

somas correspondentes e enumerar as frações na ordem em que aparecem. É claro que todos os números racionais aparecerão nessa lista:

$$\frac{1}{1}, \frac{1}{2}, \frac{2}{1}, \frac{1}{3}, \frac{3}{1}, \frac{1}{4}, \frac{2}{3}, \frac{3}{2}, \frac{4}{1}, \frac{1}{5}, \frac{5}{1}, \ldots$$

O conjunto R não é enumerável

Em contraste com o que acabamos de ver, vamos provar que o conjunto dos números reais não é enumerável. Para isso trabalharemos com os números do intervalo $(0, 1)$, que tem a mesma cardinalidade da reta toda. Isso é conseqüência de que existe uma bijeção, como $y = \mathrm{tg}\,(\pi x - \pi/2)$, do intervalo $(0, 1)$ na reta toda $(-\infty, +\infty)$.

Usaremos a representação decimal. Alguns números têm mais de uma representação, como 0,4 e 0,3999... Para que isso não aconteça, adotaremos, para cada número, sua representação decimal infinita. Assim,

$$0,437 = 0,436999\ldots;\ 0,052 = 0,051999\ldots;\ \text{etc.}$$

E com esse procedimento cada número terá uma única representação decimal infinita.

Suponhamos que fosse possível estabelecer uma correspondência um a um dos números do intervalo $(0, 1)$ com os números naturais. Isso é o mesmo que supor que os números desse intervalo sejam os elementos de uma seqüência $x_1, x_2, x_3, \ldots$ Escritos em suas representações decimais, esses números seriam, digamos,

$$x_1 = 0, a_{11}a_{12}a_{13}\ldots a_{1n}\ldots;$$
$$x_2 = 0, a_{21}a_{22}a_{23}\ldots a_{2n}\ldots;$$
$$x_3 = 0, a_{31}a_{32}a_{33}\ldots a_{3n}\ldots;$$
$$\ldots\ldots\ldots\ldots\ldots\ldots\ldots\ldots\ldots\ldots$$
$$x_n = 0, a_{n1}a_{n2}a_{n3}\ldots a_{nn}\ldots;$$
$$\ldots\ldots\ldots\ldots\ldots\ldots\ldots\ldots\ldots\ldots$$

onde os a_{ij} são algarismos de zero a 9.

O último passo, que nos levará a uma contradição, consiste em produzir um número do intervalo $(0, 1)$ que não esteja nessa lista. Isso é feito pelo chamado *processo diagonal* de Cantor, usado em muitas outras situações. Construimos um número que seja diferente de x_1 na primeira casa decimal, diferente de x_2 na segunda casa, diferente de x_3 na terceira casa, e assim por diante; então esse número não coincidirá com nenhum dos números da lista acima. Para termos uma regra específica, seja $x = 0, a_1a_2a_3\ldots$ esse número, onde $a_i = 6$ se $a_{ii} = 5$ e $a_i = 5$ se $a_{ii} \neq 5$. Como esse número x não está na lista acima, chegamos a um absurdo, o que nos leva a abandonar a hipótese de enumerabilidade dos números reais e concluir que se trata de um conjunto não enumerável.

Veja outra demonstração da não enumerabilidade dos números reais na p. 43.

Os números reais, de Eudoxo a Dedekind

A construção dos números reais, de maneira logicamente bem fundamentada, é um capítulo interessante na História da Matemática. Embora só realizada no século XIX, ela tem raizes na Matemática grega do século IV a.C., por isso mesmo vale a pena fazer um breve retrospecto.

Naquela época, com a descoberta de grandezas incomensuráveis (a esse propósito, veja a Seç. 1.4 de [A1]), a Matemática passou por uma crise de fundamentos: ficava em cheque a tese pitagórica de que "tudo no universo é número", pois com os números (naturais) não se conseguia mesmo expressar a razão de dois segmentos quaisquer da Geometria.

12   Cap. 1: Os Números Reais

A saída dessa crise se realizou através da criação da "teoria das proporções," que está descrita no Livro V dos "Elementos" de Euclides, e que acredita-se ser devida a Eudoxo, matemático e astrônomo da escola de Platão, que viveu na primeira metade do século IV a.C. Na base dessa teoria está a definição que Eudoxo deu de "igualdade de duas razões," valendo mesmo para o caso de grandezas incomensuráveis. Para fixar as idéias, imaginemos que nossas grandezas sejam segmentos de retas. Antes da descoberta dos incomensuráveis, pensava-se que dados dois segmentos quaisquer, A e B, fosse sempre verdade que existisse um segmento σ contido um número inteiro de vezes em A e outro número inteiro de vezes em B, digamos, m e n, respectivamente. Então, a razão de A para B é , por definição, m/n. Isso é equivalente a dizer que existem números m e n tais que o segmento nA é congruente ao segmento mB, ou, $nA = mB$. Com essa definição, dizer que "o segmento A está para o segmento B assim como o segmento C está para o segmento D" significa simplesmente que $nA = mB \Leftrightarrow nC = mD$.

Acontece que se A e B forem incomensuráveis, igualdades do tipo $nA = mB$ nunca ocorrerão. Entretanto, dados dois números m e n, podemos testar se $nA = mB$, $nA > mB$ ou $nA < mB$; $nC = mD$, $nC > mD$ ou $nC < mD$. Eudoxo imaginou esse teste para definir igualdade de razões mesmo no caso incomensurável, de acordo com a seguinte definição.

1.6. Definição. *Dados quatro segmentos A, B, C e D, diz-se que A está para B assim como C está para D (em notação de hoje, $A/B = C/D$) se, quaisquer que sejam os números m e n,*

$$nA = mB \Leftrightarrow nC = mD; \quad nA > mB \Leftrightarrow nC > mD; \quad nA < mB \Leftrightarrow nC < mD.$$

Observe que essa definição dispensa o uso de frações: a razão de A para B não é um número. Aliás, os gregos não usavam frações como números. (Quando Arquimedes descobriu as relações das áreas e volumes da esfera e do cilindro circunscrito, ele as expressou, não em termos da fração 2/3, mas da razão de 2 para 3, assim: a área da esfera está para a do cilindro circunscrito, assim como o volume da esfera está para o do cilindro, assim como 2 está para 3.) A solução dada por Eudoxo ao problema dos incomensuráveis, conquanto genial, teve o efeito de afastar os gregos de um desenvolvimento numérico da Matemática, que a partir de então torna-se Geometria. Os problemas aritméticos e algébricos são tratados nos "Elementos" de maneira geométrica. A Aritmética e a Álgebra só voltariam a ganhar importância e autonomia próprias no mundo ocidental com a influência árabe a partir do século XII.

Richard Dedekind (1831-1916) estudou em Göttingen, onde foi aluno de Gauss e Dirichlet. Em 1858 tornou-se professor em Zurique, transferindo-se em 1862 para Brunswick, sua terra natal, onde permaneceu pelo resto de sua vida. Como ele mesmo conta ([D1], p. 1), foi no início de sua carreira em 1858, quando teve de ensinar Cálculo Diferencial, que percebeu a falta de uma fundamentação adequada para os números reais, principalmente quando teve de provar que uma função crescente e limitada tem limite (Teorema 4.19, p. 92). E é também ele mesmo quem conta ([D1], pp. 39 e 40) que foi buscar inspiração para sua construção dos números reais na antiga e engenhosa teoria das proporções de Eudoxo.

Consideremos o caso de duas grandezas incomensuráveis, A e B, de forma que a igualdade $nA = mB$ nunca se verifica com m e n inteiros; ou $nA > mB$ ou $nA < mB$. Os números racionais (positivos) ficam então separados em duas classes; a classe E (esquerda) daqueles m/n que satisfazem $nA > mB$ e a classe D (direita) dos que satisfazem $nA < mB$. O leitor pode verificar facilmente que todo número da classe E é menor que todo número da classe D. (Verifique isso. Mas atenção: não pode escrever $A/B > m/n$ ou $A/B < m/n$, pois A e B são segmentos, não números! A *razão* A/B não é um número.) Assim, a definição da razão A/B como número é impossível apenas porque não existe número (racional) que esteja entre as duas classes E e D, isto é, que seja maior que todo elemento de E e menor que todo elemento de D. Seria preciso inventar novos números, os *irracionais*, coisa que Eudoxo não fez, embora ele tenha desenvolvido uma interessante teoria das proporções, que permitia um tratamento rigoroso das relações geométricas sem precisar dos números irracionais.

Dedekind decerto observou, na definição de Eudoxo, a separação dos números racionais em duas classes, sem que entre uma classe e outra houvesse um elemento separador. A situação aqui descrita é a mesma no caso dos conjuntos F e E definidos em (1.2) e (1.3), onde também falta um elemento separador, no caso o *irracional* $\sqrt{2}$. Dedekind teve a idéia de caracterizar os irracionais através dessas classes "esquerda" e "direita".

É claro que antes mesmo de Dedekind já se trabalhavam com os irracionais, manipulando-os segundo as leis formais do cálculo com os racionais. Assim, embora $\sqrt{3}$ e $\sqrt{12}$ não tivessem significado preciso, eles eram multiplicados entre si, produzindo um resultado claro e inequívoco: $\sqrt{3}.\sqrt{12} = \sqrt{36} = 6$. O que faltava era uma teoria que justificasse operações como essa.

Partimos do pressuposto de que já temos uma teoria dos números racionais, que justifica todas as operações conhecidas com esses números. Definimos *corte de Dedekind* como um par de classes E e D de números racionais, tais que: a) E e D são conjuntos não vazios cuja união é o conjunto Q dos números racionais; b) todo número menor que algum número de E pertence a E, e todo número maior que algum número de D pertence a D. (Esta última afirmação pode ser demonstrada, e o leitor deve fazer essa demonstração, que é fácil.)

Qualquer número racional r determina um corte em que E é o conjunto de todos os números racionais $< r$ e D é o complementar de E (em Q, evidentemente); ou E é o conjunto de todos os números racionais $< r$ e D o complementar de E. Além desses cortes existem aqueles que vão caracterizar os números irracionais, como este: "E é o conjunto definido em (1.2) (p. 4), reunido com os números racionais ≤ 0; e D o complementar de E". Observe que os cortes do primeiro tipo, determinados por um número racional r, possuem r como elemento de separação entre as classes E e D. Dedekind postulou, de um modo geral, que *todo corte possui um elemento de separação* (supremo da classe E e ínfimo da classe D); isso, como se vê, equivale a postular que E tem supremo ou que D tem ínfimo. E o efeito desse postulado é a *criação dos números irracionais*.

O postulado de Dedekind é apenas o começo da construção dos números reais (incorporação dos irracionais ao conjunto dos números racionais). Para completar o trabalho é preciso definir adição e multiplicação de cortes, é preciso demonstrar as propriedades associativa, distributiva e comutativa para essas operações, com base nas propriedades já estabelecidas para os racionais; é preciso definir ordem, isto é, o que significa um corte ser menor do que outro, etc. A igualdade de dois cortes (E, D) e (E', D'), por exemplo, significa que $E = E'$ e $D = D'$. Exatamente isso é o que acontece na definição de Eudoxo sobre igualdade de duas razões; só que ele não definiu número irracional, portanto não atribuiu significado numérico à razão de duas grandezas.

Examinemos por um momento a definição de adição de dois cortes, $\alpha = (E, D)$ e $\beta = (E', D')$, que é o corte $\gamma = (E'', D'')$, onde E'' é o conjunto de todas as somas de um elemento de E com um elemento de E', e analogamente com D''. Prova-se então que γ é um corte. Não é exatamente isso o que já se fazia ao somar, por exemplo, $\sqrt{2}$ com $\sqrt{3}$? Sim, do mesmo modo que só conhecemos esses números pelas suas aproximações racionais, por falta ou por excesso, é claro que sua soma só é conhecida pelas somas de suas aproximações por falta ou excesso, respectivamente.

Outra coisa que o leitor deve observar é que nem precisamos considerar as duas classes de cada corte, podemos trabalhar somente com as classes da esquerda ou somente com as da direita, pois umas ou outras bastam para caracterizar os números que elas definem. Se usamos as classes da esquerda, postulamos a existência de supremo em cada classe; se usamos as da direita, postulamos que cada classe possui ínfimo.

Uma vez demonstradas todas as propriedades das operações definidas, verificamos que o

14   Cap. 1: Os Números Reais

conjunto de todas as classes é um corpo ordenado (Veja a definição de corpo no final desta Nota), como o corpo Q dos números racionais.

Seja ϕ a aplicação que leva cada $r \in Q$ na classe (E, D) cujo elemento de separação é r. Podemos verificar facilmente que

$$\phi(r+s) = \phi(r) + \phi(s); \qquad \phi(rs) = \phi(r)\phi(s);$$
$$r < s \Leftrightarrow \phi(r) < \phi(s); \qquad \phi(r) = 0 \Leftrightarrow r = 0.$$

Isso mostra que ϕ é um *isomorfismo* do corpo Q no conjunto dos cortes determinados por números racionais. Assim, quando somamos ou multiplicamos dois elementos r e s em Q, suas imagens $\phi(r)$ e $\phi(s)$ se somam ou se multiplicam respectivamente; além do mais ϕ preserva a ordem e é uma aplicação injetiva de Q sobre o conjunto dos cortes determinados por números racionais. Portanto, do ponto de vista das operações de adição e multiplicação, bem como da relação de ordem, não há por que distinguir Q desse conjunto de cortes determinados por racionais, daí identificarmos esses dois conjuntos. Não há mesmo razão para distinguir entre um número como 3 e o corte (E, D) que ele determina, já que os dois têm o mesmo comportamento do ponto de vista das operações e da relação de ordem. E é isso o que interessa no número 3.

Essa identificação completa a construção dos números reais segundo Dedekind. Mas falta verificar um detalhe importante. Vimos, no começo de toda essa história, que desejávamos que todos os cortes tivessem um elemento de separação, e foi por isso que inventamos os números irracionais, através do postulado de que todo corte tem elemento separador. Pois bem, e agora que demonstramos que o conjunto de todos os cortes de números racionais é um corpo ordenado como o dos racionais, será que não podemos repetir a mesma construção? Em outras palavras, não seria o caso de considerar agora o conjunto de todos os cortes de *números reais* e repetir a postulaçao de que todo corte deve ter elemento separador, ampliando assim ainda mais o corpo dos números reais? A resposta é negativa, simplesmente porque demonstra-se que todos esses cortes já têm elemento separador; ou seja, não vai mais acontecer o que acontecia antes com os cortes de números racionais, muitos dos quais não tinham elemento separador. Dizemos, pois, que o conjunto dos números reais é um corpo *completo*, justamente porque agora é verdade, como teorema, que *todo corte tem elemento separador*, ou que *todo conjunto não vazio e limitado superiormente possui supremo* (Teorema de Dedekind).

Outro teorema importante que se demonstra é que *qualquer corpo ordenado completo é necessariamente isomorfo ao corpo dos números reais*. Isso significa que, a menos de isomorfismo, só existe um corpo ordenado completo. A constatação desse fato é, de certo modo, uma decepção; parece que todo o trabalho de construir o corpo dos números reais a partir dos racionais é inútil. Não seria o caso então de tomarmos como ponto de partida a definição de corpo dos números reais como sendo um corpo ordenado completo, já que este é único (a menos de isomorfirmo)? É exatamente isso que fazem alguns autores (Veja [L2], cap. III), postulando, logo de início, a existência de um corpo ordenado completo, (isto é, no qual vale o axioma do supremo), que é o chamado *corpo dos números reais*.

Mas é claro que a construção dos números reais a partir dos racionais é importante para provar que, de fato, *existe* um corpo ordenado completo. A partir daí não importa mais — pelo menos do ponto de vista teórico — se um número real é um corte ou o supremo de um conjunto, do mesmo modo que não importa que símbolo se usa para representar um número; o que importa é o que ele é como elemento de um corpo ordenado completo e só.

O leitor encontrará um tratamento sucinto e completo da construção dos números reais por cortes, como descrevemos acima, no cap. 28 de [S] (Veja também o cap. 29) e no cap. 1 de [R2]. No final do próximo capítulo voltaremos a falar da construção dos números reais por um outro processo equivalente, o das chamadas "seqüências de Cauchy."

Definição de corpo

O leitor encontrará, em livros sobre estruturas algébricas, como o de Jacy Monteiro [M], exposições sobre a teoria de corpos. Daremos aqui apenas a definição de corpo, sem entrar em maiores detalhes.

Um corpo (comutativo) é um conjunto não vazio C, munido de duas operações, chamadas *adição* e *multiplicação*, cada uma delas fazendo corresponder um elemento de C a cada par de elementos de C, as duas operações estando sujeitas aos *axiomas de corpo* listados a seguir. A soma de x e y de C é é indicada por $x + y$ e a multiplicação de x e y é indicada por xy. Os axiomas de corpo são:

1. (Associatividade) Dados quaisquer $x, y, z \in C$,

$$(x+y)+z = x+(y+z) \quad \text{e} \quad (xy)z = x(yz);$$

2. (Comutatividade) Quaisquer que sejam $x, y \in C$,

$$x+y = y+x \quad \text{e} \quad xy = yx;$$

3. (Distributividade da multiplicação em relação à adição) Quaisquer que sejam x, y, $z \in C$, $x(y+z) = xy + xz$;

4. (Existência do zero) Existe um elemento em C, chamado "zero" ou "elemento neutro," indicado pelo símbolo "0", tal que $x + 0 = x$ para todo $x \in C$.

5. (Existência do elemento oposto) A todo elemento $x \in C$ corresponde um elemento $x' \in C$ tal que $x + x' = 0$. (Esse elemento x', que se demonstra ser único para cada x, é indicado por $-x$.)

6. (Existência do elemento unidade) Existe um elemento em C, designado "elemento unidade" e indicado com o símbolo "1", tal que $1x = x$ para todo $x \in C$.

7. (Existência do elemento inverso) A todo elemento $x \in C$, $x \neq 0$, corresponde um elemento $x" \in C$ tal que $xx" = 1$. Esse elemento $x"$, que se demonstra ser único para cada x, é indicado com x^{-1} ou $1/x$.

O corpo se diz *ordenado* se nele existe um subconjunto P, chamado o *conjunto dos elementos positivos*, tal que: a) a soma e o produto de elementos positivos resulta em elementos positivos; b) dado $x \in C$, ou $x \in P$, ou $x = 0$, ou $-x \in P$.

Capítulo 2

SEQÜÊNCIAS INFINITAS

Primeiras noções

Uma *seqüência numérica*

$$a_1, a_2, a_3, \ldots, a_n, \ldots$$

é uma função f, definida no conjunto dos números naturais, ou inteiros positivos: $f\colon n \mapsto f(n) = a_n$. O número n que aí aparece é chamado o *índice* e a_n o *n-ésimo* elemento da seqüência, ou *termo geral*. Um exemplo de seqüência é dado pela seqüência dos números pares positivos, $a_n = 2n$, $n = 1, 2, 3, \ldots$ A seqüência dos números ímpares positivos também tem uma fórmula simples para o termo geral, que é $a_n = 2n - 1$, com $n = 1, 2, 3, \ldots$

Mas nem sempre o termo geral de uma seqüência é dado por uma fórmula, embora, evidentemente, sempre haja uma lei de formação bem definida que permite determinar o termo geral da seqüência. É esse o caso das aproximações decimais por falta de $\sqrt{2}$, que formam a seqüência infinita

$$a_1 = 1,4, \quad a_2 = 1,41, \quad a_3 = 1,414, \quad a_4 = 1,4142,$$

$$a_5 = 1,41421, \quad a_6 = 1,414213, \ldots$$

Outro exemplo é a seqüência dos números primos,

$$2, 3, 5, 7, 11, 13, 17, 19, 23, 29, 31, 37, 41, \ldots;$$

Como é bem sabido, não existe fórmula para seu termo geral, mas todos os termos estão determinados.

A notação (a_n) é muito usada para designar uma seqüência. Também se escreve $(a_n)_{n \in N}$, $(a_1, a_2, a_3, \ldots)$ ou simplesmente a_n. Alguns autores costumam escrever $\{a_n\}$ em vez de (a_n), mas preferimos reservar essa notação para o *conjunto de valores* da seqüência. Essa distinção é importante, pois uma seqüência possui infinitos elementos, mesmo que seu conjunto de valores seja finito. Por exemplo, a seqüência

$$1, -1, 1, -1, 1, -1, \ldots$$

é infinita, com elemento genérico $a_n = -(-1)^n = (-1)^{n-1}$; mas seu conjunto de valores possui apenas dois elementos, $+1$ e -1, de forma que, segundo convencionamos,

$$\{a_n\} = \{-1, +1\}.$$

Pela definição, uma seqüência (a_n) é indexada a partir de $n = 1$, de forma que a_1 é seu primeiro termo. Mas, às vezes, é conveniente considerar seqüências indexadas a partir de um certo $n \neq 1$; é esse o caso da seqüência $a_n = \sqrt{n-6}$, que só faz sentido para $n = 6, 7, 8, \ldots$, de forma que a_6 é o primeiro termo dessa seqüência. Mas, mesmo nesses casos, com uma *translação de índices*, pode-se fazer com que a seqüência tenha primeiro índice $n = 1$. Assim, no exemplo que demos, é só definir $b_n = a_{n+5} = \sqrt{n-1}$ para que a seqüência fique definida a partir de $n = 1$.

Conceito de limite e primeiras propriedades

De interesse especial são as chamadas *seqüências convergentes*. Em termos sugestivos, uma seqüência (a_n) é convergente se, à medida que o índice n cresce, o elemento a_n vai-se tornando arbitrariamente próximo de um certo número L, chamado o *limite* da seqüência. A proximidade entre a_n e L é medida pelo valor absoluto da diferença entre esses dois números, isto é, por $|a_n - L|$. Portanto, dizer que a_n vai-se tornando arbitrariamente próximo de L significa dizer que $|a_n - L|$ torna-se inferior a qualquer número positivo ε, por pequeno que seja, desde que façamos o índice n suficientemente grande. Daí a definição precisa de convergência que damos a seguir.

2.1. Definição. *Diz-se que uma seqüência (a_n) converge para o número L, ou tem limite L se, dado qualquer número $\varepsilon > 0$, é sempre possível encontrar um número N tal que*

$$n > N \Rightarrow |a_n - L| < \varepsilon. \tag{2.1}$$

Escreve-se
$$\lim_{n \to \infty} a_n = L, \quad \lim a_n = L \quad \text{ou} \quad a_n \to L.$$

Uma seqüência que não converge é dita *divergente*. Chama-se *seqüência nula* toda seqüência que converge para zero.

Essa definição requer várias observações. Ao dizermos "dado qualquer $\varepsilon > 0$", está implícito que ε pode ser arbitrariamente pequeno, ou seja, tão pequeno quanto quisermos. E a condição (2.1), uma vez satisfeita para um certo $\varepsilon = \varepsilon_0$, estará satisfeita com qualquer $\varepsilon > \varepsilon_0$; portanto, basta prová-la para todo ε positivo, menor do que um certo ε_0, como muitas vezes se faz, para que ela fique provada para qualquer $\varepsilon > 0$. Quanto ao número N, podemos supô-lo inteiro positivo, portanto, um índice da seqüência; pois se não for assim, é claro que ele pode ser substituido por qualquer inteiro maior.

O primeiro sinal de desigualdade em (2.1) tanto pode ser $>$ como $\geq$, do mesmo modo que o segundo tanto pode ser $<$ como $\leq$. De fato, se existe um certo N' tal que $n \geq N' \Rightarrow |a_n - L| < \varepsilon$, então, é claro que (2.1) vale com $N = N' - 1$. E se é possível fazer $|a_n - L| \leq \varepsilon$ com qualquer $\varepsilon > 0$, certamente é possível fazer $|a_n - L| \leq \varepsilon/2$, portanto, $|a_n - L| < \varepsilon$.

Observe também que tanto faz fazer $|a_n - L| < \varepsilon$ ou $|a_n - L| < k\varepsilon$, onde k é uma constante positiva, pois se é possível fazer $|a_n - L| < k\varepsilon$ com qualquer $\varepsilon > 0$, certamente é possível fazer $|a_n - L| < k(\varepsilon/k) = \varepsilon$.

Se suprimirmos de uma seqüência (a_n) um número finito de seus termos, em particular, se eliminarmos seus k primeiros termos, isso em nada altera o caráter da seqüência com $n \to \infty$. Assim, se a seqüência original converge para L, ou diverge, a nova seqüência convergirá para L ou divergirá, respectivamente.

Observe ainda que

$$|a_n - L| < \varepsilon \Leftrightarrow -\varepsilon < a_n - L < \varepsilon \Leftrightarrow L - \varepsilon < a_n < L + \varepsilon,$$

de sorte que escrever $n > N \Rightarrow |a_n - L| < \varepsilon$ equivale a escrever

$$n > N \Rightarrow L - \varepsilon < a_n < L + \varepsilon.$$

É importante observar também, na definição de limite, que uma vez dado o número ε, esse número permanece fixo; a determinaçãoo de N depende do ε particular que se considere, de sorte que, mudando-se ε, deve-se, em geral, mudar também o número N. Em outras palavras, ε pode ser dado arbitrariamente, mas, uma vez prescrito, não pode ser mudado até a determinação de N. Isso está ilustrado no exemplo que consideramos a seguir.

2.2. Exemplo. Vamos provar, segundo essa definição, que a seqüência

$$(a_n) = \left(\frac{n}{n+1}\right) = \left(\frac{1}{2}, \frac{2}{3}, \frac{3}{4}, \ldots, \frac{n}{n+1}, \ldots\right)$$

converge para o número 1. Para isso basta observar que, dado qualquer $\varepsilon > 0$,

$$|a_n - 1| = \left|\frac{n}{n+1} - 1\right| = \frac{1}{n+1} < \varepsilon \Leftrightarrow n > \frac{1}{\varepsilon} - 1. \qquad (2.2)$$

Isso quer dizer que, dado qualquer $\varepsilon > 0$, existe N $(= 1/\varepsilon - 1)$ tal que

$$n > N \Rightarrow |a_n - 1| < \varepsilon,$$

que é precisamente a condição (2.1) exigida na definição de limite.

Esse exemplo mostra claramente que quanto menor o ε tanto mais exigentes estaremos sendo quanto à proximidade entre a_n e o limite 1, exigência essa que se traduz em termos de fazer o índice n cada vez maior. De fato, quanto menor o ε, tanto maior o número $N = 1/\varepsilon - 1$. Assim, se $\varepsilon = 1/10, N = 9$; se $\varepsilon = 1/100, N = 99$; em geral, se $\varepsilon = 10^{-k}, N = 10^k - 1$. Isso ilustra o que dissemos antes: a determinação do número N depende do número ε particular que se considere. Ao contrário, se dermos um ε muito grande, pode até acontecer que não haja qualquer condição no índice n; é o que acontece com $\varepsilon = 1$ no exemplo que estamos considerando, que resulta em $N = 0$.

O raciocínio usado em (2.2) permite escrever:

$$|a_n - 1| < \varepsilon \Leftrightarrow n > \frac{1}{\varepsilon} - 1.$$

No entanto, poderíamos também ter racionado assim:

$$|a_n - 1| = \frac{1}{n+1} < \frac{1}{n} < \varepsilon \Leftrightarrow n > \frac{1}{\varepsilon}. \qquad (2.3)$$

Mas então a equivalência indicada é apenas entre as duas últimas desigualdades, não sendo mais verdade que

$$|a_n - 1| < \varepsilon \Leftrightarrow n > \frac{1}{\varepsilon}.$$

O correto agora é a implicação (numa só direção)

$$n > \frac{1}{\varepsilon} \Rightarrow |a_n - 1| < \varepsilon,$$

que é também suficiente para a comprovação de que 1 é o limite. Perdemos a implicação contrária por causa da primeira desigualdade em (2.3), em consequência do que $1/(n+1) < \varepsilon$ não implica $n > 1/\varepsilon$; pode agora ocorrer $1/(n+1) < \varepsilon$ com $n < 1/\varepsilon$, desde que seja $n > 1/\varepsilon - 1$.

2.3. Exemplo. Consideremos a seqüência

$$a_n = \frac{3n}{n + \operatorname{sen} 2n}.$$

É fácil ver que seu limite deve ser 3, bastando para isso dividir numerador e denominador por n e notar que $(\operatorname{sen} 2n)/n \to 0$:

$$a_n = \frac{3}{1 + (\operatorname{sen} 2n)/n}.$$

Para a demonstração, observamos que

$$|a_n - 3| = \frac{3|\operatorname{sen} 2n|}{|n + \operatorname{sen} 2n|} \leq \frac{3}{|n + \operatorname{sen} 2n|} \leq \frac{3}{n - |\operatorname{sen} 2n|} \leq \frac{3}{n - 1} \qquad (2.4)$$

as duas últimas desigualdades havendo sido obtidas graças às desigualdades $|n + \text{sen}\, 2n| \geq n - |\text{sen}\, 2n| \geq n - 1$. Fazendo agora intervir o número ε, obtemos uma desigualdade fácil de resolver em n:

$$|a_n - 3| \leq \frac{3}{n-1} < \varepsilon \Leftrightarrow n > 1 + \frac{3}{\varepsilon} \qquad (2.5)$$

de sorte que

$$n > 1 + 3/\varepsilon \Rightarrow |a_n - 3| < \varepsilon, \qquad (2.6)$$

que estabelece o limite desejado.

O leitor deve notar, nas passagens efetuadas em (2.4), que procuramos chegar a uma expressão simples, como $1/(n-1)$, para depois fazer intervir o ε, obtendo então uma desigualdade fácil de resolver, como em (2.4). Não fizéssemos tais simplificações e teríamos de enfrentar a intratável inequação

$$\frac{3|\text{sen}\, 2n|}{|n + \text{sen}\, 2n|} < \varepsilon$$

É claro que as transformações feitas só permitem, em (2.6), a implicação no sentido aí indicado, que é suficiente para nossos propósitos.

2.4. Exemplo. É fácil descobrir o limite do quociente de dois polinômios de mesmo grau, dividindo numerador e denominador pela maior potência de n. Assim,

$$a_n = \frac{3n^2 + 4n}{n^2 + n - 4} = \frac{3 + 4/n}{1 + 1/n - 4/n^2}$$

claramente tende a 3, já que $4/n, 1/n$ e $4/n^2$ tendem a zero. Para provar isso diretamente da definição de limite, notamos que, a partir de $n = 2$ (que implica $n^2 + n - 4 > 0$),

$$|a_n - 3| = \frac{n + 12}{n^2 + n - 4} < \frac{n + 12}{n^2 - 4};$$

e a partir de $n = 12$, $n + 12 \leq 2n$ e $4 < n^2/2$, de sorte que $n^2 - 4 > n^2 - n^2/2 = n^2/2$. Assim,

$$|a_n - 3| < \frac{2n}{n^2/2} = \frac{4}{n} < \varepsilon,$$

desde que n seja maior que o maior dos números, $4/\varepsilon$ e 12, isto é,

$$n > N = \max\{4/\varepsilon, 12\}.$$

Isso conclui a demonstração.

Esse exemplo mostra, em particular, que, com n tendendo a infinito, os termos com maior expoente no numerador e no denominador são dominantes sobre os demais.

O cálculo de limites pode tornar-se mais e mais complicado, se insistirmos em fazê-lo diretamente da definição de limite. Felizmente, com essa definição podemos estabelecer as propriedades tratadas logo adiante, no Teorema 2.8, as quais permitem simplificar bastante o cálculo de limites. Demonstraremos primeiro dois teoremas de importância fundamental, o primeiro dos quais envolvendo a noção de "seqüência limitada". Diz-se que uma seqüência (a_n) é *limitada à esquerda*, ou *limitada inferiormente*, se existe um número A tal que $A \leq a_n$ para todo n; e *limitada à direita*, ou *limitada superiormente*, se existe um número B tal que $a_n \leq B$ para todo n. Quando a seqüência é limitada à esquerda e à direita ao mesmo tempo, dizemos simplesmente que ela é *limitada*. Como é fácil ver, isso equivale a afirmar que existe um número M tal que $|a_n| \leq M$ para todo n.

2.5. Teorema. *Toda seqüência convergente é limitada.*

Demonstração. Dado qualquer $\varepsilon > 0$, existe um índice N tal que

$$n > N \Rightarrow L - \varepsilon < a_n < L + \varepsilon,$$

Isso já está a nos dizer que, a partir do índice $n = N+1$, a seqüência é limitada: à direita por $L+\varepsilon$ e à esquerda por $L-\varepsilon$. Para englobarmos a seqüência inteira, basta considerar, dentre todos os números

$$a_1, a_2, \ldots, a_N, L-\varepsilon, L+\varepsilon,$$

aquele que é o menor de todos, digamos, A, e aquele que é o maior de todos, digamos, B; então será verdade, para todo n, que

$$A \leq a_n \leq B,$$

o que completa a demonstração.

Podíamos também ter atalhado um pouco, como é costume, procedendo assim: seja

$$M = \max\{|a_1|, |a_2|, \ldots, |a_N|, |L-\varepsilon|, |L+\varepsilon|\}.$$

Então $|a_n| \leq M$ para todo n, o que prova que a seqüência é limitada.

2.6. Teorema. *Se uma seqüência (a_n) converge para um limite L, e se $A < L < B$, então, a partir de um certo índice N, $A < a_n < B$.*

Demonstração. Dado qualquer $\varepsilon > 0$, existe N tal que, a partir desse índice, $L - \varepsilon < a_n < L + \varepsilon$. Portanto, é apenas uma questão de prescrever, de início, ε menor que o menor dos números $L - A$ e $B - L$, para termos $L - \varepsilon > L - (L - A) = A$ e $L + \varepsilon < L + (B - L) = B$. Em conseqüência, $n > N \Rightarrow A < a_n < B$, como queríamos demonstrar.

Corolário 2.7. *Se uma seqüência (a_n) converge para um limite $L \neq 0$, então, a partir de certo índice N, $|a_n| > |L|/2$.*

Para a demonstração, se $L > 0$, tome $A = L/2$. Se $L < 0$, tome $B = L/2$.

O teorema anterior e seu corolário são muito úteis nas aplicações e serão usados repetidamente em nosso estudo, como o leitor deverá notar. Observe que, sempre que tivermos uma seqüência com limite diferente de zero, poderemos encontrar números A e B de mesmo sinal nas condições do teorema. Em geral, nas aplicações, utilizamos apenas uma das desigualdades, ou $A < a_n$ ou $a_n < B$.

Operações com limites

2.8. Teorema. *Sejam (a_n) e (b_n) duas seqüências convergentes, com limites a e b respectivamente. Então, $(a_n + b_n)$, $(a_n b_n)$ e $(k a_n)$, onde k uma constante qualquer, são seqüências convergentes, além do que,*

a) $\lim(a_n + b_n) = \lim a_n + \lim b_n = a + b$;

b) $\lim(k a_n) = k(\lim a_n) = ka$; *em particular, $k = -1$ nos dá $a_n \to a \Rightarrow -a_n \to -a$;*

c) $\lim(a_n b_n) = (\lim a_n)(\lim b_n) = ab$;

d) se, além das hipóteses acima, $b \neq 0$, então existe o limite de a_n/b_n, igual a a/b.

Demonstração. Demonstraremos os dois últimos ítens, deixando os dois primeiros, que são mais fáceis, para os exercícios.

Para demonstrar a terceira propriedade, utilizamos a desigualdade do triângulo e o fato de que a seqüência b_n é limitada por uma constante positiva M, de sorte que podemos escrever:

$$|a_n b_n - ab| = |(a_n - a)b_n + a(b_n - b)| \leq |a_n - a||b_n| + |a||b_n - b|$$
$$\leq M|a_n - a| + |a||b_n - b|.$$

Ora, tanto $|a_n - a|$ como $|b_n - b|$ podem ser feitos arbitrariamente pequenos, desde que n seja suficientemente grande. Assim, dado qualquer $\varepsilon > 0$, podemos fazer $|a_n - a|$ menor do que $\varepsilon/2M$ a partir de um certo índice N_1 e $|b_n - b| < \varepsilon/2|a|$ a partir de um certo N_2; então, sendo N o maior desses índices, $n > N$ satisfará $n > N_1$ e $n > N_2$ simultaneamente; logo,

$$n > N \Rightarrow |a_n b_n - ab| < \frac{\varepsilon}{2} + \frac{\varepsilon}{2} = \varepsilon,$$

como queríamos demonstrar.

Observe, nesse raciocínio, que se nos contentássemos em fazer $|a_n - a|$ e $|b_n - b|$ menores do que ε, em vez de $|a_n - a| < \varepsilon/2M$ e $|b_n - b| < \varepsilon/2|a|$, o resultado final seria

$$n > N \Rightarrow |a_n b_n - ab| < (M + |a|)\varepsilon = k\varepsilon$$

Esse procedimento é tão satisfatório quanto o anterior, como já tivemos oportunidade de observar; se quiséssemos terminar com ε, bastaria começar com o número ε/k em vez de ε.

Para a demonstração da quarta propriedade, observamos que o quociente a_n/b_n pode ser interpretado como o produto $a_n(1/b_n)$, de forma que, em vista da propriedade já demonstrada, basta provar que $1/b_n \to 1/b$. Temos:

$$\left| \frac{1}{b_n} - \frac{1}{b} \right| = \frac{|b_n - b|}{|b_n b|}$$

Como $b \neq 0$, a partir de um certo N_1, $|b_n| > |b|/2$; e, dado $\varepsilon > 0$, a partir de um certo N_2, $|b_n - b|$ pode ser feito menor do que $|b|^2 \varepsilon/2$, de sorte que, sendo $N = \max\{N_1, N_2\}$, teremos:

$$n > N \Rightarrow \left| \frac{1}{b_n} - \frac{1}{b} \right| < \frac{|b|^2 \varepsilon/2}{|b|^2/2} = \varepsilon$$

e isso completa a demonstração.

Em vista desse teorema, fica fácil lidar com certos limites, como vemos pelo exemplo seguinte:

$$\lim \frac{3n^2 + 4n}{5n^2 - 7} = \lim \frac{3 + 4/n}{5 - 7/n^2} = \frac{\lim(3 + 4/n)}{\lim(5 - 7/n^2)}$$
$$= \frac{\lim 3 + \lim(4/n)}{\lim 5 - \lim(7/n^2)} = \frac{3}{5}.$$

Terminamos esta seção com dois exemplos importantes de limites.

2.9. Exemplo. Dado um número $a > 0$, $\sqrt[n]{a} \to 1$. Isso é evidente se $a = 1$, quando a seqüência é constantemente igual a 1. Suponhamos $a > 1$, logo, $\sqrt[n]{a} = 1 + h_n$, onde h_n é um número positivo conveniente. Utilizando a desigualdade de Bernoulli, teremos:

$$a = (1 + h_n)^n \geq 1 + nh_n > nh_n.$$

Assim, $h_n = |\sqrt[n]{a} - 1| < a/n$ e isso será menor do que qualquer $\varepsilon > 0$ fixado de antemão, desde que $n > a/\varepsilon$.

No caso $0 < a < 1$, temos que $1/a > 1$, donde $1/\sqrt[n]{a} \to 1$. Então, pelo item d) do Teorema 2.8, concluímos que $\sqrt[n]{a} \to 1$.

2.10. Exemplo. $\sqrt[n]{n} \to 1$. Ainda aqui temos que $\sqrt[n]{n} = 1 + h_n$, onde h_n novamente é um número positivo conveniente. Mas agora a desigualdade de Bernoulli é insuficiente para nossos propósitos, pois, com ela,

$$n = (1 + h_n)^n \geq 1 + nh_n > nh_n, \quad \text{donde } h_n < 1,$$

e essa desigualdade não basta para provar que h_n tende a zero.

Apelamos para a fórmula do binômio, que permite escrever, já que $h_n > 0$:

$$n = (1 + h_n)^n = 1 + nh_n + \frac{n(n-1)}{2}h_n^2 + \ldots + h_n^n > \frac{n(n-1)}{2}h_n^2,$$

donde $h_n^2 < 2/(n-1)$. Agora sim, dado $\varepsilon > 0$, $2/(n-1)$ será menor do que ε^2, desde que n seja maior do que $2/\varepsilon^2 + 1 = N$. Conseqüentemente,

$$n > N \Rightarrow |\sqrt[n]{n} - 1| = h_n < \varepsilon,$$

provando o resultado desejado.

Exercícios

1. (Unicidade do limite) Prove que uma seqüência só pode convergir para um único limite.
2. Prove, diretamente da definição de limite, que cada uma das seqüências $1/(n^2 + 1)$ e $1/(8n^3 - 7)$ tende a zero.
3. Faça o mesmo para a seqüência $a_n = \sqrt{n+h} - \sqrt{n}$.
4. Faça o mesmo para a seqüência $a_n = a^n$, onde $0 < a < 1$.
5. Prove, igualmente, que
$$a_n = \frac{5n^3 - 2n^2 + 1}{2n^3 + 7n - 3} \to \frac{5}{2}.$$
6. Prove os ítens a) e b) do Teorema 2.8. Generalize a propriedade da soma, provando que o limite de uma soma qualquer de seqüências convergentes é a soma dos limites. Generalize também a propriedade do produto para o caso de vários fatores.

7. Prove que se $a_n \to L$, então o mesmo é verdade da seqüência das médias aritméticas $s_n = (a_1 + a_2 + \ldots + a_n)/n$.

8. Prove que se $a_n \to L$ e (p_n) é uma seqüência de números positivos, tal que $(p_1 + \ldots + p_n) \to \infty$, então também tende a L a seqüência
$$s_n = \frac{p_1 a_1 + \ldots + p_n a_n}{p_1 + \ldots + p_n}$$

9. Prove que se a_n tem limite L, então $|a_n|$ tem limite $|L|$. Mostre que a recíproca só é válida, em geral, no caso $L = 0$.

10. Prove que se (a_n) é uma seqüência que converge para zero e (b_n) uma seqüência limitada, não necessariamente convergente, então $(a_n b_n)$ converge para zero.

11. Prove que se (a_n) é uma seqüência convergente, com $a_n \leq b$, então $\lim a_n \leq b$. Mostre com contra-exemplo que, mesmo que seja $a_n < b$, não é verdade, em geral, que $\lim a_n < b$. Enuncie e demonstre propriedade análoga no caso $a_n > b$.

12. Sejam (a_n) e (b_n) seqüências convergentes, com $a_n \leq b_n$. Prove que $\lim a_n \leq \lim b_n$. Mostre por meio de contra-exemplo que também aqui pode ocorrer a igualdade dos limites mesmo que seja $a_n < b_n$. (Observe que o exercício anterior é um caso particular deste, com seqüência $(b_n) = (b, b, \ldots)$.

13. (**critério de confronto** ou **teorema da seqüência intercalada**). Sejam (a_n), (b_n) e (c_n) três seqüências tais que $a_n \leq b_n \leq c_n$, (a_n) e (c_n) convergindo para o mesmo limite L. Demonstre que (b_n) também converge para L.

14. Prove que $\sqrt[n]{\sqrt[n]{n}} \to 1$.

Sugestões e soluções

1. Suponha existirem dois limites distintos, L e L' e tome $\varepsilon < |L - L'|/2$.
Então, $|a_n - L| < \varepsilon$ a partir de um certo N_1 e $|a_n - L'| < \varepsilon$ a partir de um certo N_2. Seja $N = \max\{N_1, N_2\}$, de forma que $n > N$ acarreta simultaneamente $n > N_1$ e $n > N_2$. Assim, $n > N$ acarreta $|L - L'| = |(L - a_n) + (a_n - L')| \leq |a_n - L| + |a_n - L'| < 2\varepsilon < |L - L'|$, o que é absurdo.

3. Multiplique numerador e denominador pela soma das raízes que aparecem na definição da seqüência.

4. Como $b = 1/a > 1$, $b = 1 + c$, com $c > 0$. Então
$$b^n = \frac{1}{a^n} = (1+c)^n > 1 + nc > nc; \quad \text{logo,} \quad a^n < \frac{1}{nc}.$$

Outro modo, utilizando o logaritmo, baseia-se no seguinte:
$$a^n < \varepsilon \Leftrightarrow n \log a < \log \varepsilon \Leftrightarrow n > \frac{\log \varepsilon}{\log a}.$$

Nessa última passagem, ao dividir a desigualdade por $\log a$, levamos em conta que esse número é negativo, daí a mudança de sinal da desigualdade.

6. $|(a_n + b_n) - (a + b)| \leq |a_n - a| + |b_n - b|$.

7. Observe que
$$|s_n - L| = \frac{|(a_1 - L) + (a_2 - L) + \ldots + (a_n - L)|}{n}$$
$$\leq \frac{|a_1 - L| + \ldots + |a_r - L|}{n} + \frac{|a_{r+1} - L| + \ldots + |a_n - L|}{n}$$

Dado $\varepsilon > 0$, escolha r suficientemente grande para que $|a_j - L| < \varepsilon/2$ desde que $j > r$. Fixe r e seja $M = |a_1 - L| + \ldots + |a_r - L|$; então

$$|s_n - L| < \frac{M}{n} + \frac{(n-r)\varepsilon/2}{n} < \frac{M}{n} + \frac{\varepsilon}{2} < \varepsilon \Leftrightarrow n > \frac{2M}{\varepsilon}$$

Agora é só tomar $N = \max\{r, 2M/\varepsilon\}$ para que $n > N \Rightarrow |s_n - L|$.

8. Análogo ao exercício anterior. Aliás, o exercício anterior é um caso particular deste, com $p_1 = \ldots = p_n = 1$.

Seqüências monótonas

Há pouco vimos que toda seqüência convergente é limitada. Mas nem toda seqüência limitada é convergente, como podemos ver através de exemplos simples como os seguintes:

1) $a_n = (-1)^n$ assume alternadamente os valores $+1$ e -1, portanto, não converge para nenhum desses valores;

2) $a_n = (-1)^n(1+1/n)$ é um exemplo parecido com o anterior, mas agora a seqüência assume uma infinidade de valores, formando um conjunto de pontos que se acumulam em torno de -1 e $+1$. Mas a seqüência não converge para nenhum desses valores. Se ela fosse simplesmente $1 + 1/n$, então convergiria para o número 1.

Veremos, entretanto, que há uma classe importante de seqüências limitadas — as chamadas seqüências "monótonas" — que são convergentes.

2.11. Definições. *Diz-se que uma seqüência* (a_n) *é crescente se* $a_1 < a_2 < \ldots < a_n < \ldots$ *e decrescente se* $a_1 > a_2 > \ldots > a_n > \ldots$ *Diz-se que a seqüência é não decrescente se* $a_1 \leq a_2 \leq \ldots a_n \leq \ldots$ *e não crescente se* $a_1 \geq a_2 \geq \ldots \geq a_n \geq \ldots$ *Diz-se que a seqüência é monótona se ela satisfaz qualquer uma dessas condições.*

As seqüências monótonas limitadas são convergentes, como veremos logo a seguir. Esse é o primeiro resultado que vamos estabelecer, em cuja demonstração utilizamos a propriedade do supremo. Aliás, como já observamos na p. 12, foi a necessidade de fazer tal demonstração para "funções monótonas" (Veja o Teorema 4.19, p. 92) a principal motivação que teve Dedekind em sua construção dos números reais.

2.12. Teorema. *Toda seqüência monótona e limitada é convergente.*

Demonstração. Consideremos, para fixar as idéias, uma seqüência não decrescente (a_n) (portanto, limitada inferiormente pelo elemento a_1). A hipótese de ser limitada significa que ela é *limitada superiormente*; logo, seu conjunto de valores possui supremo S. Vamos provar que esse número S é o limite de a_n.

Dado $\varepsilon > 0$, existe um elemento da seqüência, com um certo índice N, tal que $S - \varepsilon < a_N \leq S$. Ora, como a seqüência é não decrescente, $a_N \leq a_n$ para todo $n > N$, de sorte que

$$n > N \Rightarrow S - \varepsilon < a_n < S + \varepsilon,$$

que é o que desejávamos demonstrar.

A demonstração do teorema no caso de uma seqüência não crescente é análoga e fica para os exercícios.

O número e

O número e, base dos logaritmos naturais, aparentemente surgiu na Matemática pela consideração de um problema de juros compostos instantaneamente (Veja [A1], Seç. 5.6). Nesse contexto ele é definido mediante o limite

$$e = \lim\left(1 + \frac{1}{n}\right)^n$$

Trata-se, evidentemente, de uma forma indeterminada do tipo 1^∞, pois enquanto o expoente tende a infinito, a base $1 + 1/n$ tende decrescentemente a 1.

Vamos provar que a seqüência que define e é crescente e limitada, portanto, tem limite. Pela fórmula do binômio de Newton,

$$\begin{aligned}
a_n &= \left(1 + \frac{1}{n}\right)^n \\
&= 1 + n \cdot \frac{1}{n} + \frac{n(n-1)}{2!} \cdot \frac{1}{n^2} + \ldots + \frac{n(n-1)\ldots[n-(n-1)]}{n!} \cdot \frac{1}{n^n} \\
&= 2 + \frac{1}{2!}\left(1 - \frac{1}{n}\right) + \frac{1}{3!}\left(1 - \frac{1}{n}\right)\left(1 - \frac{2}{n}\right) + \ldots \\
& + \frac{1}{n!}\left(1 - \frac{1}{n}\right)\left(1 - \frac{2}{n}\right)\ldots\left(1 - \frac{n-1}{n}\right)
\end{aligned} \qquad (2.7)$$

Uma expressão para a_{n+1}, como essa última, conterá um termo a mais no final, além dos que aí aparecem, com $n + 1$ em lugar de n, exceto em $n!$ Mesmo sem levar em conta o termo a mais, pode-se ver que cada um dos termos de (2.7) é inferior a cada um dos correspondentes com $n + 1$ em lugar de n. Isso prova que $a_n < a_{n+1}$, isto é, a seqüência (a_n) é crescente. Para provarmos que ela é limitada, basta observar que cada parênteses que aparece em (2.7) é menor do que 1, de sorte que

$$a_n < 2 + \frac{1}{2!} + \ldots + \frac{1}{n!} < 2 + \frac{1}{2} + \frac{1}{2^2} + \ldots + \frac{1}{2^{n-1}} < 3. \qquad (2.8)$$

28   Cap. 2: Seqüências Infinitas

Sendo crescente e limitada, (a_n) tem limite, que é o número e. Fica claro também que esse número está compreendido entre 2 e 3.

Da expressão (2.7) para a_m decorre que, sendo $m > n$,

$$a_m > 2 + \frac{1}{2!}\left(1 - \frac{1}{m}\right) + \ldots + \frac{1}{n!}\left(1 - \frac{1}{m}\right)\left(1 - \frac{2}{m}\right)\ldots\left(1 - \frac{n-1}{m}\right).$$

Mantendo fixo o número n, fazemos $m \to \infty$, o que nos dá: $e \geq 2 + 1/2! + \ldots + 1/n!$. Daqui e de (2.8) obtemos, finalmente, com $n \to \infty$,

$$e = \lim\left(2 + \frac{1}{2!} + \ldots + \frac{1}{n!}\right). \tag{2.9}$$

Mostremos também que $\lim\left(1 - \frac{1}{n}\right)^{-n} = e$. Para isso, notamos que, sendo $m = n - 1$,

$$1 - \frac{1}{n} = \frac{n-1}{n} = \frac{1}{n/(n-1)} = \frac{1}{(m+1)/m} = \frac{1}{1 + 1/m};$$

$$\left(1 - \frac{1}{n}\right)^{-n} = \left(1 + \frac{1}{m}\right)^m \left(1 + \frac{1}{m}\right) \to e.$$

Em vista disso podemos escrever:

$$e = \lim_{n \to \pm\infty}\left(1 + \frac{1}{n}\right)^n$$

Subseqüências

Quando eliminamos um ou vários termos de uma dada seqüência, obtemos o que se chama uma "subseqüência" da primeira. Assim, a seqüência dos números pares positivos é uma subseqüência da seqüência dos números naturais. O mesmo é verdade da seqüência dos números ímpares positivos; da seqüência dos números primos; ou da seqüência 1, 3, 20, 37, 42, 47,..., isto é,

$$a_1 = 1,\ a_2 = 13,\ a_3 = 20,\ a_n = 5n + 17 \ \text{ para } \ n \geq 4.$$

Uma definição precisa desse conceito é dada a seguir.

2.13. Definição. *Uma subseqüência de uma dada seqüência (a_n) é uma restrição dessa seqüência a um subconjunto infinito N' do conjunto N dos números naturais. Dito de outra maneira, uma subseqüência de (a_n) é uma seqüência do tipo $(b_j) = (a_{n_j})$, onde (n_j) é uma seqüência crescente de inteiros positivos, isto é, $n_1 < n_2 < \ldots$*

Como conseqüência dessa definição, $1 \leq n_1$, $2 \leq n_2, \ldots$, e, em geral, $j \leq n_j$. Mas, como $j < n_j$ para algum j (a não ser que a subseqüência seja a própria seqüência dada), esta desigualdade permanecerá válida para todos os índices subseqüentes ao primeiro índice para o qual ela ocorrer.

A seqüência $(a_n) = (-1)^n(1 + 1/n)$ tem subseqüências (a_{2n}), (a_{4n}), (a_{6n}) etc., todas convergindo para 1; e subseqüências (a_{2n-1}), (a_{4n-1}), (a_{6n-1}) etc., todas convergindo para -1.

2.14. Teorema. *Se uma seqüência (a_n) converge para um limite L, então toda sua subseqüência (a_{n_j}) também converge para L.*

Demonstração. De $a_n \to L$ segue-se que, dado qualquer $\varepsilon > 0$ existe N tal que $n > N \Rightarrow |a_n - L| < \varepsilon$. Como vimos acima, $n_j \geq j$, de forma que $j > N \Rightarrow (n_j > N \Rightarrow |a_{n_j} - L| < \varepsilon)$, o que completa a demonstração.

Limites infinitos

Certas seqüências, embora não convergentes, apresentam regularidade de comportamento, o termo geral tornando-se ou arbitrariamente grande ou arbitrariamente pequeno com o crescer do índice. Diz-se então que a seqüência *diverge* para $+\infty$ ou para $-\infty$ respectivamente. Damos a seguir as definições precisas desses conceitos.

2.15. Definições. *Diz-se que a seqüência (a_n) diverge (ou tende) para $+\infty$ e escreve-se $\lim a_n = +\infty$ ou $\lim a_n = \infty$ se, dado qualquer número positivo k, existe N tal que $n > N \Rightarrow a_n > k$. Analogamente, (a_n) diverge (ou tende) para $-\infty$ se, dado qualquer número negativo k, existe N tal que $n > N \Rightarrow a_n < k$; neste caso, escreve-se $\lim a_n = -\infty$.*

Por exemplo, é fácil verificar, á luz dessas definições, que as seqüências $a_n = n, a_n = n^2 + 1$ e $a_n = \sqrt{n}$ tendem, todas elas, a $+\infty$, enquanto que $a_n = -n$, $a_n = 3 - n^2$ e $a_n = 6 - \sqrt{n}$ tendem a $-\infty$.

As propriedades relacionadas no teorema seguinte são de fácil demonstração e ficam para os exercícios.

2.16. Teorema. *a) $a_n \to +\infty \Leftrightarrow -a_n \to -\infty$.*
b) Seja (a_n) uma seqüência não limitada. Sendo não decrescente, ela tende a $+\infty$; e sendo não crescente, ela tende a $-\infty$.
c) Se $\lim a_n = \pm\infty$, então $1/a_n$ tende a zero.
d) Se $\lim a_n = 0$, então $1/a_n$ tende a $+\infty$ se $a_n > 0$, e tende a $-\infty$ se $a_n < 0$.

e) Se (b_n) é uma seqüência limitada e $a_n \to +\infty$ ou a $-\infty$, então a seqüência $(a_n + b_n)$ tende a $+\infty$ ou a $-\infty$ respectivamente.

f) Se $a_n \to +\infty$ e $b_n \geq c$, onde c é um número positivo, então $a_n b_n \to +\infty$. (Em particular, $a_n \to +\infty$ e $b_n \to +\infty \Rightarrow a_n b_n \to +\infty$.) Formule e demonstre as outras possibilidades: $a_n \to +\infty$ e $b_n \leq c < 0$, $a_n \to -\infty$ e $b_n \geq c > 0$, $a_n \to -\infty$ e $b_n \leq c < 0$.

g) Se $a_n \to +\infty$ e $a_n \leq b_n$, então $b_n \to +\infty$.

2.17. Exemplo. A seqüência a^n, com $a > 1$, tende a infinito. De fato, $0 < 1/a < 1$, de forma que, pelo Exerc. 4 da p. 24, $(1/a)^n = 1/a^n$ tende a zero; logo, pelo item d) do teorema anterior, $a^n \to \infty$.

Podemos também raciocinar assim: $a = 1 + h$, onde $h > 0$. Então $a^n = (1+h)^n > 1 + nh > nh > k \Leftrightarrow n > k/h$.

Outro modo de tratar esse limite faz uso do logaritmo, assim:

$$a^n > k \Leftrightarrow n \log a > \log k \Leftrightarrow n > \frac{\log k}{\log a}$$

Outra maneira ainda apoia-se na igualdade $a^n = e^{(\log a)n}$, pressupondo o conhecimento da função exponencial e de suas propriedades; em particular, a propriedade segundo a qual $e^{(\log a)x}$ tende a infinito com $x \to \infty$. Como a seqüência em pauta é uma restrição dessa função ao dominio dos números naturais, é claro que ela também tende a infinito.

2.18. Exemplo. A seqüência $a_n = n^k$, onde k é um inteiro positivo, tende a infinito por ser o produto de k fatores que tendem a infinito. No entanto, ela tende a infinito "mais devagar" do que a^n ($a > 1$, evidendentemente). Podemos ver isso considerando a razão $r_n = n^k/a^n$ como restrição da função

$$f(x) = \frac{x^k}{a^x} = \frac{x^k}{e^{(\log a)x}},$$

a qual, como sabemos do Cálculo, tende a zero com $x \to \infty$. Concluímos assim que r_n tende a zero, e é isso o significado preciso de dizer que o numerador n^k tende a infinito "mais devagar" do que a^n.

Outro modo de tratar a mesma questão baseia-se na propriedade do Exerc. 8 adiante. Para isso basta observar que

$$\frac{r_{n+1}}{r_n} = \frac{1}{a}\left(1 + \frac{1}{n}\right)^k \to \frac{1}{a} < 1.$$

2.19. Exemplo. Mostraremos agora que a seqüência a^n, com $a > 1$, tende a infinito mais devagar que $n!$. Para isso, notamos que, sendo $n > N$,

$$\frac{a^n}{n!} = \left(\frac{a}{1} \cdot \frac{a}{2} \cdots \frac{a}{N}\right)\left(\frac{a}{N+1} \cdot \frac{a}{N+2} \cdots \frac{a}{n}\right).$$

Fixando N tal que $a/N < 1/2$, cada um dos $n - N$ fatores do segundo parênteses será inferior a $1/2$, logo,

$$\frac{a^n}{n!} < \left(\frac{a}{1} \cdot \frac{a}{2} \cdots \frac{a}{N}\right) 2^{N-n} = 2^{-n} c,$$

onde $c = (2a)^N/N!$ é uma constante que só depende de N, que já está fixado. Essa desigualdade prova então que a razão de a^n para $n!$ tende a zero, significando que a primeira dessas seqüências tende a infinito mais devagar que a segunda.

2.20. Exemplo. Provemos finalmente que a seqüência $n!$ é ainda mais vagarosa que n^n. De fato, basta notar que

$$\frac{n!}{n^n} = \frac{1}{n} \cdot \frac{2}{n} \cdots \frac{n}{n} < \frac{1}{n} \to 0.$$

Em vista dos três últimos exemplos acima, vemos que (sendo $a > 1$),

$$\lim \frac{n^k}{a^n} = 0; \quad \lim \frac{a^n}{n!} = 0; \quad \lim \frac{n!}{n^n} = 0. \tag{2.10}$$

Na linguagem sugestiva que vimos usando, isso significa que, embora as quatro seqüências n^k, a^n, $n!$ e n^n tendam todas a infinito, cada uma tende a infinito mais devagar do que a seguinte.

Seqüências recorrentes

Freqüentemente o termo geral de uma seqüência é definido por uma função de um ou mais de seus termos precedentes. A seqüência se chama, então, apropriadamente, *indutiva ou recorrente*. Veremos a seguir um exemplo interessante de seqüência recorrente. Outros exemplos são dados nos exercícios.

Exemplo 2.21. Consideramos aqui uma seqüência que tem origem num método de extração da raiz quadrada, aparentemente já conhecido na Mesopotâmia de 18 séculos antes de Cristo! Dado um número positivo qualquer N, deseja-se achar um número a tal que $a \cdot a = N$. Acontece que, em geral, não dispomos do valor exato da raiz, e o número a é apenas um valor aproximado. Sendo assim, o fator que deve multiplicar a para produzir N não é necessariamente a, mas sim o número N/a. Então, em vez de $a \cdot a = N$, temos

$$a \cdot \frac{N}{a} = N.$$

Vemos, nesse produto, que se o fator a aumenta, o fator N/a diminui; e se a diminui, N/a aumenta. O valor desejado de a é aquele que faz com que ele seja igual a N/a, quando será a raiz quadrada exata de N. Em geral, sendo a uma raiz aproximada por falta, N/a será raiz aproximada por excesso e vice-versa, de sorte que a raiz exata está compreendida entre um e outro desses fatores. Daí a idéia de tomar a média aritmética deles, isto é,

$$a_1 = \frac{1}{2}\left(a + \frac{N}{a}\right),$$

como um valor que talvez seja melhor aproximação de $\sqrt{N}$ do que o valor original a. Segundo esse argumento, é de se esperar que

$$a_2 = \frac{1}{2}\left(a_1 + \frac{N}{a_1}\right)$$

seja melhor aproximação ainda. Prosseguindo dessa maneira, construímos a seqüência *recorrente*

$$a_0 = a; \quad a_n = \frac{1}{2}\left(a_{n-1} + \frac{N}{a_{n-1}}\right), \quad n = 1, 2, \ldots$$

É notável que essa seqüência, cujas origens datam de tão alta antiguidade, seja talvez o mais eficiente método de extração da raiz quadrada, como se prova com relativa facilidade. (Veja o Exerc. 18 adiante.)

Exercícios

1. Seja (a_n) uma seqüência monótona que possui uma subseqüência convergindo para um limite L. Prove que (a_n) também converge para L.

2. Sejam N_1 e N_2 subconjuntos infinitos e disjuntos do conjunto dos números naturais N, cuja união é o próprio N. Seja (a_n) uma seqüência cujas restrições a N_1 e N_2 convergem para o mesmo limite L. Prove que (a_n) converge para L.

3. Construa uma seqüência que tenha uma subseqüência convergindo para -3 e outra convergindo para 8.

4. Construa uma seqüência que tenha três subseqüências convergindo, cada uma para cada um dos números 3, 4, 5. Generalize: dados os números $L_1, L_2, \ldots, L_k$, distintos entre si, construa uma seqüência que tenha k subseqüências convergindo, cada uma para cada um desses números.

5. Construa uma seqüência que tenha subseqüências convergindo, cada uma para cada um dos números inteiros positivos.

6. Construa uma seqüência que tenha subseqüências convergindo, cada uma para cada um dos números reais.

7. Prove que se $a_n > 0$ e $a_{n+1}/a_n \leq c$, onde $c < 1$, então $a_n \to 0$.

8. Prove que se $a_n > 0$ e $a_{n+1}/a_n \to c$, onde $c < 1$, então $a_n \to 0$.

9. Demonstre o teorema 2.16.

10. Prove que se $a_n \to +\infty$ e $b_n \to L > 0$, então $a_n b_n \to +\infty$. Examine também as demais combinações de $a_n \to \pm\infty$ com L positivo ou negativo.

11. Prove que $5n^3 - 4n^2 + 7$ tende a infinito.

12. Prove que um polinômio $p(n) = a_k n^k + a_{k-1} n^{k-1} + \ldots + a_1 n + a_0$ tende a $\pm\infty$ conforme seja a_k positivo ou negativo respectivamente.

13. Seja $p(n)$ como no exercício anterior, com $a_k > 0$. Mostre que $\sqrt[n]{p(n)} \to 1$.

14. Mostre que $\sqrt{n^2+1} - \sqrt{n+h} \to \infty$.

15. Mostre que $\sqrt[n]{n!} \to \infty$.

16. Considere a seqüência assim definida: $a_1 = \sqrt{2}, a_n = \sqrt{2+a_{n-1}}$ para $n > 1$. Escreva explicitamente os primeiros quatro ou cinco termos dessa seqüência. Prove que ela é uma seqüência convergente e calcule seu limite.

17. Generalize o exercício anterior considerando a seqüência $a_1 = \sqrt{a}$, $a_n = \sqrt{a+a_{n-1}}$, onde $a > 0$.

18. Dado um número $N > 0$ e fixado um número qualquer $a_0 = a$, seja $a_n = (a_{n-1}+N/a_{n-1})/2$ para $n > 1$. Prove que, a excessão, eventualmente, de a_0, essa seqüência é decrescente. Prove que ela aproxima $\sqrt{N}$ e dê uma estimativa do erro que se comete ao se tomar a_n como aproximação de $\sqrt{N}$.

19. Prove que a seqüência anterior é exatamente a mesma que se obtém com a aplicação do método de Newton para achar a raiz aproximada de $x^2 - N = 0$.

20. (**Divisão áurea**). Diz-se que um ponto A_1 de um segmento OA efetua a divisão áurea desse segmento se $\sigma = OA_1/OA = A_1A/OA_1$. O número σ, raiz positiva de $\sigma^2 + \sigma - 1 = 0$ $[=(\sqrt{5}-1)/2 \approx 0,61]$, é chamado a *razão áurea*. Considere um eixo de coordenadas com origem O, $a_0 = 1$ a abscissa de $A (= A_0)$ e $a_1 = \sigma$ a abscissa de A_1. Construa a seqüência de pontos A_n com abscissa $a_n = a_{n-2} - a_{n-1}$. Prove que A_n efetua a divisão áurea do segmento OA_{n-1} e que $a_n \to 0$.

21. (**Seqüência de Fibonacci**). Defina f_n indutivamente assim: $f_0 = f_1 = 1$ e $f_n = f_{n-2} + f_{n-1}$. Prove que essa seqüência está relacionada com a do exercício anterior mediante a fórmula
$$a_n = (-1)^{n+1}(f_{n-2} - \sigma f_{n-1}), \quad n \geq 3.$$
Prove que a seqüência $x_n = f_n/f_{n+1}$ é convergente e seu limite é o número σ.

22. Com a mesma notação do exercício anterior, prove que $x_n = 1/(1+x_{n-1})$ e use essa relação para provar que x_n converge para a raiz positiva de $\sigma^2 + \sigma - 1 = 0$.

23. Prove que a seqüência $a_n = p_n/q_n$, onde $p_1 = q_1 = 1$, $p_n = p_{n-1}+2q_{n-1}$ e $q_n = p_{n-1}+q_{n-1}$, converge para $\sqrt{2}$.

34   Cap. 2: Seqüências Infinitas

Sugestões e soluções

3. Basta fazer $a_{2n} = -3$ e $a_{2n+1} = 8$.

5. 1, 1, 2, 1, 2, 3, 1, 2, 3, 4,... Outro modo: decomponha o conjunto dos números naturais N numa união de conjuntos infinitos e disjuntos N_1, N_2,... Por exemplo. N_1 pode ser o conjunto dos números ímpares, $N_2 = 2N_1$, $N_3 = 2^2 N_1$,..., em geral, $N_n = 2^{n-1} N_1$. Agora é só definir a seqüência assim: $a_n = m$ se $n \in N_m$. Outro modo: considere uma seqüência r_1, r_2, r_3,..., obtida por enumeração de todos os números racionais. Este exemplo também responde às exigências dos Exercs. 3 a 5.

6. A seqüência (r_n) do exercício anterior resolve. Outra solução, ainda com a notação do exercício anterior: defina $a_n = r_m$ se $n \in N_m$.

12. Observe que $p(n) = a_k n^k (1 + \ldots) = a_k n^k b_n$, onde b_n é a expressão entre parênteses, que tende a 1.

16. Supondo por um momento que (a_n) convirja para um certo L, passamos ao limite em $a_n^2 = 2 + a_{n-1}$, resolvemos a equação resultante e achamos $L = 2$. (Mas *é preciso* provar a existência do limite! Veja este exemplo: a seqüência 1, 3, 7, 15, 31,...; em geral, $a_n = 2a_{n-1} + 1$, evidentemente não converge, logo, não podemos simplesmente passar ao limite nessa última igualdade para obter $L = 2L + 1$, ou $L = -1$.) Prove que a seqüência dada é crescente e limitada superiormente por 2.

17. Seja $b = \max\{a, \sqrt{a}, 2\}$. Claramente, $a_1 \leq b$ e, supondo $a_n \leq b$, teremos $a_{n+1} \leq \sqrt{a+b} \leq \sqrt{2b} \leq 2b$. Isso prova que a seqüência é limitada superiormente. Prova-se também que ela é crescente, notando que $a_2 > a_1$ e que, supondo $a_n > a_{n-1}$, então $a_{n+1} = \sqrt{a + a_n} > \sqrt{a + a_{n-1}} = a_n$. Agora é só passar ao limite na fórmula de definição e achar a raiz positiva de $L^2 = a + L$, isto é, $L = (1 + \sqrt{1 + 4a})/2$.

18. Por um cálculo simples,
$$a_1 - \sqrt{N} = \frac{(a - \sqrt{N})^2}{2a},$$
provando que $a_1 > \sqrt{N}$ (mesmo que $a < \sqrt{N}$). Além disso, se $a > \sqrt{N}$,
$$a_1 - \sqrt{N} = \frac{(a - \sqrt{N})^2}{2a} = \frac{a - \sqrt{N}}{2a}(a - \sqrt{N}) < \frac{1}{2}(a - \sqrt{N}) < a - \sqrt{N},$$
mostrando que $\sqrt{N} < a_1 < a$. Com o mesmo tipo de raciocinio, mesmo que a seja menor do que $\sqrt{N}$, prova-se que $\sqrt{N} < a_{n+1} < a_n < \ldots < a_1$ e que
$$0 < a_{n+1} - \sqrt{N} < \frac{1}{2}(a_n - \sqrt{N}) < \ldots < \frac{a_1 - \sqrt{N}}{2^n}.$$

20. Das definições dadas segue-se que
$$\frac{a_1}{a_0} = \frac{a_2}{a_1} = \frac{a_1 - a_2}{a_0 - a_1}, \quad \text{donde} \quad \frac{OA_2}{OA_1} = \frac{A_2 A_1}{OA_2},$$
mostrando que A_2 divide OA_1 na razão áurea. Com raciocinio análogo prova-se, por indução, que A_n divide $0A_{n-1}$ na razão áurea.

Para provar que $a_n \to 0$, prove que
$$\sigma = \frac{a_1}{a_0} = \frac{a_2}{a_1} = \frac{a_3}{a_2} = \ldots = \frac{a_n}{a_{n-1}},$$
e conclua que $a_n = \sigma^n$.

22. Escreva os primeiros termos da seqüência de Fibonacci e da seqüência x_n. Observe que $x_0 > x_1 < x_2 > x_3 < \ldots$, o que faz suspeitar que x_{2n} seja crescente e x_{2n+1} decrescente De fato, $x_0 < x_2$ e $x_1 > x_3$; por outro lado,

$$x_n = \frac{1}{1 + x_{n-1}} = \frac{1}{1 + 1/(1 + x_{n-2})} = 1 - \frac{1}{2 + x_{n-2}}.$$

Como a função $1 - 1/(2 + x)$ é crescente, vemos que

$$x_{2n} < x_{2n+2} \Rightarrow x_{2n+2} < x_{2n+4} \quad \text{e} \quad x_{2n+1} > x_{2n+3} \Rightarrow x_{2n+3} > x_{2n+5},$$

donde x_{2n} é mesmo crescente e x_{2n+1} decrescente. Sendo limitadas, são convergentes. Seus limites são iguais, por serem ambos a solução positiva da equação $\sigma^2 + \sigma - 1 = 0$, obtida fazendo $n \to \infty$ em

$$x_n = 1 - \frac{1}{2 + x_{n-2}}.$$

23. Observe que $a_n = (a_{n-1} + 2)/(a_{n-1} + 1)$ e que se a_n converge, seu limite é $\sqrt{2}$. Prove, sucessivamente, que $a_n > \sqrt{2} \Leftrightarrow a_{n-1} < \sqrt{2}$, que a_{2n+1} é crescente e a_{2n} decrescente, portanto, convergentes para $\sqrt{2}$.

Pontos aderentes e teorema de Bolzano-Weierstrass

Já vimos que se uma seqüência converge para um certo limite, qualquer sua subseqüência converge para esse mesmo limite. Quando a seqüência não converge, nem tende para $+\infty$ ou $-\infty$, diz-se que ela é *oscilante*. De fato, como veremos, nesse caso ela sempre terá várias subseqüências, cada uma tendendo para um limite diferente. Por exemplo, as seqüências $(-1)^n$, $(-1)^n(1 + 1/n)$, e $(-1)^n(1 - 1/n)$ possuem, todas elas, subseqüências convergindo ou para $+1$ ou para -1. Esses números são chamados "valores de aderência" da seqüência sob consideração.

Mais precisamente, diz-se que L é um *valor de aderência* ou *ponto de aderência* de uma dada seqüência (a_n) se (a_n) possui uma subseqüência convergindo para L.

Quando a seqüência não é limitada, seus elementos podem se espalhar por toda a reta, distanciando-se uns dos outros, como acontece com $a_n = n$, $a_n = 1 - n$ ou $a_n = (-1)^n(2n + 1)$. Em casos como esses não há, é claro, pontos aderentes.

Se a seqüência for limitada, estando seus elementos confinados a um intervalo $[A, B]$, eles são forçados a se acumularem em um ou mais "lugares" desse intervalo, o que resulta em um ou mais pontos aderentes da seqüência. Esse é o conteúdo do "teorema de Bolzano-Weierstrass", considerado a seguir, cuja demonstração está baseada na propriedade do supremo. Aconselhamos o leitor a acompanhar a demonstração tendo sempre em mente exemplos concretos de seqüências simples, como

a) $(a_n) = (-1/n)$, b) $(b_n) = [(-1)^n/n]$,

c) $(c_n) = [(-1)^n(1 + 1/n)]$, d) $(d_n) = (5, 5, 5, \ldots)$.

2.22. Teorema (de Bolzano-Weierstrass). *Toda seqüência limitada (a_n) possui uma subseqüência convergente.* (Veja a versão original desse teorema na p. 121.)

Demonstração. Como a seqüência é limitada, existe um número positivo M tal que, para todos os índices n, $-M < a_n < M$. Seja X o conjunto dos números x tais que existe uma infinidade de elementos da seqüência à direita de x, isto é, $x < a_n$ para uma infinidade de índices n. É claro que $-M \in X$ e M é uma cota superior de X. Tratando-se, pois, de um conjunto não vazio e limitado superiormente, X possui supremo, que designamos por A.

Vamos provar que existe uma subseqüência convergindo para A. Começamos provando que, qualquer que seja $\varepsilon > 0$, existem infinitos índices n tais que $A - \varepsilon < a_n$ e somente um número finito satisfazendo $A + \varepsilon < a_n$. De fato, sendo A o supremo de X, existe $x \in X$ à direita de $A - \varepsilon$ e infinitos a_n à direita desse x, portanto, à direita de $A - \varepsilon$; ao mesmo tempo, só pode existir um número finito de elementos $a_n > A + \varepsilon$; do contrário, qualquer número entre A e $A + \varepsilon$ estaria em X.

O leitor não deve pensar que sempre existem infinitos a_n à direita de A. Isso é falso! Veja o exemplo a), onde $A = 0$, como é fácil ver, e não há elementos da seqüência à direita de A. Já no exemplo b), A é ainda zero (Verifique isso), mas agora há infinitos elementos da seqüência à direita de A (embora somente um número finito de $a_n > A + \varepsilon$). No exemplo c), $A = 1$ (como o leitor deve verificar), e ocorre o mesmo que em b). No exemplo d), $A = 5$ e voltamos a ter uma situação como em a).

Continuando a demonstração, seja $\varepsilon = 1$ e a_{n_1} um elemento da seqüência no intervalo $(A - 1, A + 1)$. Em seguida, seja a_{n_2}, com $n_2 > n_1$, um elemento da seqüência no intervalo $(A - 1/2, A + 1/2)$. Em seguida, seja a_{n_3}, com $n_3 > n_2$, um elemento da seqüência no intervalo $(A - 1/3, A + 1/3)$. Continuando dessa maneira, construimos uma subseqüência $(x_j) = (a_{n_j})$, que certamente converge para A, pois $|x_j - A| < 1/j$. Isso completa a demonstração do teorema.

Na demonstração que acabamos de dar, A resulta ser o maior valor possível do limite de uma subseqüência de (a_n), pois, como vimos, essa seqüência só pode ter um número finito de elementos à direita de $A + \varepsilon$, qualquer que seja $\varepsilon > 0$. Tivéssemos definido X como sendo o conjunto dos números x tais que existe uma infinidade de elementos da seqüência à esquerda de x, esse conjunto

X teria ínfimo, digamos, a. Podemos fazer uma demonstração análoga à anterior, provando que existe uma subseqüência de (a_n) convergindo para a. Para isso, com raciocinio inteiramente análogo ao da demonstração anterior, prova-se primeiro que, dado qualquer $\varepsilon > 0$, existe uma infinidade de índices n tais que $a_n < a + \varepsilon$ e somente um número finito com $a_n < a - \varepsilon$. Feito isso, fica fácil construir, como antes, no caso de A, uma subseqüência convergindo para a. Esse a é agora o menor número para o qual uma subseqüência de (a_n) pode convergir. É claro que $a \leq A$.

Limite superior e limite inferior

Tendo em vista a demonstração que demos do teorema de Bolzano-Weierstrass, podemos reformulá-lo como segue.

2.23. Teorema. *Toda seqüência limitada (a_n) possui um ponto aderente máximo A e um ponto aderente mínimo a, caracterizados pelas seguintes condições: a) qualquer que seja $\varepsilon > 0$, existem infinitos índices n tais que $A - \varepsilon < a_n$ e somente um número finito com $A + \varepsilon < a_n$; b) qualquer que seja $\varepsilon > 0$, existem infinitos índices n tais que $a_n < a + \varepsilon$ e somente um número finito satisfazendo $a_n < a - \varepsilon$.*

A demonstração desse teorema já está contida na do Teorema 2.22, como é fácil ver.

Os pontos aderentes máximo e mínimo referidos no Teorema 2.23 são chamados, respectivamente, o *limite superior* e o *limite inferior* da seqüência (a_n). Usam-se as notações "lim inf" e "$\underline{\lim}$" para o limite inferior, e "lim sup" e "$\overline{\lim}$" para o limite superior. Veremos, a seguir, outra maneira de introduzir esses limites, no caso de qualquer seqüência, limitada ou não.

Dada qualquer seqüência (a_n), consideremos os conjuntos

$$A_1 = \{a_1, a_2, \ldots\}, \quad A_2 = \{a_2, a_3, \ldots\},$$

$$A_3 = \{a_3, a_4, \ldots\}, \ldots \quad A_n = \{a_n, a_{n+1}, \ldots\}, \ldots$$

Designemos por l_n o ínfimo e L_n o supremo do conjunto A_n. Escrevemos

$$l_n = \inf_{k \geq n} a_k \quad \text{e} \quad L_n = \sup_{k \geq n} a_k. \tag{2.11}$$

Como (a_n) é uma seqüência qualquer, limitada ou não, pode acontecer que algum L_j seja $+\infty$. Mas se isso ocorrer com algum índice j, é porque, dado qualquer número $k > 0$, existem infinitos elementos $a_n > k$ e $L_1 = L_2 = \ldots = +\infty$. Analogamente, se algum l_j for $-\infty$, então $l_1 = l_2 = \ldots = -\infty$. Afora esses

38 Capítulo 2: Seqüências Infinitas

casos excepcionais, é fácil ver que (l_n) é seqüência numérica (quer dizer, sem elementos infinitos) não decrescente e (L_n) é seqüência numérica não crescente:

$$l_1 \leq l_2 \leq \ldots \leq l_n \leq \ldots \quad \text{e} \quad L_1 \geq L_2 \geq \ldots \geq L_n \geq \ldots,$$

Além disso, $l_n \leq L_n$. Concluímos então que essas duas seqüências têm limites l e L respectivamente, sendo $l \leq L$. Isso continua sendo verdade, mesmo nos casos excepcionais mencionados acima, desde que aceitemos a possibilidade de valores infinitos para l e L. Em vista de (2.11), podemos, então, escrever:

$$l = \lim_{n \to \infty} \inf_{j \geq n} a_j = \sup_{n \geq 1} l_n = \sup_{n \geq 1} \inf_{j \geq n} a_j; \tag{2.12}$$

$$L = \lim_{n \to \infty} \sup_{j \geq n} a_j = \inf_{n \geq 1} L_n = \inf_{n \geq 1} \sup_{j \geq n} a_j. \tag{2.13}$$

Mostraremos a seguir que L e l aqui definidos, quando finitos, têm as mesmas caracterizações dos pontos a e A dadas no Teorema 2.23. Por isso mesmo eles são chamados, respectivamente, o *limite superior* e o *limite inferior* da seqüência (a_n), seja essa seqüência limitada ou não.

Para provarmos que o L de (2.13) coincide com o número A do Teorema 2.23, seja ε um número positivo arbitrário. Como L, suposto finito, é o ínfimo do conjunto $\{L_1, L_2, \ldots\}$, a partir de um certo índice N, $L_n < L + \varepsilon$; mas $a_m \leq L_n$ para $m \geq n$, logo, $a_m < L + \varepsilon$ para $m > N$, o que prova que só pode haver um número finito de elementos a_n à direita de $L + \varepsilon$. Por outro lado, seja m_1 um índice qualquer; por ser L_{m_1} um supremo, existe $n_1 \geq m_1$ tal que $a_{n_1} > L_{m_1} - \varepsilon$ e, portanto, $a_{n_1} > L - \varepsilon$. Com o mesmo raciocínio, tomando $m_2 > n_1$, determinamos $a_{n_2} > L - \varepsilon$, com $n_2 > n_1$. Continuando indefinidamente com esse procedimento, determinamos toda uma subseqüência de (a_n), cujos elementos a_{n_j} estão todos à direita de $L - \varepsilon$. Isso prova que existe uma infinidade de elementos da seqüência dada à direita de $L - \varepsilon$ e completa a demonstração de que $L = A$.

A demonstração de que o l definido em (2.12), quando finito, coincide com o número a do Teorema 2.23, é análoga e fica a cargo do leitor. (Exerc. 2 adiante.)

2.24. Exemplos. A seqüência $(-1)^n$ tem lim inf$=-1$ e lim sup$=1$; o mesmo é verdade das seqüências $(-1)^n(1+1/n)$ e $(-1)^n(1-1/n)$. Já a seqüência $(-1)^n/n$ tem lim inf$=$lim sup$=0$. A seqüência definida por $a_{2n} = n^2/(n+1)$ e $a_{2n+1} = 2 + (-1)^n/n$ tem lim sup$=+\infty$ e lim inf$=2$.

Já vimos que toda seqüência convergente é limitada; e, pelo que acabamos de ver, possui pontos de aderência máximo e mínimo. Mas, sendo convergente, esses pontos têm de ser iguais. Mais precisamente, temos o teorema seguinte, cuja demonstração deve ficar como exercício. (Exerc. 3 adiante.)

2.25. Teorema. *Uma condição necessária e suficiente para que uma seqüência limitada (a_n) convirja para um número L é que seus* liminf *e* limsup *sejam iguais a esse número L, isto é,* $\liminf a_n = \limsup a_n = L$.

O critério de convergência de Cauchy

Já vimos (Teorema 2.12, p. 26) um "critério de convergência," ou seja, um teorema que permite saber se uma dada seqüência é convergente, sem conhecer seu limite de antemão. Mas o Teorema 2.12 refere-se a um tipo particular de seqüências, as seqüências monótonas. Em contraste, o teorema seguinte, de caráter geral, é um critério de convergência que se aplica a qualquer seqüência. Trata-se de um teorema de importância fundamental, como teremos oportunidade de ver ao longo do nosso estudo.

2.26. Teorema (critério de convergência de Cauchy). *Uma condição necessária e suficiente para que uma seqüência (a_n) seja convergente é que, qualquer que seja $\varepsilon > 0$, exista N tal que*

$$n, m > N \Rightarrow |a_n - a_m| < \varepsilon. \tag{2.14}$$

Observação. A condição do teorema costuma ser escrita da seguinte maneira equivalente: *dado $\varepsilon > 0$, existe um índice N tal que, para todo inteiro positivo p,*

$$n > N \Rightarrow |a_n - a_{n+p}| < \varepsilon.$$

Demonstração. Provar que a condição é necessária significa provar que se (a_n) converge para um limite L, então vale a condição (2.14). Essa é a parte mais fácil do teorema, pois, em vista da hipótese, dado $\varepsilon > 0$, existe N tal que

$$n > N \text{ e } m > N \Rightarrow |a_n - L| < \varepsilon/2 \text{ e } |a_m - L| < \varepsilon/2.$$

Daqui e do fato de ser

$$|a_n - a_m| = |(a_n - L) + (L - a_m)| \leq |a_n - L| + |a_m - L|,$$

segue o resultado desejado.

Para provar que a condição é suficiente, a hipótese agora é (2.14). Queremos provar que existe L tal que $a_n \to L$. Não dispomos desse L, temos de provar sua existência. Procedemos provando, primeiro, que a seqüência em pauta é limitada; portanto, por Bolzano-Weierstrass, possui uma subseqüência convergente para um certo número L. Finalmente provamos que $a_n \to L$.

Fazendo $m = N+1$ em (2.14), teremos: $n > N \Rightarrow a_{N+1} - \varepsilon < a_n < a_{N+1} + \varepsilon$, donde se vê que a seqüência, a partir do índice $N + 1$, é limitada. Ora, os termos correspondentes aos primeiros N índices são em número finito, portanto, limitados, ou seja, a seqüência toda é limitada pelo maior dos números

$$|a_1|, \ldots, |a_N|, |a_{N+1} - \varepsilon|, |a_{N+1} + \varepsilon|.$$

Pelo teorema de Bolzano-Weierstrass, (a_n) possui uma subseqüência (a_{n_j}) que converge para um certo L. Fixemos j suficientemente grande para termos, simultaneamente, $|a_{n_j} - L| < \varepsilon$ e $n_j > N$. Então, como

$$|a_n - L| = |(a_n - a_{n_j}) + (a_{n_j} - L)| \leq |a_n - a_{n_j}| + |a_{n_j} - L|,$$

teremos, finalmente:

$$n > N \Rightarrow |a_n - L| \leq |a_n - a_{n_j}| + |a_{n_j} - L| < \varepsilon + \varepsilon = 2\varepsilon,$$

e isso estabelece o resultado desejado.

Intervalos encaixados

Uma importante conseqüência da propriedade do supremo (p) é o teorema que consideramos a seguir. Como veremos, no Exerc. 12 adiante, o conteúdo desse teorema é equivalente à propriedade do supremo.

2.27. Teorema. *Seja $I_n = [a_n, b_n], n = 1, 2, \ldots$, uma família de intervalos fechados e encaixados, isto é, $I_1 \supset I_2 \supset \ldots \supset I_n \supset \ldots$. Então existe pelo menos um número c pertencendo a todos os intervalos I_n (ou, o que é o mesmo, $c \in I_n \cap I_2 \cap \ldots \cap I_n \cap \ldots$). Se, além das hipóteses feitas, o comprimento $|I_n| = b_n - a_n$ do n-ésimo intervalo tender a zero, então o número c será único, isto é, $I_1 \cap I_2 \cap \ldots I_n \cap \ldots = \{c\}$.*

Demonstração. É claro que as seqüências (a_n) e (b_n) são, respectivamente, não decrescente e não crescente. Além disso, como

$$a_1 \leq a_n < b_n \leq b_1,$$

vemos que (a_n) é limitada à direita por b_1 e (b_n) é limitada à esquerda por a_1; logo, essas duas seqüências possuem limites, digamos, A e B respectivamente. Como $a_n < b_n$, é claro que

$$a_n \leq A \leq B \leq b_n.$$

Isso significa que $[A, B] \subset I_n$ para todo n. Então, se $A < B$, a interseção dos intervalos I_n é o próprio intervalo $[A, B]$; e se $A = B$, como é o caso se

$b_n - a_n$ tende a zero, essa interseção é o número $c = A = B$. Isso completa a demonstração.

A condição de que os intervalos I_n sejam fechados é essencial no teorema anterior. Por exemplo, os intervalos $I_n = (0, 1/n)$ são encaixados e limitados, mas não são fechados. É fácil ver que sua interseção é vazia, não havendo um só número que pertença a todos esses intervalos. É também essencial que os intervalos sejam limitados. Por exemplo, $I_n = [n, \infty)$ é uma família de intervalos fechados e encaixados, mas sua interseção é vazia; eles não são limitados.

Ainda o teorema de Bolzano-Weierstrass

O teorema anterior permite fazer outra demonstração do Teorema 2.22 pelo chamado método de bisseção, como explicaremos agora. Seja (a_n) uma seqüência limitada, portanto, toda contida num intervalo fechado I, de comprimento c. Dividindo esse intervalo ao meio, obtemos dois novos intervalos (fechados) de mesmo comprimento $c/2$, um dos quais necessariamente conterá infinitos elementos da seqüência; seja I_1 esse intervalo. (Se os dois intervalos contiverem infinitos elementos da seqüência, escolhe-se um deles para ser I_1.) O mesmo procedimento aplicado a I_1 nos conduz a um intervalo fechado I_2, de comprimento $c/2^2$, contendo infinitos elementos da seqüência. Continuando indefinidamente com esse procedimento, obtemos uma seqüência de intervalos fechados e encaixados I_n, de comprimento $c/2^n$, que tende a zero, cada um contendo infinitos elementos da seqüência a_n. Seja L o elemento que, pelo Teorema 2.27, está contido em todos os intervalos I_n. Agora é só tomar um elemento a_{n_1} da seqüência (a_n) no intervalo I_1, a_{n_2} no intervalo I_2 etc., tomando-os um após outro de forma que $n_1 < n_2 < \ldots$ Assim obtemos uma subseqüência (a_{n_j}) convergindo para L. De fato, dado qualquer $\varepsilon > 0$, seja N tal que $c/2^N < \varepsilon$, de sorte que $I_m \subset (L - \varepsilon, L + \varepsilon)$ para $m > N$. Portanto, para $j > N$, n_j será maior do que N (pois $n_j \geq j$), logo, a_{n_j} estará no intervalo $(L - \varepsilon, L + \varepsilon)$, o que prova que $a_{n_j} \to L$.

Exercícios

1. Sejam (a_n) uma seqüência limitada e X o conjunto dos números x tais que existe uma infinidade de elementos da seqüência à esquerda de x. Prove que X possui ínfimo l e que existe uma subseqüência de (a_n) convergindo para l.

2. Prove que o número l definido em (2.12) é o ponto aderente mínimo caracterizado na parte b) do Teorema 2.23.

3. Prove o Teorema 2.25. Observe, em particular, que uma seqüência converge para $L \Leftrightarrow L$ é seu único ponto de aderência.

4. Construa uma seqüência com elementos todos distintos entre si, tendo como pontos de aderência k números distintos dados, $L_1 < \ldots < L_k$ e somente esses.

42   Capítulo 2: Seqüências Infinitas

5. Sabemos que o conjunto Q dos números racionais é enumerável. Seja (r_n) uma seqüência desses números numa certa enumeração, isto é, uma seqüência com elementos distintos, cujo conjunto de valores é Q. Prove que todo número real é ponto de aderência dessa seqüência.

6. Prove que se um dos elementos introduzidos em (2.12) e (2.13) for $\pm\infty$, então a seqüência (a_n) é ilimitada.

7. Construa uma seqüência que não tenda a $+\infty$, mas cujo lim sup seja $+\infty$.

8. Construa uma seqüência com lim inf $= -\infty$ e lim sup $= 7$ e que tenha uma infinidade de elementos maiores do que 7.

9. Prove que se uma seqüência não é limitada à direita, então certamente $L = +\infty$; e se não limitada à esquerda, então $l = -\infty$.

10. Dê exemplo de uma seqüência com $l = L = +\infty$ e de outra com $l = L = -\infty$.

11. Seja (a_n) uma seqüência qualquer. Prove que, se $x > 0$, então

$$\limsup x a_n = x \limsup a_n \quad \text{e} \quad \liminf x a_n = x \liminf a_n;$$

ao passo que, se $x < 0$, $\limsup x a_n = x \liminf a_n$.

12. Observe, pelo Teorema 2.27, que a propriedade do supremo tem como conseqüência a propriedade dos intervalos encaixados, que diz: *se $I_n = [a_n, b_n]$ é uma família de intervalos fechados tais que $I_1 \supset I_2 \supset \ldots \supset I_n \supset \ldots$ e o comprimento $|I_n| = b_n - a_n$ tende a zero, então existe um e um só numero c pertencendo a todos os intervalos I_n*. Prove que essa última propriedade implica a propriedade do supremo, ficando assim provado que a propriedade do supremo equivale à propriedade dos intervalos encaixados.

13. Prove que se postularmos que "toda seqüência não decrescente e limitada é convergente" conseguiremos provar a propriedade dos intervalos encaixados, portanto, também a propriedade do supremo, estabelecendo assim que essa propriedade é equivalente a afirmar que "toda seqüência não decrescente e limitada converge."

14. Chama-se *seqüência de Cauchy* a toda seqüência (a_n) que satisfaz a propriedade enunciada no Teorema 2.26, isto é, *qualquer que seja $\varepsilon > 0$, existe N tal que n, $m > N \Rightarrow |a_n - a_m| < \varepsilon$*. Observe, pelo Teorema 2.26, que a propriedade do supremo tem como conseqüência que toda seqüência de Cauchy converge. Prove a recíproca dessa proposição, isto é, prove que se toda seqüência de Cauchy converge, então vale a propriedade do supremo, ficando assim provado que essa propriedade é equivalente a toda seqüência de Cauchy ser convergente.

Sugestões

4. Qualquer inteiro positivo $n \geq k$ se escreve $n = kq_n + r_n$, onde $q_n \geq 1$ e $0 \leq r_n < k$. Ponha $a_n = L_{r_n+1} + 1/q_n$.

12. Seja C um conjunto não vazio e limitado superiormente. Queremos provar que C possui supremo. Seja $a_1 \leq$ algum elemento de C e $b_1 > a_1$ uma cota superior de C. Seja $a = (a_1 + b_1)/2$ e seja $[a_2, b_2]$ aquele dos intervalos $[a_1, a]$ e $[a, b_1]$ tal que $a_2 \leq$ algum elemento de C e b_2 é cota superior de C. Assim prosseguindo, indefinidamente, construimos uma família de intervalos encaixados $I_n = [a_n, b_n]$, cuja interseção determina um número real c. Prove que c é o supremo de C.

13. Prove primeiro que toda seqüência não crescente e limitada converge.

14. Basta provar que vale a propriedade dos intervalos encaixados.

Notas históricas e complementares

A não enumerabilidade dos números reais

O Teorema 2.27 permite dar outra demonstração de que o conjunto dos números reais não é enumerável, aliás, mais próxima da demonstração original de Cantor, reproduzida na p. 185 de [G5]. Raciocinando por absurdo, suponhamos que todos os números reais estivessem contidos numa seqüência (x_n). Seja $I_1 = [a_1,\ b_1]$ um intervalo que não contenha x_1. Em seguida tomamos um intervalo $I_2 = [a_2,\ b_2] \subset I_1$, que não contenha x_2; depois um intervalo $I_3 = [a_3,\ b_3] \subset I_2$, que não contenha x_3; e assim por diante. Dessa maneira obtemos uma seqüência (I_n) de intervalos fechados e encaixados, tal que $\cap I_n$ conterá ao menos um número real c. Isso contradiz a hipótese inicial de que todos os números reais estão na seqüência (x_n), visto que $x_n \notin \cap I_n$. Somos, pois, forçados a abandonar a hipótese inicial e concluir que o conjunto dos números reais não é enumerável.

Cantor e os números reais

Já vimos (p. 11 e seguintes) como Dedekind construiu os números reais a partir dos racionais. Vários outros matemáticos do século XIX também apresentaram construções dos números reais, dentre eles Karl Weierstrass, Charles Méray e Georg Cantor. Weierstrass divulgou sua teoria em suas aulas nas décadas de sessenta e setenta. Mas as construções dos números reais que permaneceram — pelo seu valor, evidentemente — foram a de Dedekind e a de Cantor. Essa última será exposta logo adiante.

Georg Cantor (1845–1918) nasceu em São Petersburgo, onde viveu até 1856, quando sua família transferiu-se para o sul da Alemanha. Doutorou-se pela Universidade de Berlim, onde foi aluno de Weierstrass, de quem teve grande influência em sua formação matemática. Toda sua carreira profissional desenvolveu-se em Halle, para onde transferiu-se logo que terminou seu doutorado em Berlim.

Como no método de Dedekind, também no de Cantor partimos do pressuposto de que já estamos de posse dos números racionais, com todas as suas propriedades. Começamos com a seguinte definição: *diz-se que uma seqüência (a_n) de números racionais é uma seqüência de Cauchy se, qualquer que seja o número (racional) $\varepsilon > 0$, existe N tal que $n, m > N \Rightarrow |a_n - a_m| < \varepsilon$*. Uma tal seqüência costuma também ser chamada "seqüência fundamental." O próprio Cantor usou essa designação. Observe que existem pelo menos tantas seqüências de Cauchy quantos são os números racionais, pois, qualquer que seja o número racional r, a seqüência constante $(r_n) = (r,\ r,\ r, \ldots)$ é de Cauchy. Dentre as seqüências de Cauchy, algumas são convergentes, como essas seqüências constantes, uma seqüência como $(1/2,\ 2/3,\ 3/4, \ldots)$ e uma infinidade de outras mais. Mas há também toda uma infinidade de seqüências de Cauchy que não convergem, como a seqüência das aproximações decimais por falta de $\sqrt{2}$,

$$(r_n) = (1,\ 1{,}4,\ 1{,}41,\ 1{,}414,\ 1{,}4142\ldots), \tag{2.15}$$

ou a seqüência $a_n = (1 + 1/n)^n$ que define o número e. Como se vê, essas seqüências só não convergem por não existirem ainda os números chamados "irracionais." Para criá-los, podemos simplesmente *postular* que "toda seqüência de Cauchy (de números racionais) converge." Feito isso teremos de mostrar como esses novos números se juntam aos antigos (os racionais) de forma a produzir um corpo ordenado completo. E nesse trabalho teríamos de provar que diferentes seqüências definem o mesmo número irracional; por exemplo, a seqüência (2.15) e a seqüência das aproximações decimais por excesso de $\sqrt{2}$ devem definir o mesmo número irracional $\sqrt{2}$.

44 Capítulo 2: Seqüências Infinitas

Do mesmo modo, as seqüências

$$a_n = \left(1 + \frac{1}{n}\right)^n \quad \text{e} \quad b_n = \left(1 + \frac{1}{n}\right)^n + \frac{1}{n}$$

devem definir o mesmo número e.

Por causa disso torna-se mais conveniente primeiro juntar em uma mesma classe todas as seqüências que terão um mesmo limite, para depois construir a estrutura de corpo. Fazemos isso definindo, no conjunto das seqüências de Cauchy, uma "relação de equivalência", assim: duas seqüências de Cauchy (a_n) e (b_n) são *equivalentes* se $(a_n - b_n)$ é uma seqüência nula, isto é, $a_n - b_n \to 0$. Essa relação distribui as seqüências de Cauchy em classes de seqüências equivalentes, de tal maneira que *duas seqüências pertencem a uma mesma classe se, e somente se, elas são equivalentes*.

Cada número racional r está naturalmente associado à classe de seqüências a que pertence a seqüência constante $r_n = r$. Muitas das classes, todavia, escapam a essa associação. Por exemplo, considere a classe à qual pertence a seqüência (2.15). É fácil ver que nenhuma seqüência $r_n = r$, com r racional, pode pertencer a essa classe, senão $r - r_n$ teria de tender a zero, o que é impossível. Essas classes que não contém seqüências do tipo $r_n = r$ são precisamente aquelas que corresponderão aos números irracionais, a serem criados.

Para criar esses números, definimos, no conjunto das classes de equivalência, as operações de adição e multiplicação, e suas inversas, a subtração e a divisão. Assim, se A e B são classes de equivalência, tomamos elementos representativos em cada uma delas, digamos, (a_n) em A e (b_n) em B e definimos $A + B$ como sendo a classe à qual pertence a seqüência $(a_n + b_n)$. Essa definição exige que provemos que se (a_n) e (b_n) são seqüências de Cauchy, o mesmo é verdade de $(a_n + b_n)$; e que a soma $A + B$ independe das seqüências particulares (a_n) e (b_n) que tomamos em A e B respectivamente.

De maneira análoga definimos: a *classe nula* "0" é a classe das seqüências nulas; o *elemento oposto* $-B$ de uma classe B é a classe das seqüências equivalentes a $(-b_n)$; a *diferença* $A - B$ é simplesmente $A + (-B)$; o produto AB é a classe das seqüências $(a_n b_n)$; o *elemento inverso* B^{-1} de uma classe não nula B é a classe das seqüências equivalentes a $(1/b_n)$; e o *quociente* A/B, onde $B \neq 0$, é o produto AB^{-1}. Se $A \neq 0$, prova-se que se $(a_n) \in A$, então existe um número racional $m > 0$ tal que $a_n > m$ ou $a_n < -m$ a partir de um certo índice N; e sendo isso verdade para uma seqüência, prova-se que é verdade para toda seqüência de A, o que nos leva a definir "$A > 0$" ou "$A < 0$" respectivamente. Definimos "$A > B$" como sendo $A - B > 0$ e $|A| = A$ se $A \geq 0$ e $|A| = -A$ se $A < 0$.

Com todas essas definições e propriedades correlatas estabelecidas, resulta que o conjunto das classes de equivalência das seqüências de Cauchy de números racionais é um corpo ordenado R. Nesse corpo definimos "seqüências de Cauchy" de maneira óbvia e provamos que *toda seqüência de Cauchy de elementos de R é convergente*, isto é, *se A_n uma seqüência de Cauchy de elementos de R, então existe um elemento A de R tal que $A_n \to A$, ou seja, $A_n - A \to 0$.*

O corpo R assim construído contém um sub-corpo Q' isomorfo ao corpo dos números racionais. Esse sub-corpo Q' é precisamente o conjunto das classes cujos elementos são seqüências equivalentes a seqüências constantes de números racionais $(r, r, r, \ldots)$. Nada mais natural, pois, do que identificar o corpo original dos números racionais Q com o corpo Q', um procedimento análogo ao da identificação de cada número racional r com o corte de Dedekink (E, D) que ele define.

A propriedade de que em R "toda seqüência de Cauchy converge" significa que R é completo, mesmo porque se tentarmos repetir nesse corpo a mesma construção de classes de equivalência de seqüências de Cauchy, chegaremos a um novo corpo R' isomorfo a R, portanto, R' nada acrescenta a R. E como já vimos antes (p. 14), a menos de isomorfismo, só existe um corpo ordenado completo. Portanto R é o mesmo corpo dos números reais construído pelo processo de Dedekind. Aliás, como vimos no Exerc. 14 atrás, a propriedade de que toda seqüência de Cauchy converge é equivalente à propriedade do supremo.

Nessa construção dos números reais por seqüências de Cauchy, cada número racional r é identificado com a classe que contém a seqüência constante $r_n = r$. As classes que escapam a essa identificação correspondem aos elementos novos introduzidos, os *números irracionais*. É esse o caso da classe que contém a seqüência (2.15), e que define $\sqrt{2}$.

O leitor que esteja se expondo a essas idéias pela primeira vez talvez sinta um certo desconforto quando dizemos que um número real, como $\sqrt{2}$, é toda uma classe de seqüências de Cauchy (de números racionais) equivalentes entre si. Na verdade, basta uma só seqüência dessa classe para identificar o número em questão. Assim, a classe que define $\sqrt{2}$ está perfeitamente caracterizada pela seqüência (2.15). E uma breve reflexão há de convencer o leitor de que, pelo menos tacitamente, ele sabe disso há muito tempo, desde que se familiarizou com a idéia de aproximações de um número como $\sqrt{2}$. Esse símbolo nada mais é do que um modo conveniente de designar o conjunto dessas aproximações; é claro que é muito mais fácil escrevê-lo do que escrever uma seqüência que o caracterize. Mas por que preferir a seqüência (2.15) e não a das aproximações decimais por excesso? Ou alguma subseqüência dessas? Ou qualquer outra seqüência a elas equivalente? Como se vê, um pouquinho de reflexão é o bastante para dissipar qualquer desconforto inicial e revelar que $\sqrt{2}$ é mesmo toda uma classe de seqüências equivalentes.

Se essas observações ajudam a dissipar o desconforto inicial do leitor, pode ser que ele ainda não se conforme com essa construção de Cantor dos números reais. Nada mais natural do que perguntar se não bastaria a construção de Dedekind, por mais engenhosa que seja essa de Cantor. De fato, muitas teorias matemáticas — às vezes bem engenhosas — são abandonadas e até esquecidas, por serem suplantadas por outras. Mas não é esse o caso da construção de Cantor. Pelo contrário, esse método das "seqüências de Cauchy" é de grande eficácia em domínios onde a solução de algum problema é obtida por algum tipo de aproximação. Essa solução é então caracterizada por uma seqüência de Cauchy, uma seqüência dos valores aproximados da solução. O Exemplo 2.21 (p. 31) descreve uma situação dessas, relativamente elementar, onde estamos ainda lidando com "números". Mas é freqüente acontecer que a solução de um certo problema seja um objeto mais complicado que um número; por exemplo, um elemento de um conjunto de funções, no qual conjunto exista um modo de medir o distanciamento entre os vários elementos desse conjunto. Isso dá origem, de maneira bastante natural, ao que se chama "espaço métrico". Nesse contexto a noção de seqüência de Cauchy ocorre também naturalmente e é o instrumento adequado para fazer o que se chama "completar o espaço", um processo análogo à construção dos números reais pelo método de Cantor. (Veja L3, cap. 7.) Voltaremos a esse assunto mais tarde.

Como já dissemos, os métodos de Dedekind e Cantor são os dois mais usados na construção dos números reais. Mas, como vimos nos Exercs. 12, 13 e 14 acima, a propriedade dos intervalos encaixados e a propriedade das seqüências monótonas ("toda seqüência não decrescente e limitada converge") são equivalentes à propriedade do supremo e à propriedade das seqüências de Cauchy ("toda seqüência de Cauchy converge") Isso garante que, além dos métodos de Dedekind e Cantor, poderiamos chegar aos números reais postulando, no conjunto dos números racionais, seja a propriedade dos intervalos encaixados ou a propriedade das seqüências monótonas. Mas, como é fácil ver, isso redundaria numa construção dos números reais praticamente idêntica à de Dedekind.

Bolzano, o critério de Cauchy e o teorema de Bolzano-Weierstrass

O critério de convergência de Cauchy aparece pela primeira vez num trabalho de Bolzano de 1817, pouco divulgado; e posteriormente num livro de Cauchy de 1821 (de que falaremos mais na p. 71), que teve grande divulgação e influência no meio matemático.

Bernhard Bolzano (1781–1848) nasceu, viveu e morreu em Praga. Era sacerdote católico que, além de se dedicar a estudos de Filosofia, Teologia e Matemática, tinha grandes preocupações com os problemas sociais de sua época. Seu ativismo em favor de reformas educacionais, sua condenação do militarismo e da guerra, sua defesa da liberdade de consciência e em favor da diminuição das desigualdades sociais custaram-lhe sérios embaraços com o governo. As idéias de Bolzano em Matemática não foram menos avançadas. É até admirável que, vivendo em relativo isolamento em Praga, afastado do principal centro científico da época, que era Paris, e com outras ocupações, ele tenha tido sensibilidade para problemas de vanguarda no desenvolvimento da Matemática. Infelizmente, seus trabalhos permaneceram praticamente desconhecidos até por volta de 1870. Seu trabalho de 1817 [B2] (com o longo título de *Prova puramente analítica da afirmação de que entre dois valores que garantem sinais opostos* (de uma função) *jaz ao menos uma raiz da equação* [função]) representa um dos primeiros esforços na eliminação da intuição geométrica das demonstrações. Seu objetivo era provar o teorema do valor intermediário (p. 110) por meios puramente analíticos, sem recorrer à intuição geométrica. E é aí que aparece, pela primeira vez, a proposição que ficaria conhecida como "critério de Cauchy" (Veja o comentário sobre Cauchy no final do próximo capítulo), formulado para o caso de uma seqüência de funções, nos seguintes termos:

"*Se uma seqüência de grandezas*

$$F_1(x), \ F_2(x), \ldots, \ F_n(x), \ldots, \ F_{n+r}(x), \ldots$$

está sujeita à condição de que a diferença entre seu n-ésimo membro $F_n(x)$ e cada membro seguinte $F_{n+r}(x)$, não importa quão distante do n-ésimo termo este último possa estar, seja menor do que qualquer quantidade dada, desde que n seja tomado bastante grande; então, existe uma e somente uma determinada grandeza, da qual se aproxima mais e mais os membros da seqüência, e da qual eles podem se tornar tão próximos quanto se deseje, desde que a seqüência seja levada bastante longe".

Como se vê, essa proposição é o enunciado de uma condição suficiente de convergência da seqüência. (A necessidade da condição fora notada por vários matemáticos antes de Bolzano e Cauchy.) A demonstração tentada por Bolzano é incompleta; e não podia ser de outro modo, já que ela depende de uma teoria dos números reais, que ainda não estava ao alcance de Bolzano. Ele usa essa condição para demonstrar outra proposição (enunciada na p. 120) sobre existência de supremo de um certo conjunto, a qual, por sua vez, é usada na demonstração do teorema do valor intermediário. O método (de bisseção, veja p. 41) que Bolzano utiliza na demonstração dessa proposição é também usado por Weierstrass nos anos sessenta para demonstrar o teorema que ficaria conhecido pelos nomes desses dois matemáticos. É interessante notar que praticamente o mesmo enunciado de Weierstrass aparece num trabalho de Bolzano de 1830, *Théorie des fonctions*, só publicado cem anos mais tarde ([D2], p. 362), muito depois de se haver consagrado o nome "teorema de Bolzano-Weierstrass".

# Capítulo 3

SÉRIES INFINITAS

Primeiras definições e propriedades

As *séries infinitas* surgem quando procuramos somar todos os termos de uma seqüência infinita (a_n):

$$a_1 + a_2 + a_3 + \ldots + a_n + \ldots \qquad (3.1)$$

Como é impossível somar infinitos números, um após outro, contentamo-nos em considerar as somas parciais

$$S_1 = a_1, \ S_2 = a_1 + a_2, \ S_3 = a_1 + a_2 + a_3, \ \text{etc.}$$

Em geral, designamos por S_n a soma dos primeiros n elementos da seqüência (a_n), que é chamada a *soma parcial* ou *reduzida de ordem n* associada a essa seqüência:

$$S_n = a_1 + a_2 + a_3 + \ldots + a_n = \sum_{j=1}^{n} a_j \qquad (3.2)$$

Desse modo formamos uma nova seqüência infinita (S_n), que é, por definição, a *série de termos* a_n. Se ela converge para um número S, definimos a *soma infinita* indicada em (3.1) como sendo esse limite:

$$a_1 + a_2 + a_3 + \ldots = S = \lim S_n = \lim \sum_{j=1}^{n} a_j = \sum_{n=1}^{\infty} a_n$$

Como se vê, esse último símbolo indica a soma da série, ou limite S de S_n. Mas é costume indicar a série (S_n) com esse símbolo mesmo que ela não seja convergente. Freqüentemente usamos também o símbolo simplificado $\sum a_n$ com o mesmo significado. A diferença $S - S_n = R_n$ é apropriadamente chamada o *resto de ordem n* da série. Às vezes, quando consideramos certas séries particulares, a reduzida de ordem n pode não conter exatamente n termos, porém mais ou menos termos, dependendo do índice n onde começamos a somar, como $n = 0$ (série geométrica abaixo) ou outro valor, podendo também ocorrer discrepância no último índice da reduzida; mas isso não tem maior importância.

A noção de série infinita generaliza o conceito de soma finita, pois a série se reduz a uma soma finita quando todos os seus termos, a partir de um certo índice, são nulos. Mas é bom enfatizar que há uma real diferença entre a soma de um número finito de termos e a soma de uma série infinita. Esta última não resulta de somar uma *infinidade* de termos — operação impossível; ela é, isto sim, o *limite* da soma finita S_n.

3.1. Teorema. *Se uma série converge, seu termo geral tende a zero.*

Demonstração. Seja $\sum a_n$ uma série de reduzida S_n e soma S. Então, $a_n = S_n - S_{n-1} \to S - S = 0$, como queríamos demonstrar.

3.2. Exemplo (série geométrica). De importância fundamental é a *série geométrica de razão q*:

$$1 + q + q^2 + \ldots = \sum_{n=0}^{\infty} q^n.$$

Sua reduzida S_n é a soma dos termos de uma progressão geométrica:

$$S_n = 1 + q + q^2 + \ldots + q^n = \frac{1}{1-q} - \frac{q^{n+1}}{1-q}.$$

Supondo $|q| < 1$, q^n tende a zero, de forma que essa expressão converge para $1/(1-q)$, que é o limite de S_n ou soma da série geométrica:

$$1 + q + q^2 + \ldots = \sum_{n=0}^{\infty} q^n = \frac{1}{1-q}, \quad |q| < 1.$$

Notemos que a série é divergente se $|q| \geq 1$, pois neste caso seu termo geral não tende a zero.

O teorema acima nos dá uma *condição necessária* para a convergência de uma série. Essa condição, todavia, não é *suficiente*. É fácil exibir séries divergentes cujos termos gerais tendem a zero. Por exemplo, $\sqrt{n+1} - \sqrt{n} \to 0$ (Exerc. 3 da p. 24); no entanto, a série

$$\sum_{n=1}^{\infty} (\sqrt{n+1} - \sqrt{n})$$

é divergente, pois sua reduzida de ordem n é $\sqrt{n+1} - 1$, que tende a $+\infty$.

O exemplo mais notável de série divergente, cujo termo geral tende a zero, é o da chamada *série harmônica*, que discutimos logo a seguir.

3.3. Exemplo (série harmônica). Para vermos que a *série harmônica*

$$\sum_{n=1}^{\infty} \frac{1}{n} = 1 + \frac{1}{2} + \frac{1}{3} + \frac{1}{4} + \ldots$$

diverge para $+\infty$, observamos que seus termos são todos positivos, de forma que suas reduzidas formam uma seqüência crescente. Basta, pois, exibir uma subseqüência de reduzidas tendendo a infinito. É esse o caso da subseqüência

$$\begin{aligned} S_{2^n} &= 1 + \frac{1}{2} + \left(\frac{1}{3} + \frac{1}{4}\right) + \left(\frac{1}{5} + \frac{1}{6} + \frac{1}{7} + \frac{1}{8}\right) + \ldots \\ &+ \left(\frac{1}{2^{n-1}+1} + \frac{1}{2^{n-1}+2} + \ldots + \frac{1}{2^n}\right) \\ &= 1 + \frac{1}{2} + \sum_{j=2}^{n} \left(\frac{1}{2^{j-1}+1} + \frac{1}{2^{j-1}+2} + \ldots + \frac{1}{2^j}\right). \end{aligned}$$

Substituindo os denominadores de cada um dos termos deste último parênteses por 2^j, obtemos

$$S_{2^n} \geq 1 + \frac{1}{2} + \sum_{j=2}^{n} \frac{1}{2^j}(2^j - 2^{j-1}) = 1 + \frac{n}{2},$$

que prova o resultado anunciado.

3.4. Teorema (critério de Cauchy para séries). *Uma condição necessária e suficiente para que uma série $\sum a_n$ seja convergente é que dado qualquer $\varepsilon > 0$, exista N tal que, para todo inteiro positivo p,*

$$n > N \Rightarrow |a_{n+1} + a_{n+2} + \ldots + a_{n+p}| < \varepsilon.$$

Este teorema é uma simples adaptação do Teorema 2.26 (p. 39) à seqüência de somas parciais S_n. Basta notar que

$$|S_{n+p} - S_n| = |a_{n+1} + a_{n+2} + \ldots + a_{n+p}|.$$

3.5. Teorema. *Se as séries $\sum a_n$ e $\sum b_n$ convergem e k é um número qualquer, então $\sum k a_n$ e $\sum (a_n + b_n)$ convergem e*

$$\sum k a_n = k \sum a_n \quad e \quad \sum (a_n + b_n) = \sum a_n + \sum b_n.$$

Este teorema é uma conseqüência imediata de propriedades análogas já estabelecidas para seqüências (Teorema 2.8, p. 22). Dele segue, em particular, que se verificarmos a convergência de uma série, considerada somente a partir de um certo índice N, então a série toda é convergente e vale a igualdade

$$\sum_{n=1}^{\infty} a_n = S_N + \sum_{n=1}^{\infty} a_{N+n},$$

50 Cap. 3: Séries Infinitas

que decorre da seguinte observação:

$$\sum_{n=1}^{\infty} a_n = \lim S_n = \lim(S_N + a_{N+1} + \ldots + a_{N+n})$$

$$= \lim S_N + \lim(a_{N+1} + \ldots + a_{N+n}) = S_N + \sum_{n=1}^{\infty} a_{N+n}.$$

Séries de termos positivos

Suponhamos que $\sum p_n$ seja uma série de termos positivos (ou não negativos). Então, a seqüência de somas parciais

$$S_n = p_1 + p_2 + \ldots + p_n,$$

é não decrescente. Em conseqüência, a série converge ou diverge para $+\infty$, conforme essa seqüência seja limitada ou não.

Suponhamos que os termos da série sejam reindexados numa outra ordem qualquer,

$$p_1' + p_2' + \ldots + p_n' + \ldots$$

Assim, p_1' pode ser, digamos, o elemento p_5, p_2' pode ser p_9, p_3' pode ser p_1 etc. Então, como os termos são todos não negativos, a nova soma parcial,

$$S_n' = p_1' + p_2' + \ldots + p_n'$$

será dominada por alguma soma parcial S_m com $m > n$. Se a série original converge para S, teremos $S_n' \leq S_m \leq S$, isto é, as somas parciais S_n' formam uma seqüência não decrescente e limitada, portanto, convergente. Seu limite S' é seu supremo, de sorte que $S' \leq S$. Mas a série original também pode ser interpretada como obtida de $\sum p_n'$ por reindexação, portanto, o mesmo raciocínio nos leva a $S \leq S'$. Provamos assim o teorema que enunciamos a seguir.

3.6. Teorema. *Uma série convergente de termos não negativos possui a mesma soma, independentemente da ordem de seus termos.*

É fácil ver também que se a série diverge, ela será sempre divergente para $+\infty$, independentemente da ordem de seus termos.

A noção de "série convergente, independentemente da ordem de seus termos" pode ser formalizada facilmente. Basta notar que mudar a ordem dos termos corresponde a fazer uma "permutação infinita" desses termos, através de uma *bijeção* ou *correspondência biunívoca* de N sobre N. (Veja a definição desses conceitos na p. 80.) Seja f uma tal bijeção e ponhamos $p'_n = p_{f(n)}$. Diz-se então que a *série* $\sum p_n$ *é comutativamente convergente se for convergente a série* $\sum p'_n = \sum p_{f(n)}$ *e* $\sum p'_n = \sum p_n$, *qualquer que seja a bijeção* f.

Exercícios

1. Dada a seqüência S_n de reduzidas de uma série, construa a seqüência original de termos a_n da série.

2. Dada uma série convergente $\sum a_n$, com soma S e reduzida S_n, prove que seu resto R_n é a soma da série a partir do índice $n+1$.

3. Chama-se *série harmônica*, em geral, toda série cujos inversos de seus termos formam uma progressão aritmética, isto é, toda série da forma

$$\sum_{n=1}^{\infty} \frac{1}{a+nr}, \quad r \neq 0.$$

   Demonstre que uma tal série é divergente.

4. Obtenha a reduzida da série $\sum_{n=1}^{\infty} \frac{1}{n(n+1)}$ e mostre que seu limite (soma da série) é 1.

5. O termo geral da série $\sum \log(1+1/n)$ tende a zero. Mostre, todavia, que ela é divergente, obtendo uma forma simples para sua reduzida S_n.

6. Dada uma série convergente $\sum a_n$ e uma seqüência crescente de números naturais $n_1 < n_2 < \ldots$, defina
$$b_1 = a_1 + \ldots + a_{n_1}, \quad b_2 = a_{n_1+1} + \ldots + a_{n_2},$$
$$b_3 = a_{n_2+1} + \ldots + a_{n_3} \text{ etc.}$$
   Prove que a série $\sum b_n$ converge e tem a mesma soma que a série original.

7. Use o critério de Cauchy para provar que o termo geral de uma série convergente tende a zero.

8. Use o critério de Cauchy para provar que $\sum a_n$ converge se $\sum |a_n|$ converge.

9. Calcule a reduzida S_n da série $\sum_{n=2}^{\infty} \frac{n-1}{n!}$ e mostre que seu limite é 1.

10. Mostre que $\sum_{n=1}^{\infty} \frac{(-1)^n(n+2)}{n(n+1)} = 1 - 3(\log 2)$, sabendo que $\log 2 = \sum_{n=1}^{\infty} \frac{(-1)^{n-1}}{n}$.

11. Calcule a soma $\sum_{n=0}^{\infty} \frac{(-1)^n(2n+5)}{(n+2)(n+3)} = \frac{1}{2}$.

12. Mostre que a série $\sum_{n=2}^{\infty} \frac{n^2-n-1}{n!}$ tem soma igual a 2.

Sugestões

4. Observe que $\frac{1}{n(n+1)} = \frac{1}{n} - \frac{1}{n+1}$

10. Proceda como no Exerc. 4, mostrando que $a_n = (-1)^n \left(\dfrac{2}{n} - \dfrac{1}{n+1} \right)$.

11. Mostre que $a_n = (-1)^n \left(\dfrac{1}{n+2} + \dfrac{1}{n+3} \right)$.

Teste de comparação

Um dos problemas centrais no estudo das séries consiste em saber se uma dada série converge ou não. Há vários testes para isso, dentre os quais o *teste de comparação*, tratado a seguir, é o mais básico.

3.7. Teorema (teste de comparação). *Sejam* $\sum a_n$ *e* $\sum b_n$ *duas séries de termos não negativos, a primeira dominada pela segunda, isto é,* $a_n \leq b_n$ *para todo n. Nessas condições podemos afirmar:*

a) $\sum b_n$ *converge* $\Rightarrow \sum a_n$ *converge e* $\sum a_n \leq \sum b_n$;

b) $\sum a_n$ *diverge* $\Rightarrow \sum b_n$ *diverge*.

Demonstração. As reduzidas das séries dadas,

$$S_n = a_1 + a_2 + \ldots + a_n \text{ e } T_n = b_1 + b_2 + \ldots + b_n$$

são seqüências não decrescentes, satisfazendo $S_n \leq T_n$. No caso a), T_n converge para um certo limite T, de sorte que $S_n \leq T$ para todo n. Assim, como S_n é uma seqüência não decrescente e limitada, ela converge para um certo $S \leq T$.

A demonstração de b) exige muito pouco: se $\sum b_n$ convergisse, então, por a), $\sum a_n$ também teria de convergir, contrariando a hipótese.

Outra demonstração (pelo critério de Cauchy). Observe que

$$a_{n+1} + a_{n+2} + \ldots + a_{n+p} \leq b_{n+1} + b_{n+2} + \ldots + b_{n+p}.$$

Se $\sum b_n$ converge, dado qualquer $\varepsilon > 0$, existe N tal que o membro da direita dessa desigualdade pode ser feito menor do que ε para $n > N$. Então o mesmo é verdade do primeiro membro, provando que $\sum a_n$ converge. A demonstração da parte b) é a mesma anterior.

3.8. Exemplo. Já vimos, em (2.9) (p. 28), que o número e é dado por

$$e = \lim \left(2 + \frac{1}{2!} + \frac{1}{3!} + \ldots + \frac{1}{n!} \right) = \sum_{n=0}^{\infty} \frac{1}{n!}.$$

Um modo de provar a convergência dessa série, independentemente do que vimos antes, consiste em observar que

$$\frac{1}{n!} = \frac{1}{2 \cdot 3 \ldots n} \leq \frac{1}{2 \cdot 2 \ldots 2} = \frac{1}{2^{n-1}},$$

donde segue que, à exceção do primeiro termo, a série dada é dominada pela série geométrica de razão 1/2, que é convergente; logo, a série original é convergente.

Irracionalidade do número e

Para provarmos que o número e é irracional, vamos primeiro obter uma estimativa do erro R_n que cometemos no cálculo desse número quando o aproximamos pela soma parcial S_n da série anterior (que vai até o termo $1/n!$). Temos

$$\begin{aligned} R_n &= \frac{1}{(n+1)!}\left(1 + \frac{1}{n+2} + \frac{1}{(n+2)(n+3)} + \ldots\right) \\ &< \frac{1}{(n+1)!}\left(1 + (n+2)^{-1} + (n+2)^{-2} + \ldots\right) \\ &= \frac{1}{(n+1)!} \cdot \frac{n+2}{n+1} < \frac{1}{n!n}. \end{aligned}$$

Podemos então escrever: $S_n < e < S_n + 1/n!n$.

Se e fosse racional, isto é, se $e = m/n$, com m e n inteiros positivos, $n \geq 2$ (pois, como já sabemos, e não é inteiro), então

$$S_n < \frac{m}{n} = S_n + R_n < S_n + \frac{1}{n!n},$$

donde segue-se que $n!S_n < m(n-1)! < n!S_n + \frac{1}{n} < n!S_n + 1$. Ora, o número $n!S_n$ é inteiro, pois é igual a

$$n!\left(2 + \frac{1}{2!} + \frac{1}{3!} + \ldots \frac{1}{n!}\right) = 2n! + \frac{n!}{2!} + \frac{n!}{3!} + \ldots \frac{n!}{n!}.$$

Então a desigualdade anterior está afirmando que o número inteiro $m(n-1)!$ está compreendido entre os inteiros consecutivos $n!S_n$ e $n!S_n + 1$, um absurdo. Concluímos que o número e é irracional.

Pelo que vimos acima, S_n é uma aproximação do número e com erro inferior a $(1/n)(1/n!)$. Como $n!$ cresce muito rapidamente com n, S_n é realmente uma boa aproximação de e, mesmo para n não muito grande. Por exemplo, $n = 10$ já nos dá um erro inferior a 10^{-7}. Euler calculou o número e com 23 casas decimais, obtendo $e = 2,71828182845904523536028$.

3.9. Exemplo. Mostraremos agora que a série $\sum 1/n^x$ é convergente se $x > 1$ e divergente se $x \leq 1$. Este último caso é o mais fácil, pois então a série dada majora a série harmônica, visto que $x \leq 1 \Rightarrow n^x \leq n$, logo, $1/n^x \geq 1/n$.

Suponhamos agora que $x > 1$. Usaremos um raciocinio parecido com o que usamos no caso da série harmônica. Temos:

$$\begin{aligned} S_{2^{n+1}-1} &= 1 + \sum_{j=1}^{n}\left(\frac{1}{2^{jx}} + \frac{1}{(2^j+1)^x} + \ldots + \frac{1}{(2^{j+1}-1)^x}\right) \\ &< 1 + \sum_{j=1}^{n}\frac{1}{2^{jx}}(2^{j+1} - 2^j) = 1 + \sum_{j=1}^{n}\frac{1}{2^{(x-1)j}} \\ &= \sum_{j=0}^{n}\left(\frac{1}{2^{x-1}}\right)^j < \sum_{j=0}^{\infty}\left(\frac{1}{2^{x-1}}\right)^j = \frac{2^{x-1}}{2^{x-1}-1}. \end{aligned}$$

Vemos assim que a seqüência de reduzidas da série dada, que é uma seqüência crescente, possui uma subseqüência limitada, portanto convergente. Concluímos que a seqüência de reduzidas converge para o mesmo limite (Exerc. 1 da p. 32). Isso prova que a série original é convergente, como queríamos demonstrar.

O exemplo que acabamos de discutir nos mostra que a série harmônica está compreendida entre as séries convergentes $\sum 1/n^x$ com $x > 1$ e as séries divergentes $\sum 1/n^x$ com $x \leq 1$, situando-se, ela mesma, entre estas últimas.

É claro que a série $\sum 1/n^x$ define uma função de x, a qual é chamada *função zeta de Riemann*:

$$\zeta(x) = 1 + \frac{1}{2^x} + \frac{1}{3^x} + \ldots = \sum_{n=1}^{\infty}\frac{1}{n^x}. \qquad (3.3)$$

Embora conhecida por Euler (1707–1783) desde 1737, suas propriedades mais notáveis só vieram a ser descobertas por Riemann (1826–1866) em 1859, num memorável trabalho sobre teoria dos números.

Ao lado da série geométrica, a série (3.3) é muito usada como referência para testar se uma dada série converge ou diverge. Isso é possível quando o termo geral da série dada comporta-se como $1/n^x$ para n tendendo a infinito.

3.10. Exemplo. A série

$$1 + \frac{1}{2^2} + \frac{1}{3^2} + \ldots = \sum_{n=1}^{\infty}\frac{1}{n^2}$$

é evidentemente convergente e representa o valor $\zeta(2)$. Euler mostrou que a soma dessa série é $\pi^2/6$. (Veja [A6].) No momento podemos provar que $1 < \sum 1/n^2 < 2$. Para isso observamos que

$$1 = \sum_{n=1}^{\infty} \frac{1}{n(n+1)} < \sum_{n=1}^{\infty} \frac{1}{n^2} = 1 + \sum_{n=2}^{\infty} \frac{1}{n^2} < 1 + \sum_{n=2}^{\infty} \frac{1}{(n-1)n}.$$

Nesta última série fazemos a mudança $n - 1 = m$, donde $n = m + 1$. Então,

$$1 < \sum_{n=1}^{\infty} \frac{1}{n^2} < 1 + \sum_{m=1}^{\infty} \frac{1}{m(m+1)} = 2,$$

que é o resultado desejado.

O teste de comparação é muito usado para verificar a convergência de séries cujos termos gerais a_n são complicados, mas para os quais é relativamente fácil verificar que $a_n \leq b_n$, sendo b_n o termo geral de uma série convergente. Essa situação é ilustrada no exemplo seguinte.

3.11. Exemplo. A série $\displaystyle\sum_{n=1}^{\infty} \frac{15n + \sqrt{n^2 - 1}}{5n^3 + 2n\sqrt{n+1} - 17}$ é convergente. Para vermos isso notamos que seu termo geral a_n é tal que

$$n^2 a_n = \frac{15n^3 + n^2\sqrt{n^2 - 1}}{5n^3 + 2n\sqrt{n+1} - 17} \to \frac{16}{5}.$$

de sorte que (Teorema 2.6, p. 21), a partir de um certo índice N, teremos $2 < n^2 a_n < 4$; logo, a partir desse índice N, a série é positiva e dominada pela série de termo geral $4/n^2$. Como esta série é convergente, também o é a série original.

3.12. Exemplo. Usaremos o teste de comparação na ordem inversa para provar que a série

$$\sum_{n=1}^{\infty} \frac{n\sqrt{n+1}}{n^2 - 3}$$

é divergente. Para isso basta notar que, sendo a_n o termo geral da série, então $\sqrt{n}a_n \to 1$, de sorte que, a partir de um certo N, $a_n > 1/2\sqrt{n}$ e este número é o termo geral de uma série divergente.

3.13. Exemplos. Mostraremos que, sendo k inteiro positivo e $a > 1$, as séries

$$\sum_{n=1}^{\infty} \frac{n^k}{a^n}, \quad \sum_{n=1}^{\infty} \frac{a^n}{n!}, \quad \sum_{n=1}^{\infty} \frac{n!}{n^n}. \tag{3.4}$$

são convergentes. De fato, pelo que vimos no Exemplo 2.18 (p. 30), $n^{k+2}/a^n \to 0$, de sorte que $n^k/a^n < 1/n^2$ a partir de um certo N. Isso prova que a primeira das séries em (3.4) é convergente por ser dominada, a partir de N, pela série convergente $\sum 1/n^2$.

No Exemplo 2.19 (p. 31) provamos que $a^n/n! < c/2^n$, o que mostra que a segunda das séries em (3.4) é convergente por ser dominada pela série convergente $\sum c/2^n$.

Finalmente observe que, sendo $n > 2$,

$$\frac{n!}{n^n} = \left(\frac{1}{n} \cdot \frac{2}{n}\right)\frac{3}{n} \cdot \frac{4}{n} \cdots \frac{n}{n} < \frac{2}{n^2},$$

e aqui também podemos concluir que a terceira das séries em (3.4) é convergente.

Exercícios

1. Prove que se $\sum a_n$ é uma série convergente de termos positivos, então $\sum a_n^2$ é convergente.

2. Sejam $\sum a_n$ uma série convergente de termos positivos e (b_n) uma seqüência limitada de elementos positivos. Prove que $\sum a_n b_n$ converge.

3. Sendo $a_n \geq 0$ e $b_n \geq 0$, prove que, se as séries $\sum a_n^2$ e $\sum b_n^2$ são convergentes, então a série $\sum a_n b_n$ também é convergente.

4. Prove que se $a_n \geq 0$ e $\sum a_n^2$ converge, então $\sum a_n/n$ converge.

5. Verifique, dentre as séries seguintes, qual delas converge, qual delas diverge:

   a) $\displaystyle\sum_{n=2}^{\infty} \frac{\log n}{n}$; b) $\displaystyle\sum_{n=2}^{\infty} \frac{1}{\log n}$; c) $\displaystyle\sum_{n=1}^{\infty} \frac{1}{\sqrt{n^3+1}}$; d) $\displaystyle\sum_{n=1}^{\infty} \frac{1}{\sqrt[3]{n^2+1}}$;

   e) $\displaystyle\sum_{n=1}^{\infty} \frac{n^2 - 23n + 9}{4n^3\sqrt{n+7} - 2n + \cos^3 n^2}$; f) $\displaystyle\sum_{n=1}^{\infty} \frac{2 - \operatorname{sen}^2 3n}{2^n + n^2 + 1}$; g) $\displaystyle\sum_{n=2}^{\infty} \frac{1}{(\log n)^k}$;

   h) $\displaystyle\sum_{n=2}^{\infty} \frac{1}{(\log n)^n}$; i) $\displaystyle\sum_{n=2}^{\infty} \frac{1}{n\sqrt{n}\log n}$; j) $\displaystyle\sum_{n=1}^{\infty} \frac{1}{n\sqrt{n}}$.

6. Sejam $p_k(n)$ e $p_r(n)$ polinômios em n de graus k e r respectivamente. Prove que se $r - k \geq 2$ a série $\sum p_k(n)/p_r(n)$ é convergente, e se $r - k \leq 1$ ela é divergente.

7. Sendo $a > b > 0$, mostre que a série de termo eral $a_n = (a^n - b^n)^{-1}$ é convergente se $a > 1$ e divergente se $a \leq 1$.

8. Supondo $a_n \geq 0$ e $a_n \to 0$, prove que $\sum a_n$ converge ou diverge se, e somente se, $\sum a_n/(1+a_n)$ converge ou diverge, respectivamente.

9. Prove que, se $a_n \geq 0$ e $\sum a_n$ converge, então $\sum a_n^2/(1+a_n^2)$ converge. Construa um exemplo em que a primeira dessas séries diverge e a segunda converge; e outro exemplo em que ambas divergem.

10. Prove que, sendo $c > 0$, a série $\sum \operatorname{sen}(c/n)$ é divergente.

11. Prove que se (a_n) é uma seqüência não crescente e $\sum a_n$ converge, então $na_n \to 0$. Isso pode não ser verdade se (a_n) oscilar, como ilustra o exercício seguinte. Observe que a condição $na_n \to 0$ não é suficiente para a convergência da série; um contra-exemplo é a série $\sum 1/(n\log n)$, que é divergente. (Veja o Exemplo 3.24, p. 63).

12. Construa uma série convergente de termos positivos $\sum a_n$ tal que na_n não tenda a zero.

Sugestões

3. $(a-b)^2 \geq 0 \Rightarrow 2ab \leq a^2 + b^2$.

4. Conseqüência de um dos dois exercícios anteriores.

5. a) e b) dominam a série harmônica. Em c) e e), $n^{3/2}a_n \to c > 0$. Algo parecido em d). Em f), $0 < 2^n a_n < 2 + |\text{sen}^2 3n| < 3$, logo, $a_n < 3/2^n$. g) Diverge. Observe que se $k > 0$, $\log n < n^{1/k}$ a partir de um certo N. h) Converge, pois $\log n > 2$ a partir de certo N. i) Converge.

7. $(a^n - b^n)^{-1} = (1/a)^n[1 - (b/a)^n]^{-1}$.

11. Sendo S a soma da série, $S_{2n} - S_n = a_{n+1} + \ldots + a_{2n} \geq na_{2n}$. Isso permite provar o resultado desejado para n par. Para n ímpar observe que $(2n+1)a_{2n+1} \leq (2n+1)a_{2n}$.

12. Tome uma série convergente (por exemplo, $\sum q^n$, com $0 < q < 1$) e substitua por $1/n$ uma infinidade de seus termos a_n, tomados cada vez mais espaçadamente para não destruir a convergência (por exemplo, substitua os termos de ordem $n = k^2$ por $1/n = 1/k^2$).

Testes da raiz e da razão

O teste de comparação da seção anterior tem como conseqüência dois outros importantes testes para verificar se uma dada série converge ou não e que serão considerados a seguir. Um deles é conhecido como o *teste da raiz* ou *teste de Cauchy*; o outro é o *teste da razão* ou *teste de d'Alembert*.

3.14. Teorema (teste da raiz). *A série de termos positivos $\sum a_n$ é convergente se* $\limsup \sqrt[n]{a_n} < 1$ *e divergente se* $\limsup \sqrt[n]{a_n} > 1$, *sendo inconclusivo o caso em que esse* $\limsup$ *for* 1.

Demonstração. Na primeira hipótese, seja $q < 1$ um número maior que o referido limite superior. Então, a partir de um certo N, teremos $\sqrt[n]{a_n} < q$, donde $a_n < q^n$. Isso mostra que a partir desse N a série dada é dominada pela série convergente $\sum q^n$, logo é convergente.

Se $\limsup \sqrt[n]{a_n} > 1$, existe uma infinidade de índices n tais que $\sqrt[n]{a_n} > 1$, donde existem infinitos elementos $a_n > 1$ e a série dada diverge.

A demonstração do teorema deixa claro que vale o corolário seguinte.

3.15. Corolário. *A série de termos positivos $\sum a_n$ é convergente se existe um número $q < 1$ tal que, a partir de certo índice N, $\sqrt[n]{a_n} < q$ (o que é verdade, em particular, se $\lim \sqrt[n]{a_n}$ existe e é menor do que 1); e divergente se $\sqrt[n]{a_n} \geq 1$*

para uma infinidade de índices (o que é verdade, em particular, se $\lim \sqrt[n]{a_n}$ existe e é maior do que 1.

3.16. Teorema (teste da razão). *Seja $\sum a_n$ uma série de termos positivos tal que existe o limite L do quociente a_{n+1}/a_n. Então, a série é convergente se $L < 1$ e divergente se $L > 1$, sendo inconclusivo o caso em que $L = 1$.*

Demonstração. Seja c um número compreendido entre L e 1. Supondo $L < 1$, esse número c também será menor que 1. A partir de um certo índice N teremos $a_{n+1}/a_n < c$, ou seja, $a_{n+1} < a_n c$. Daqui obtemos as desigualdades

$$a_{N+1} < a_N c, \quad a_{N+2} < a_{N+1}c < a_N c^2, \quad a_{N+3} < a_{N+2}c < a_N c^3, \ldots;$$

em geral, $a_{N+j} < a_N c^j$, $j = 1, 2, \ldots$. Isso mostra que a partir do índice $N + 1$ a série dada é majorada pela série geométrica $a_N \sum c^j$, que é convergente, pois $0 < c < 1$. Então a série original também é convergente, pelo teste de comparação.

O raciocinio, no caso $L > 1$, é mais simples ainda, pois então, a partir de um certo N, $a_{N+1} > a_N$, $a_{N+2} > a_{N+1} > a_N$; em geral, $a_{N+j} > a_N$, provando que o termo geral a_{N+j} não tende a zero, logo a série diverge.

A demonstração do teorema deixa claro que nem precisa existir o limite nele referido; basta que, a partir de um certo índice N, tenhamos sempre $a_{n+1}/a_n \leq c < 1$ ou sempre $a_{n+1}/a_n \geq 1$. Ora, a primeira dessas condições se verifica se $\limsup a_{n+1}/a_n < 1$, mas a segunda pode não se verificar mesmo que $\limsup a_{n+1}/a_n > 1$. Esta última observação é particularmente importante para bem entender a diferença entre o teste da razão e o da raiz. O Teorema 3.20 adiante traz mais esclarecimentos sobre essa diferença.

3.17. Corolário. *A série de termos positivos $\sum a_n$ é convergente se a partir de um certo índice vale sempre $a_{n+1}/a_n \leq c < 1$ (o que se verifica, em particular, se $\limsup a_{n+1}/a_n < 1$); e divergente se a partir de um certo índice vale sempre $a_{n+1}/a_n \geq 1$ (o que pode não se verificar mesmo que $\limsup a_{n+1}/a_n \geq 1$).*

3.18. Exemplos. A convergência de cada uma das três séries dadas em (3.4) (p. 55) pode ser estabelecida facilmente pelo teste da razão, sem precisar descobrir de antemão como os termos dessas séries tendem a zero. Aliás, provando-se, pelo teste da razão, que essas séries convergem, teremos provado o resultado (2.10) (p. 31). Consideremos, como ilustração, a terceira das séries em (3.4), para a qual $a_n = n!/n^n$, logo,

$$\frac{a_{n+1}}{a_n} = \frac{(n+1)!}{(n+1)^{n+1}} \cdot \frac{n^n}{n!} = \frac{1}{(1+1/n)^n} \to \frac{1}{e} < 1,$$

donde segue a convergência da série. O cálculo desse limite no caso das outras duas séries resulta em $1/a$ e zero, respectivamente; é um cálculo fácil, como o leitor pode verificar.

É também fácil verificar a convergência das duas primeiras séries em (3.4) pelo teste da raiz. De fato, como $\sqrt[n]{n!} \to \infty$ (Exerc. 15, p. 33),

$$\left(\frac{n^k}{a^n}\right)^{1/n} = \frac{(\sqrt[n]{n})^k}{a} \to \frac{1}{a} < 1; \qquad \left(\frac{a^n}{n!}\right)^{1/n} = \frac{a}{\sqrt[n]{n!}} \to 0,$$

e isso prova a convergência das referidas séries. No entanto, se tentarmos aplicar o teste da raiz à terceira das séries em (3.4), confrontamo-nos com a expressão $\sqrt[n]{n!}/n$, cujo limite desconhecemos. Ora, ao aplicarmos o teste da razão a essa série, vimos que $\lim a_{n+1}/a_n = 1/e$. Isso significa, pelo Teorema 3.20 adiante, que todos os limites em (3.5) são iguais a $1/e$; em particular, existe e é igual a $1/e$ o limite de $\sqrt[n]{a_n} = \sqrt[n]{n!}/n$, isto é,

$$\lim \frac{\sqrt[n]{n!}}{n} = \frac{1}{e},$$

um resultado importante por si mesmo, como veremos nos exercícios.

3.19. Exemplos. Os dois testes, da raiz e da razão, nada nos dizem quando os limites superiores de $\sqrt[n]{a_n}$ e a_{n+1}/a_n existem e são iguais a 1. É o que acontece no caso das séries $\sum 1/n$ e $\sum 1/n^2$, a primeira divergente e a segunda convergente. Em ambos os caso temos

$$\lim \sqrt[n]{a_n} = \lim \frac{a_{n+1}}{a_n} = 1,$$

como é fácil verificar.

3.20. Teorema. *Se (a_n) é uma seqüência de termos positivos, então*

$$\liminf \frac{a_{n+1}}{a_n} \leq \liminf \sqrt[n]{a_n} \leq \limsup \sqrt[n]{a_n} \leq \limsup \frac{a_{n+1}}{a_n}. \tag{3.5}$$

Demonstração. Vamos demonstrar a última desigualdade. Ponhamos $L = \limsup a_{n+1}/a_n$. Dado qualquer $\varepsilon > 0$, seja c um número compreendido entre L e $L+\varepsilon$. Sabemos que a partir de um certo índice N todos os elementos a_{n+1}/a_n jazem à esquerda de c, portanto

$$\frac{a_{N+1}}{a_N} < c, \quad \frac{a_{N+2}}{a_{N+1}} < c, \ldots, \frac{a_n}{a_{n-1}} < c.$$

Multiplicando membro a membro essas desigualdades, obtemos $a_n < kc^n$, onde $k = a_N c^{-N}$. Então, $\sqrt[n]{a_n} < c\sqrt[n]{k} \to c < L + \varepsilon$, donde segue-se que, em vista do Teorema 2.6 (p. 21), a partir de um certo índice $N' > N$, $\sqrt[n]{a_n} < c\sqrt[n]{k} < L + \varepsilon$. Assim, a partir do índice N', todos os elementos $\sqrt[n]{a_n}$ estão à esquerda de $L+\varepsilon$, só podendo haver um número finito deles à direita de $L + \varepsilon$. Isso prova que lim sup $\sqrt[n]{a_n} \leq L$, como queríamos demonstrar.

A prova da primeira desigualdade em (3.5) é análoga e fica a cargo do leitor. (Exerc. 4 adiante.) A desigualdade do meio é evidente.

O teorema que acabamos de demonstrar tem como conseqüência que se existe o limite da razão a_{n+1}/a_n (em outras palavras, lim inf a_{n+1}/a_n = lim sup a_{n+1}/a_n), então existe também e é igual ao anterior o limite da raiz $\sqrt[n]{a_n}$. Portanto, se constatarmos a existência do limite de a_{n+1}/a_n ao testarmos uma série, esse limite, se diferente de 1, decide se a série converge ou não; e se igual a 1, não adianta apelar para o teste da raiz, visto que será também igual a 1 o limite de $\sqrt[n]{a_n}$.

O teorema mostra ainda que o teste da raiz é mais forte que o da razão. De fato, há mesmo casos em que a primeira e a última desigualdades em (3.5) são estritas, podendo falhar o teste da razão e não o da raiz, como ilustra o exemplo seguinte.

3.21. Exemplo. Consideremos a série geométrica $1 + q + q^2 + \ldots$, com razão q entre zero e 1. Assim ela é convergente, portanto é também convergente a série seguinte (onde $a > b > 0$):

$$1 + aq + bq^2 + aq^3 + bq^4 + \ldots = \sum a_n,$$

onde $a_n = aq^n$ se n for ímpar e $a_n = bq^n$ se n for par. Então,

$$\sqrt[n]{a_n} = q\sqrt[n]{b}, \quad n \text{ par} \quad \text{e} \quad \sqrt[n]{a_n} = q\sqrt[n]{a}, \quad n \text{ ímpar};$$

em conseqüência, lim $\sqrt[n]{a_n} = q < 1$, donde a convergência da série. Ao mesmo tempo,

$$\frac{a_{n+1}}{a_n} = \frac{a}{b}q \ (n \text{ par}) \quad \text{ou} \quad \frac{b}{a}q \ (n \text{ ímpar}),$$

donde lim sup $a_{n+1}/a_n = aq/b$, e nada podemos concluir se $aq/b > 1$. Veja bem: neste caso, embora saibamos que existem infinitos $a_{n+1}/a_n > 1$, isso não ajuda, não é como no teste da raiz, onde infinitos $\sqrt[n]{a_n} > 1$ já decidem pela divergência da série.

O teste da razão é adequado e suficiente para lidar com a maioria dos exemplos que ocorrem freqüentemente nas aplicações (Veja o Exerc. 14 da p. 223),

Capítulo 3: Séries Infinitas 61

ao passo que o teste da raiz é decisivo na determinação do chamado "raio de convergência" das séries de potências (Veja o Exerc. 7 adiante e as fórmulas (9.9) e (9.10) nas pp. 219 e 220). Esses exemplos das aplicações e muitas das séries freqüentemente propostas como exercícios nos cursos de Análise, cuja convergência é decidida de maneira natural com o teste da razão, acabam deixando a impressão de que este teste é de aplicação mais fácil que o teste da raiz. Mas isso depende, evidentemente, da forma em que se apresentam a razão a_{n+1}/a_n e a raiz $\sqrt[n]{a_n}$. O exemplo seguinte ilustra uma situação em que é mais fácil aplicar o teste da raiz que o da razão.

3.22. Exemplo. Consideremos a série $\sum a_n$, onde $a_n = [n/(n+1)]^{n^2}$. Sua convergência é prontamente estabelecida pelo teste da raiz, pois

$$\sqrt[n]{a_n} = \left(\frac{n}{n+1}\right)^n = \frac{1}{(1+1/n)^n} \to \frac{1}{e},$$

um cálculo relativamente fácil.

Vejamos agora a aplicação do teste da razão:

$$\frac{a_{n+1}}{a_n} = \left(\frac{n+1}{n+2}\right)^{(n+1)^2} \left(\frac{n+1}{n}\right)^{n^2} = \left[\frac{(n+1)^2}{n(n+2)}\right]^{n^2} \left(\frac{n+1}{n+2}\right)^{2n+1} = A_n B_n,$$

onde A_n e B_n são os dois fatores que aparecem nesta última linha, na ordem em que aparecem, respectivamente. O cálculo do limite de B_n não oferece dificuldade, veja:

$$B_{n-1} = \left(\frac{n}{n+1}\right)^{2n-1} = \frac{1+1/n}{[(1+1/n)^n]^2} \to \frac{1}{e^2}.$$

Já o cálculo do limite de A_n é mais trabalhoso; nele usaremos o fato de que a função $x^{-1}\log(1+x)$ tem limite 1 com $x \to 0$. Assim,

$$A_n = \left(\frac{n^2+2n+1}{n^2+2n}\right)^{n^2} = \exp\left[n^2\log\left(1+\frac{1}{n^2+2n}\right)\right] \to e.$$

Conhecidos esses limites de A_n e B_n, vemos que o $\lim a_{n+1}/a_n$ existe e é igual a $1/e$, o mesmo que o limite da raiz.

Exercícios

1. Teste cada uma das séries seguintes, verificando se converge ou não:

a) $\sum_{n=1}^{\infty} n^b a^n$, $0 < a < 1$; b) $\sum_{n=1}^{\infty} \frac{\sqrt{n}}{2^n}$; c) $\sum_{n=1}^{\infty} \frac{(n!)^2}{(2n)!}$; d) $\sum_{n=1}^{\infty} \frac{a^n}{2^{n^2}}$, $a > 0$;

62 Capítulo 3: Séries Infinitas

e) $\sum_{n=1}^{\infty} \frac{(n!)^2 a^n}{2^{n^2}}$; f) $\sum_{n=1}^{\infty} \frac{n^{n+1/n}}{(an+1/n)^n}$, $a > 0$; g) $\sum_{n=1}^{\infty} \frac{2^n n!(1-\cos n^2)}{2.5.8\ldots(3n-1)}$;

h) $\sum_{n=1}^{\infty} \frac{3^n n!(2+\operatorname{sen} n^2)}{3.5.7\ldots(2n-1)}$; i) $\sum_{n=1}^{\infty} \frac{n^7(2n+3)^n}{(5n)^n}$.

2. Dada uma série convergente de termos positivos $\sum a_n = S$, prove que, se a partir de um certo índice N, $\sqrt[n]{a_n} \leq q < 1$, então vale a seguinte estimativa de erro: $S - S_n \leq q^{n+1}/(1-q)$ para $n > N$.

3. Com a mesma notação do exercício anterior, prove que se $a_{n+1}/a_n \leq q < 1$ para $n > N$, então $S - S_n < a_N q^{n+1-N}/(1-q)$ para $n > N$.

4. Demonstre a primeira desigualdade em (3.5).

5. Sejam $\sum a_n$ e $\sum b_n$ séries de termos positivos, esta última convergente. Suponhamos que exista N tal que $n > N \Rightarrow a_{n+1}/a_n \leq b_{n+1}/b_n$. Prove que $\sum a_n$ converge.

6. Obtenha a primeira parte do Teorema 3.16 (p. 58) como conseqüência do exercício anterior.

7. Supondo $a_n > 0$, determine R tal que a série $\sum a_n x^n$ seja convergente para $0 \leq x < R$ e divergente para $x > R$. Prove que se existe o limite L de a_{n+1}/a_n, então $R = 1/L = \lim a_n/a_{n+1}$.

Sugestões

1. Observe que:

e) $\sqrt[n]{a_n} = \frac{(\sqrt[n]{n!})^2 a}{2^n} = \left(\frac{\sqrt[n]{n!}}{n}\right)^2 \frac{an^2}{2^n} \to 0$;

f) $\sqrt[n]{a_n} = \frac{n^{1+1/n^2}}{an+1/n} = \frac{(\sqrt[n]{n})^{1/n}}{a+1/n^2} \to \frac{1}{a}$;

g) $0 < a_n \leq \frac{2^n n!}{5.8\ldots(3n-1)} = b_n$, $\frac{b_{n+1}}{b_n} = \frac{2(n+1)}{3n+2} \to \frac{2}{3}$;

h) $a_n \geq \frac{3^n n!}{5.7\ldots(2n-1)} = b_n$, $\frac{b_{n+1}}{b_n} = \frac{3(n+1)}{2n+1} \to \frac{3}{2}$;

i) $\sqrt[n]{a_n} = \frac{(\sqrt[n]{n})^7 (2n+3)}{5n} \to \frac{2}{5}$.

5. Escreva a desigualdade do enunciado para os índices N, $N+1, \ldots, n$ e multiplique, membro a membro, as desigualdades obtidas.

6. Sendo $L < c < 1$, $\frac{a_{n+1}}{a_n} \leq c \leq \frac{c^{n+1}}{c^n}$, a partir de um certo N.

7. Use o teste da raiz e o Exerc. 11 da p. 42.

O teste da integral

Um outro teste de convergência de séries de muita utilidade é o chamado teste da integral, porque baseado na comparação da série com a integral de uma função.

3.23. Teorema. *Seja $f(x)$ uma função positiva, decrescente e $a_n = f(n)$. Então*

$$f(2) + \ldots + f(n) < \int_1^n f(x)dx < f(1) + \ldots + f(n-1). \qquad (3.6)$$

Em conseqüência, a série $\sum a_n$ converge ou diverge, conforme a integral que aí aparece seja convergente ou divergente, respectivamente, com $n \to \infty$.

Demonstração. Imediata, pois a desigualdade em (3.6) é obtida da soma de

$$f(j) < \int_{j-1}^{j} f(x)dx < f(j-1),$$

j variando de 2 a n.

3.24. Exemplos. A série $\displaystyle\sum_{n=2}^{\infty} \frac{1}{n \log n}$ é divergente, pois

$$\int_2^n \frac{dx}{x \log x} = \log \log x \Big|_2^n \to \infty.$$

É interessante observar que se aumentarmos, por pouco que seja, o logaritmo no denominador, obteremos uma série convergente. Assim, dado $\varepsilon > 0$ por pequeno que seja,

$$\int_2^n \frac{dx}{x(\log x)^{1+\varepsilon}} = \frac{-1}{\varepsilon(\log x)^\varepsilon}\Big|_2^n \to \frac{1}{\varepsilon(\log 2)^\varepsilon},$$

donde concluímos que a série $\displaystyle\sum_{n=2}^{\infty} \frac{1}{n(\log n)^{1+\varepsilon}}$ é convergente.

Exercícios

1. Use o teste da integral para mostrar que a série harmônica é divergente.
2. Faça o mesmo para mostrar que a série $\sum 1/n^x$ é convergente se $x > 1$ e divergente se $x < 1$.
3. Estabeleça as seguintes desigualdades:

   a) $\displaystyle\sum_{n=1}^{\infty} \frac{1}{n^2} < 2$; b) $\displaystyle\sum_{n=1}^{\infty} \frac{1}{n^2+1} < \frac{\pi}{2}$; c) $\displaystyle\sum_{n=1}^{\infty} \frac{1}{n^3} < \frac{3}{2}$.

4. Mostre, pelo teste da integral, que as séries seguintes são convergentes:

   a) $\displaystyle\sum_{n=1}^{\infty} e^{-n}$; b) $\displaystyle\sum_{n=1}^{\infty} ne^{-n^2}$; c) $\displaystyle\sum_{n=1}^{\infty} ne^{-n}$; d) $\displaystyle\sum_{n=1}^{\infty} n^k e^{-n}$.

   Neste último exemplo k é um número real qualquer.

64   Capítulo 3: Séries Infinitas

5. Estabeleça a convergência da série $\sum (e/n)^n$ e prove a convergência da integral
$$\int_1^\infty (e/x)^x dx.$$

6. Estabeleça a convergência da série $\displaystyle\sum_{n=2}^\infty \frac{1}{(\log n)^{\log n}}$.

7. Sendo $f(x)$ uma função crescente em $x \geq 1$, prove que
$$f(1) + \ldots + f(n-1) < \int_1^n f(x)dx < f(2) + \ldots + f(n).$$

8. Fazendo $f(x) = \log x$ no exercício anterior, prove que
$$e^{1-n} < \frac{n!}{n^n} < ne^{1-n},$$
donde segue, em particular, que $\sqrt[n]{n!}/n \to 1/e$, um resultado já obtido anteriormente.

9. Verifique que os testes da raiz e da razão não permitem saber se a série $\sum e^n n!/n^n$ converge ou não. Prove que esta série é divergente, usando o resultado do exercício anterior.

Sugestões

3. Integre, em cada caso, uma função $f(x)$ apropriada.

5. A convergência da série pode ser obtida como consequência da convergência das duas últimas séries em (3.4) (p. 55), pois $(e/n)^n = (e^n/n!)(n!/n^n)$.

6. Basta provar que é convergente a integral, de 2 a ∞, da função
$$f(x) = (\log x)^{-\log x} = e^{-(\log x)\log\log x} = e^{-g(x)},$$
onde $g(x)$ tem significado óbvio. (É fácil verificar que $f(x)$ é decrescente a partir de um certo x_0, pois $g'(x) = x^{-1}(\log\log x + 1) > 0$ a partir de um certo x_0.) Para isso fazemos a substituição $y = \log x$, donde
$$\int_2^\infty f(x)dx = \int_{\log 2}^\infty (e/y)^y dy,$$
integral esta que sabemos ser convergente pelo exercício anterior.

Convergência absoluta e condicional

Diz-se que uma série $\sum a_n$ converge absolutamente, ou é *absolutamente convergente*, se a série $\sum |a_n|$ é convergente. Pode acontecer, como veremos adiante, que $\sum a_n$ seja convergente e $\sum |a_n|$ divergente, em cujo caso dizemos que a série $\sum a_n$ é *condicionalmente convergente*.

3.25. Teorema. *Toda série absolutamente convergente é convergente. Mais do que isso, é comutativamente convergente, isto é, a soma da série dada independe da ordem de seus termos.*

Demonstração. Sejam p_r a soma dos termos $a_r \geq 0$ e q_r a soma dos valores absolutos dos termos a_r negativos, onde, em ambos os casos, $r \leq n$. Então, as reduzidas das séries $\sum |a_n|$ e $\sum a_n$ são dadas por

$$T_n = |a_1| + |a_2| + \ldots + |a_n| = p_n + q_n \tag{3.7}$$

e

$$S_n = a_1 + a_2 + \ldots + a_n = p_n - q_n, \tag{3.8}$$

respectivamente. As seqüências (T_n), (p_n) e (q_n) são não decrescentes, a primeira das quais converge, por hipótese. Seja T seu limite. Temos que $p_n \leq T_n \leq T$ e $q_n \leq T_n \leq T$, donde concluímos que (p_n) e (q_n) convergem. Sejam p e q seus respectivos limites. Então S_n também converge: $S_n = p_n - q_n \to p - q$. Isso completa a demonstração da primeira parte do teorema.

Para ver que a soma da série dada independe da ordem de seus termos, basta notar que p_n e q_n são reduzidas de séries de termos não negativos, e as somas dessas séries independem da ordem em que se considerem seus termos, como vimos no Teorema 3.6 (p. 50).

Outro modo de provar a convergência da série utiliza o critério de Cauchy. Para isso observamos que

$$|a_{n+1} + \ldots + a_{n+p}| \leq |a_{n+1}| + \ldots + |a_{n+p}|.$$

Ora, dado qualquer $\varepsilon > 0$, existe um índice N tal que $n > N$ acarreta esta última soma ser menor do que ε, logo, o mesmo acontece com a primeira.

3.26. Exemplo. Vamos provar que a série

$$\sum_{n=1}^{\infty} a_n = \sum_{n=1}^{\infty} \frac{\operatorname{sen} 3n^2}{n^2 - \sqrt{n+9}}$$

é absolutamente convergente. Para isso observamos que a partir de $n = 2$ o denominador é positivo e

$$n^2 |a_n| = \frac{n^2 |\operatorname{sen} 3n^2|}{n^2 - \sqrt{n+9}} \leq \frac{n^2}{n^2 - \sqrt{n+9}} \to 1,$$

de sorte que, a partir de um certo N, $n^2 |a_n| < 2$ e isso prova que $\sum |a_n|$ é convergente.

Séries alternadas e convergência condicional

Diz-se que uma série é *alternada* quando seus termos têm sinais alternadamente positivos e negativos. Para essas séries vale a recíproca do Teorema 3.1 (p. 48), desde que o valor absoluto do termo geral tenda a zero *decrescentemente*. É o que veremos a seguir.

3.27. Teorema (teste de Leibniz). *Seja (a_n) uma seqüência que tende a zero decrescentemente, isto é, $a_1 \geq a_2 \geq \ldots$, $a_n \to 0$. Então, a série alternada $\sum (-1)^{n+1} a_n$ converge. Além disso, o erro que se comete tomando-se uma reduzida qualquer da série como valor aproximado de sua soma é, em valor absoluto, menor ou igual ao primeiro termo desprezado.*

Demonstração. Consideremos separadamente as reduzidas de ordem par e de ordem ímpar da série dada, as quais podem ser escritas assim:

$$S_{2n} = (a_1 - a_2) + (a_3 - a_4) + \ldots + (a_{2n-1} - a_{2n})$$

e

$$S_{2n+1} = a_1 - (a_2 - a_3) - \ldots - (a_{2n} - a_{2n+1}),$$

por onde vemos claramente que (S_{2n}) é não decrescente e (S_{2n+1}) é não decrescente. Além disso, $S_{2n} = S_{2n+1} - a_{2n+1} \leq S_{2n+1} \leq a_1$, isto é, (S_{2n}) é não decrescente e limitada, portanto, convergente para um certo número S. Este é também o limite da seqüência de reduzidas de ordem ímpar, como se vê passando ao limite em $S_{2n+1} = S_{2n} + a_{2n+1}$. Concluímos que a seqüência (S_n) converge para o mesmo número S (Exerc. 2 da p. 32).

Quanto ao erro, observe que as desigualdades

$$S_{2n} \leq S \leq S_{2n+1} \quad \text{e} \quad S_{2n+2} \leq S \leq S_{2n+1}$$

nos dão

$$0 \leq S - S_{2n} \leq S_{2n+1} - S_{2n} = a_{2n+1}$$

e

$$0 \leq S_{2n+1} - S \leq S_{2n+1} - S_{2n+2} = a_{2n+2}.$$

Isso prova que $|S_n - S| \leq a_{n+1}$ para todo n e conclui a demonstração.

3.28. Exemplo. A série harmônica alternada,

$$1 - \frac{1}{2} + \frac{1}{3} - \frac{1}{4} + \ldots = \sum_{n=1}^{\infty} \frac{(-1)^{n+1}}{n}.$$

é convergente, pelo teorema anterior; portanto, condicionalmente convergente, pois a série de módulos, $\sum 1/n$, é a série harmônica que, como sabemos, diverge.

As séries condicionalmente convergentes são, por natureza, vagarosas no convergir. A mudança da ordem de seus termos muda a soma da série e pode mudar tanto que é possível reordenar convenientemente os termos da série para que sua soma seja qualquer número dado de antemão. Esse surpreendente resultado, que discutiremos a seguir, é descrito e demonstrado por Riemann [R1], em seus comentários sobre o trabalho de Dirichlet.

3.29. Teorema. *Se uma dada série $\sum a_n$ é condicionalmente convergente, seus termos podem ser reordenados de maneira que a série convirja para qualquer número S que se prescreva.*

Demonstração. Com a mesma notação do Teorema 3.25, como $T_n \to \infty$, vemos, por (3.7), que o mesmo ocorre com p_n ou q_n. Mas S_n converge, logo, por (3.8), ambos p_n e q_n tendem a infinito. Agora é fácil ver como reordenar os termos da série para que sua soma seja S: da seqüência $a_1, a_2, \ldots$ vamos tirando elementos positivos, na ordem em que aparecem, e somando-os até obtermos um número maior do que S; em seguida vamos adicionando a esse resultado elementos negativos até obtermos uma soma menor do que S; e voltamos a adicionar elementos positivos, depois negativos, e assim por diante. Como a série original converge, $a_n \to 0$, de sorte que, dado qualquer $\varepsilon > 0$, existe N tal que $n > N \Rightarrow |a_n| < \varepsilon$. Ora, o reordenamento descrito produz uma série

$$a_1' + a_2' + a_3' + \ldots + a_n' + \ldots,$$

cujas reduzidas S_j' têm a seguinte propriedade: existe J tal que, sendo $j > J$, S_j' incorpora todos os elementos da série original com índices que vão de 1 até $N+1$, de forma que o último elemento da série original que aparece em S_j' tem índice $n_j > N$; logo, tem valor absoluto menor do que ε. E foi esse elemento que fez a soma S_j' ultrapassar o número S, seja para a direita ou para a esquerda, de sorte que $|S_j' - S| < |a_{n_j}|$. Assim, podemos concluir que

$$j > J \Rightarrow |S_j' - S| < \varepsilon,$$

e isso completa a demonstração do teorema.

Deste último teorema e do Teorema 3.25 segue facilmente o corolário que enunciamos a seguir.

3.30. Corolário. *Uma condição necessária e suficiente para que uma série seja comutativamente convergente é que ela seja absolutamente convergente.*

Os resultados sobre séries aqui discutidos são os mais freqüentemente usados. Porém, muitos outros existem, principalmente testes de convergência.

68   Capítulo 3: Séries Infinitas

Indicamos ao leitor interessado os livros de Knopp ([K1] e [K2]), como fonte onde ele pode encontrar uma profusão de outras propriedades de séries e testes de convergência. Mais tarde, no capítulo 9, sobre séries de funções, acrescentaremos alguns resultados mais, pertinentes à matéria lá tratada.

Exercícios

Verifique, em cada um dos exercícios seguintes, se a série dada é convergente; e, em sendo, se absoluta ou condicionalmente.

1. $\sum_{n=1}^{\infty} \frac{\cos 3n}{n^2 + 1}$;

2. $\sum_{n=1}^{\infty} \frac{(-1)^n n}{n^2 + 1}$;

3. $\sum_{n=1}^{\infty} \frac{(-1)^n \sqrt{n}}{n + 1}$;

4. $\sum_{k=1}^{\infty} \frac{\cos k - \operatorname{sen} k}{k \sqrt{k}}$;

5. $\sum_{n=1}^{\infty} \frac{2 + \cos n}{\sqrt{n}(2 + \sqrt{n})}$;

6) $\sum_{n=1}^{\infty} n! e^{-n} \operatorname{sen} \frac{1}{n}$;

7. $\sum_{n=2}^{\infty} \frac{(-1)^n}{\log n}$;

8. $\sum_{n=1}^{\infty} (-1)^n n^2 (n!)^{-1/2} \operatorname{sen} (1/3n)$;

9. $\sum_{n=1}^{\infty} \frac{[2^n - (-3)^n]}{(2n)! - n!}$;

10. $\sum_{k=1}^{\infty} \frac{k! \operatorname{sen} k}{1.3.5 \ldots (2k-1)}$;

11. $\sum_{n=1}^{\infty} \frac{(n!)^2}{(2n)!} \cos n$;

12. $\sum_{n=1}^{\infty} \frac{(2n)!(\cos n)}{(n!)^3}$;

Notas históricas e complementares

A origem das séries infinitas

A possibilidade de representar funções por meio de séries infinitas, particularmente séries de potências, foi percebida desde o início do desenvolvimento do Cálculo no século XVII, tendo-se constituido num dos mais poderosos estímulos a esse desenvolvimento, e sobre isso falaremos no final do capítulo 9.

Mas as séries infinitas são conhecidas desde a antiguidade. A primeira a ocorrer na História da Matemática é uma série geométrica de razão 1/4, que intervém no cálculo da área da parábola, feito por Arquimedes. Seguindo a tradição grega de evitar o infinito, pelas dificuldades lógicas que esse conceito pode trazer em seu bojo, Arquimedes não soma todos os termos da referida série; ele observa que a soma de uma certa quantidade à reduzida de ordem n produz uma quantidade independente de n, que é a soma da série. (Veja [A7], p. 41.)

Depois dessa ocorrência de uma série geométrica num trabalho de Arquimedes, as séries infinitas só voltariam a aparecer na Matemática cêrca de 1500 anos mais tarde, no século XIV. Nessa época havia um grupo de matemáticos na Universidade de Oxford que estudava a cinemática, ou fenômeno do movimento; e, ao que parece, foi esse estudo que levou à reconsideração das séries infinitas. (Veja [E], p. 86 e seguintes.) E foi nessa época que se descobriu que o termo geral de uma série pode tender a zero sem que a série seja convergente. Isto ocorreu em conexão com a série harmônica e a descoberta foi feita por Oresme. É a ele que devemos a demonstração dada na p. 49 de que essa série diverge.

A divergência da série harmônica é um fato notável, que jamais seria descoberto experimentalmente. De fato, se fossemos capazes de somar cada termo da série em um segundo de tempo, como um ano tem aproximadamente $365,25 \times 24 \times 60 \times 60 = 31.557.600$ segundos, nesse período de tempo seriamos capazes de somar a série até $n = 31.557.600$, obtendo para a soma um valor pouco superior a 17; em 10 anos a soma chegaria a pouco mais de 20; em 100 anos, a pouco mais de 22. Como se vê, esses números são muito pequenos para indicar divergência da série; não somente isso, mas depois de 100 anos já estaríamos somando algo muito pequeno, da ordem de 3×10^{-9}. É claro também que é impossível efetuar essas somas para valores tão grandes de n.

Vamos fazer mais um exercício de imaginação. Hoje em dia temos computadores muito rápidos, e a tecnologia está produzindo máquinas cada vez mais rápidas. Mas isso tem um limite, pois, como sabemos, nenhum sinal físico pode ser transmitido com velocidade superior à da luz. Portanto, nenhum computador poderá efetuar uma soma em tempo inferior a 10^{-23} segundos, que é o tempo gasto pela luz para percorrer distância igual ao diâmetro de um elétron. Pois bem, com tal computador, em um ano, mil anos e um bilhão de anos, respectivamente, poderíamos somar termos em números iguais a

$$315.576 \times 10^{25}, \quad 315.576 \times 10^{28} \quad \text{e} \quad 315.576 \times 10^{34}.$$

E veja os resultados aproximados que obteríamos para a soma da série harmônica, em cada um desses casos, respectivamente:

$$70,804, \quad 77,718 \quad \text{e} \quad 91,5273.$$

Imagine, finalmente, que esse computador estivesse ligado desde a origem do universo, há 16 bilhões de anos. Ele estaria hoje obtendo o valor aproximado de 94,2999 para soma da série harmônica, um número ainda muito pequeno para fazer suspeitar que a série diverge.

— Mas como se chega ao número 94,299, se o (idealizado) computador mais rápido que se possa construir deveria ficar ligado durante 16 bilhões de anos?

Sim, não há como fazer essa soma, mas existem métodos que permitem substituir a soma S_n dos n primeiros termos da série por uma expressão matemática que aproxima S_n e que pode ser calculada numericamente; e os matemáticos sabem disso há mais de 300 anos!... O leitor curioso pode ver a explicação desses métodos em [A9], pp. 55-63.

Nicole Oresme e a série de Swineshead

Nicole Oresme (1325–1382) foi um destacado intelectual em vários ramos do conhecimento, como Filosofia, Matemática, Astronomia, Ciências Físicas e Naturais. Além de professor universitário, Oresme era conselheiro do rei, principalmente na área de finanças públicas; e nessa função revelou-se um homem de larga visão, recomendando medidas monetárias que tiveram grande sucesso na prática. Ao lado de tudo isso, Oresme foi também bispo de Lisieux.

Oresme mantinha contato com o grupo de pesquisadores de Oxford e contribuiu no estudo de várias das séries estudadas nessa época. Uma dessas séries é a seguinte:

$$S = \frac{1}{2} + \frac{2}{4} + \frac{3}{8} + \ldots = \sum_{n=1}^{\infty} \frac{n}{2^n},$$

Essa série foi considerada, por volta de 1350, por Richard Swineshead, um dos matemáticos de Oxford. Ela surge a propósito de um movimento que se desenvolve durante o

70 Capítulo 3: Séries Infinitas

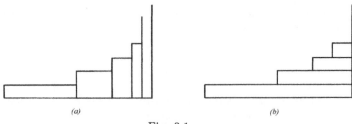

Fig. 3.1

intervalo de tempo [0, 1] da seguinte maneira: a velocidade permanece constante e igual a 1 durante a primeira metade do intervalo, de zero a 1/2: dobra de valor no segundo sub-intervalo (de duração 1/4), triplica no terceiro sub-intervalo (de duração 1/8), quadruplica no quarto sub-intervalo (de duração 1/16) etc. Como se vê, a soma da série assim construida é a soma dos produtos da velocidade pelo tempo em cada um dos sucessivos sub-intervalos de tempo e representa o espaço total percorrido pelo móvel (Fig. 3.1a).

Swineshead achou o valor 2 para a soma através de um longo e complicado argumento verbal. Mais tarde, Oresme, deu uma explicação geométrica bastante interessante para a soma da série. Observe que essa soma é igual à área da figura formada com uma infinidade de retângulos verticais, como ilustra a Fig. 3.1a. O raciocínio de Swineshead, combinado com a interpretação geométrica de Oresme, se traduz simplesmente no seguinte: a soma das áreas dos retângulos verticais da Fig. 3.1a é igual à soma das áreas dos retângulos horizontais da Fig. 3.1b. Ora, isso é o mesmo que substituir o movimento original por uma sucessão infinita de movimentos, todos com velocidade igual à velocidade original: o primeiro no intervalo de tempo [0, 1]; o segundo no intervalo de tempo [1/2, 1]; o terceiro no intervalo [3/4, 1]; e assim por diante. Vê-se assim que o espaço percorrido (soma das áreas dos retângulos da Fig. 3.1b) é agora dado pela soma da série geométrica

$$S = 1 + \frac{1}{2} + \frac{1}{4} + \frac{1}{8} + \ldots = \sum_{n=0}^{\infty} \frac{1}{2^n}.$$

Isso permite obter a soma da série original, pois sabemos somar uma série geométrica; no caso desta última o valor é 2. Hoje em dia a maneira natural de somar a série de Swineshead é esta:

$$S = \sum_{n=1}^{\infty} \frac{n}{2^n} = \sum_{n=1}^{\infty} \frac{1+(n-1)}{2^n} = \sum_{n=1}^{\infty} \frac{1}{2^n} + \sum_{n=2}^{\infty} \frac{n-1}{2^n}$$

$$= 1 + \frac{1}{2} \sum_{n=2}^{\infty} \frac{n-1}{2^{n-1}} = 1 + \frac{1}{2} \sum_{n=1}^{\infty} \frac{n}{2^n} = 1 + \frac{S}{2},$$

donde $S = 2$. Deixamos ao leitor a tarefa de interpretar esse procedimento em termos do raciocínio de Swineshead e Oresme.

As séries infinitas, como dissemos acima, tiveram um papel importante no desenvolvimento do Cálculo, desde o início desse desenvolvimento no século XVII. Mas foi no século XIX que as idéias de convergência e somas infinitas atingiram plena maturidade, e isso devido, principalmente, ao trabalho de Cauchy, de que falaremos a seguir.

Cauchy e as séries infinitas

Augustin-Louis Cauchy (1789–1857) é a figura mais influente da Matemática na França de sua época. Como professor da Escola Politécnica ele escreveu vários livros didáticos, bastante inovadores, por isso mesmo tiveram grande influência por várias décadas. O primeiro desses livros é o *Cours d'Analyse* de 1821 [C1], cujo capítulo VI é dedicado às séries, e contém quase todos os resultados que discutimos no presente capítulo. É também aí que aparece o critério de convergência que viria ser chamado "de Cauchy", formulado nos seguintes termos:

"... para que a série u_0, u_1, $u_2, \ldots u_n$, u_{n+1}, &c... *seja convergente, é necessário e suficiente que valores crescentes de n façam convergir indefinidamente a soma* $s_n = u_0 + u_1 + u_2 + \&c \ldots + u_{n-1}$ *para um valor fixo s: em outras palavras, é necessário e suficiente que, para valores infinitamente grandes do número n, as somas* s_n, s_{n+1}, s_{n+2}, &c... *difiram da soma s, e por conseqüência entre elas, por quantidades infinitamente pequenas.*"

O pouco mais que Cauchy escreve em seguida sobre esse critério nada acrescenta de substância, apenas esclarece ser [...necessário e suficiente] "*que, para valores crescentes de n, as somas das quantidades* u_n, u_{n+1}, u_{n+2}, &c... *tomadas, a partir da primeira, tantas quantas se queiram, resultem sempre em valores numéricos inferiores a todo limite prescrito.*"

Ao contrário de Bolzano (p. 45), Cauchy sequer acena com uma demonstração — parece julgá-la desnecessária —, limitando-se a usar esse critério para provar que a série harmônica é divergente e que a série alternada $\sum (-1)^n/n$ é convergente. No primeiro caso ele observa que

$$S_{2n} - S_n = \frac{1}{n+1} + \frac{1}{n+2} + \ldots + \frac{1}{2n} > \frac{1}{2},$$

donde conclui que a série é divergente. No segundo caso o raciocínio é o seguinte, supondo $m > n$: se $m - n$ for ímpar,

$$|S_n - S_m| = \frac{1}{n+1} - \left(\frac{1}{n+2} - \frac{1}{n+3}\right) - \ldots - \left(\frac{1}{m-1} - \frac{1}{m}\right);$$

e se $m - n$ for par,

$$|S_n - S_m| = \frac{1}{n+1} - \left(\frac{1}{n+2} - \frac{1}{n+3}\right) - \ldots - \left(\frac{1}{m-2} - \frac{1}{m-1}\right) - \frac{1}{m}$$

Em qualquer desses casos, $|S_n - S_m| < 1/n$, o que prova a convergência desejada. É fácil verificar que esse último raciocínio se aplica também à série alternada $\sum (-1)^n a_n$, onde (a_n) é uma seqüência nula não crescente. Aliás, a convergência dessa série já era sabida de Leibniz (1646–1716), que lhe faz referência numa carta de 1713, o que explica atribuir-se a ele o teste dado no Teorema 3.27 (p. 66).

Essas são as únicas aplicações em que Cauchy utiliza seu critério de convergência, podendo-se então dizer que tal critério não teria feito falta alguma a Cauchy. Sua importância só se faria sentir mais tarde, no final do século, no trato de importantes problemas de aproximação, em equações diferenciais e cálculo de variações.

Embora, como dissemos, o trabalho de Cauchy tenha tido influência decisiva no desenvolvimento e consolidação do estudo da convergência das séries no século XIX, esse desenvolvimento vinha desabrochando desde o final do século anterior. E a esse respeito devemos mencionar aqui o importante trabalho de um ilustre autor português, José Anastácio da Cunha. As séries infinitas são discutidas no capítulo IX ("livro" IX) de sua obra "Princípios Mathematicos" [C3], onde se pode identificar uma verdadeira antecipação de muitas das idéias de Cauchy e seus contemporâneos, inclusive o "Critério de Convergência de Cauchy". (Veja [Q] e as referências alí contidas.)

Capítulo 4

FUNÇÕES, LIMITE E CONTINUIDADE

Preliminares

Iniciamos neste capítulo o estudo das funções. Nosso objetivo é dar um tratamento logicamente bem fundamentado das funções reais de uma variável real. Nesse trabalho, ao contrário do que acontece nos cursos de Cálculo, não nos apoiaremos na intuição geométrica, pois a Análise Matemática fundamenta-se nos números reais, não na Geometria. Mas isso não quer dizer que as idéias geométricas sejam abandonadas; elas continuarão sendo, como no Cálculo, um guia importante da intuição, um auxiliar indispensável na busca dos caminhos da construção lógica, mas apenas como instrumento didático.

Muitas das funções elementares são introduzidas no Cálculo com base na Geometria. É assim com as funções trigonométricas, a começar com o seno e o cosseno. Em contraste, aqui na Análise definiremos essas funções de maneira puramente analítica, como séries de potências (p. 221), sem apelo a noções geométricas anteriores. O logaritmo será introduzido em termos da integral (p. 173); e a função exponencial e^x, como sua inversa; em termos da exponencial definiremos a exponencial geral a^x, com $a > 0$, mediante a expressão

$$a^x = e^{(\log a)x}.$$

Esses procedimentos dispensam os processos puramente intuitivos do Cálculo, baseados na Geometria.

Mas, embora um dos nossos objetivos seja o de mostrar como as funções elementares podem ser introduzidas e suas propriedades estudadas, sem apelo à intuição geométrica, estaremos sempre nos valendo das funções elementares como ilustrações da teoria, antes mesmo que elas sejam introduzidas na devida oportunidade em nosso estudo. Portanto, como recursos ilustrativos da teoria que estaremos desenvolvendo, vamos nos valer sempre das funções elementares já aprendidas no Cálculo, com todas as suas propriedades.

Noções sobre conjuntos

Coletamos aqui as noções básicas de conjuntos que serão utilizadas em nosso estudo e que, várias delas, certamente, já são do conhecimento do leitor. Todos os conjuntos sob consideração serão conjuntos de números reais, isto é, *subconjuntos* de R. As notações "$x \in A$" e "$A \subset B$" significam, a primeira delas, que "x pertence a A" ou "x é elemento de A"; e a segunda, que "A é um subconjunto de B" ou "todo elemento de A está em B". "$A = B$" é o mesmo que $A \subset B$ e $B \subset A$ simultaneamente. Dados dois conjuntos A e B, define-se a *união* $A \cup B$ como o conjunto de todos os elementos que estão em pelo menos um dos conjuntos A e B; a *interseção* $A \cap B$ é definida como o conjunto de todos os elementos que estão em A e em B simultaneamente. Pode acontecer que A e B não tenham elementos comuns, em cujo caso $A \cap B$ não teria significado. Exceções como essa são evitadas com a introdução do *conjunto vazio*, indicado com o símbolo ϕ; ele é o conjunto que não tem elemento algum.

Daremos a seguir uma série de igualdades entre conjuntos, as quais são demonstradas facilmente provando, em cada caso, que o primeiro membro está contido no segundo e que o segundo está contido no primeiro:

$$A \cup B = B \cup A; \quad A \cap B = B \cap A; \quad A \cup (B \cup C) = (A \cup B) \cup C;$$

$$A \cap (B \cap C) = (A \cap B) \cap C; \quad A \cup (B \cap C) = (A \cup B) \cap (A \cup C);$$

$$A \cap (B \cup C) = (A \cap B) \cup (A \cap C).$$

O *complementar* de um conjunto A, indicado pelo símbolo A^c, é definido como o conjunto dos elementos que não estão em A, isto é,

$$A^c = R - A = \{x \in R: \ x \notin A\}.$$

É claro que $R^c = \phi$ e $\phi^c = R$. O *complementar relativo* de um conjunto A em relação a outro conjunto B é definido por

$$B - A = \{x \in B: \ x \notin A\}.$$

É fácil ver que $B - A = B \cap A^c$ e que $B \subset C \Rightarrow A - C \subset A - B$

As chamadas *leis de De Morgan*, no caso de dois conjuntos A e B, afirmam que

$$(A \cup B)^c = A^c \cap B^c \quad \text{e} \quad (A \cap B)^c = A^c \cup B^c,$$

ou seja, *o complementar da união é a interseção dos complementares e o complementar da interseção é a união dos complementares*.

Às vezes temos de considerar um conjunto de conjuntos, isto é, um conjunto cujos elementos são conjuntos, em cujo caso falamos de uma "classe" ou "família" de conjuntos. As palavras "classe", "família" e "coleção" são usadas como sinônimas de "conjunto", o uso de cada uma sendo ditado apenas pela conveniência da situação. Muitas vezes uma família de conjuntos é indexada por elementos de outro conjunto; por exemplo, $(A_n)_{n \in \mathbf{N}}$, onde $A_n = \{1, 2, \ldots, n\}$

é uma família indexada pelos inteiros positivos; esse é exemplo de uma família *enumerável*. A restrição do índice a um subconjunto do conjunto de índices nos leva a uma *subfamília* da família original; assim, $(A_1, A_2, \ldots, A_7)$ é uma família *finita*, que é, ao mesmo tempo, uma subfamília da família dada.

Outro exemplo é dado pela família de intervalos $I_x = (x/2, 5x)$, x variando, digamos, no intervalo $(0, 1)$. Temos aqui uma família *não enumerável* de conjuntos.

A união e a interseção de conjuntos se estende, de maneira óbvia, a mais de dois conjuntos e, em geral, a uma família qualquer. Assim, dada uma família $(A_i)_{i \in I}$, sua união e sua intersecção são definidas como

$$\cup \{A_i : i \in I\} = \{x : x \in A_i \text{ para algum } i \in I\};$$

$$\cap \{A_i : i \in I\} = \{x : x \in A_i \text{ para todo } i \in I\}.$$

Por exemplo, seja A_i o intervalo aberto $(i/3, i)$, onde i percorre o intervalo $I = (0, 1)$. É fácil verificar que

$$\cup \{A_i : i \in I\} = (0, 1) \quad \text{e} \quad \cap \{A_i : i \in I\} = \phi.$$

As leis de De Morgan são válidas no caso de uma família qualquer de conjuntos indexados por uma família $J : (C_i)_{i \in I}$ Temos então:

$$(\cup \{C_i : i \in I\})^c = \cap \{C_i^c : i \in I\} \qquad (\cap \{C_i : i \in I\})^c = \cup \{C_i^c : i \in I\},$$

ou seja, *o complementar da união é a interseção dos complementares e o complementar da interseção é a união dos complementares*.

Deixamos ao leitor a tarefa de verificar, como exercício, todas as propriedades mencionadas atrás. (Exerc. 1 adiante.)

Noções topológicas na reta

Apresentaremos nesta seção algumas noções topológicas na reta, apenas os prerequisitos necessários ao estudo das funções. O leitor interessado em maiores detalhes deve procurar um texto sobre o assunto, como [L3].

Sempre que falarmos em "número" sem qualquer qualificação, entenderemos tratar-se de um número real. Como os números reais são representados por pontos de uma reta, através de suas abscissas, é costume usar a palavra "ponto" em lugar de "número"; assim, "ponto x" significa "número x".

Diz-se que um número real x é *ponto interior* de um dado conjunto C, ou *ponto interno* a C, se esse conjunto contém um intervalo (a, b), que por sua vez contém x, isto é, $x \in (a, b) \subset C$. Segundo essa definição, todos os elementos de um intervalo aberto são pontos interiores desse intervalo. O *interior* de um conjunto C é o conjunto de todos os seus pontos interiores. Assim, o intervalo (a, b) é seu próprio interior; é também o interior do intervalo fechado $[a, b]$.

Diz-se que um conjunto C é *aberto* se todo ponto de C é interior a C, isto é, se o conjunto coincide com seu interior. É esse o caso de um intervalo (a, b), do tipo que já vinha sendo chamado "aberto". O conjunto vazio é aberto, pois coincide com seu interior, que é também vazio. O conjunto de todos os números reais também é aberto.

Chama-se *vizinhança* de um ponto a qualquer conjunto que contenha a interiormente. Mas, a menos que o contrário seja dito explicitamente, "vizinhança" para nós significará sempre um intervalo aberto. Em particular, dado $\epsilon > 0$, o intervalo $V_\epsilon(a) = (a - \epsilon, a + \epsilon)$ é uma vizinhança de a, chamada naturalmente *vizinhança simétrica* de a, ou *vizinhança ϵ* de a. Às vezes interessa considerar uma vizinhança ϵ de a, excluído o próprio ponto a, em cujo caso escreveremos $V'_\epsilon(a)$, a chamada *vizinhança perfurada*:

$$V'_\varepsilon(a) = V_\varepsilon(a) - \{a\} = \{x: \ 0 < |x - a| < \varepsilon\}.$$

Diz-se que um número a é *ponto de acumulação* de um conjunto C se toda vizinhança de a contém infinitos elementos de C. Isso equivale a dizer que *toda vizinhança de a contém algum elemento de C diferente de a*; ou ainda, dado qualquer $\varepsilon > 0, V'_\varepsilon(a)$ contém algum elemento de C. O conjunto dos pontos de acumulação de C será aqui denotado com o símbolo C'.

Um ponto de acumulação de um conjunto pode ou não pertencer ao conjunto; por exemplo, os extremos a e b de um intervalo aberto (a, b) são pontos de acumulação desse intervalo, mas não pertencem a ele. Todos os pontos do intervalo também são seus pontos de acumulação e pertencem a ele.

Um ponto x de um conjunto C diz-se *isolado* se não for ponto de acumulação de C. Isso é equivalente a dizer que existe $\varepsilon > 0$ tal que $V'_\varepsilon(x)$ não contém qualquer elemento de C. Chama-se *discreto* todo conjunto cujos elementos são todos isolados.

Diz-se que um número x é *ponto de aderência* de um conjunto C, ou *ponto aderente* a C, se qualquer vizinhança de x contém algum elemento de C. Isso significa que x pode ser um elemento de C ou não, mas se não for certamente será ponto de acumulação de C. O conjunto dos pontos aderentes a C é chamado o *fecho* ou *aderência* de C, denotado com o símbolo $\overline{C}$. Como se vê, $\overline{C}$ é a união de C com o conjunto C' de seus pontos de acumulação.

Diz-se que um conjunto é *fechado* quando ele coincide com sua aderência ($C = \overline{C} = C \cup C'$), ou seja, quando ele contém todos os seus pontos de acumulação: $C' \subset C$. É esse o caso de um intervalo $[a, b]$, do tipo que já vinha sendo chamado "fechado".

O conjunto

$$A = \left\{\frac{1}{2}, \frac{2}{3}, \frac{3}{4}, \ldots, \frac{n}{n+1} \ldots\right\}$$

é discreto, pois seus pontos são todos isolados, e seu único ponto de acumulação é o número 1, que não pertence ao conjunto. Naturalmente, se o incluirmos no conjunto A, obteremos a aderência de A, que é o conjunto

$$B = A \cup \{1\} = \left\{1,\ \frac{1}{2},\ \frac{2}{3},\ \frac{3}{4},\ \ldots,\ \frac{n}{n+1},\ \ldots\right\}.$$

Observe que esse conjunto B é fechado. E isso acontece sempre, ou seja, sempre que juntarmos a um conjunto C o conjunto C' de seus pontos de acumulação, a aderência $\overline{C} = C \cup C'$ não terá outros pontos de acumulação além dos que já estavam em C'. É o que veremos a seguir.

4.1. Teorema. *A aderência $\overline{C}$ de qualquer conjunto C é um conjunto fechado.*

Demonstração. Seja x um ponto aderente a $\overline{C}$. Devemos provar que x é aderente a C. Qualquer vizinhança V de x conterá algum ponto y de $\overline{C}$ (que pode ou não ser o próprio x). Mas V é também vizinhança de y; logo, conterá algum ponto z de C. Isso prova que x é aderente a C e conclui a demonstração.

4.2. Teorema. a) *A interseção de um número finito de conjuntos abertos é um conjunto aberto, isto é, se $A_1,\ \ldots,\ A_n$ são conjuntos abertos, então é também aberto o conjunto $A_1 \cap \ldots \cap A_n$;* b) *a união de uma família qualquer de conjuntos abertos é um conjunto aberto.*

Demonstração. Para provar a parte a), seja $x \in A = A_1 \cap \ldots \cap A_n$. Então $x \in A_j$, $j = 1, \ldots, n$, e como A_j é aberto, existe $\delta_j > 0$ tal que $V_{\delta_j}(x) \subset A_j$. Seja $\delta = \min\{\delta_1, \ldots, \delta_n\}$. É claro então que $V_\delta(x) \subset A$, o que prova que A é aberto. A demonstração da parte b) é mais fácil e fica a cargo do leitor. (Exerc. 7 adiante.)

Observe que o item b) do teorema se refere a uma família qualquer, que pode ser infinita, até mesmo não enumerável. Por exemplo, para cada número real x do intervalo $(0, 1)$, considere o intervalo $A_x = (x/2, 2x)$, que é um conjunto aberto. É fácil verificar que a união de todos esses conjuntos A_x, com x percorrendo o intervalo $(0, 1)$, é o intervalo $(0, 2)$.

É interessante observar que a interseção dessa mesma família de conjuntos é o conjunto vazio, que é também aberto. Mas não é verdade, em geral, que toda interseção de abertos é um aberto; por exemplo, é fácil verificar que a família de abertos $(-1/n,\ 1 + 1/n), n = 1, 2, \ldots$ tem por interseção o intervalo $[0, 1]$, que é fechado, e não aberto.

4.3. Teorema. *Um conjunto F é fechado se, e somente se, seu complementar $A = F^c = R - F$ é aberto.*

Demonstração. Supondo F fechado, para provar que A é aberto, devemos provar que qualquer $x \in A$ é ponto interior de A. Como $x \notin F$ e F é fechado, x não é ponto de acumulação de F, logo existe $\delta > 0$ tal que $V_\delta(x) \cap F = \phi$. Isso significa que $V_\delta(x) \subset A$, portanto x é interior a A.

Deixamos ao leitor a tarefa de demonstrar a recíproca: se A é aberto, $F = A^c = R - A$ é fechado. (Exerc. 8 adiante.)

4.4. Teorema. *a) A união de um número finito de conjuntos fechados é um conjunto fechado, isto é, se $F_1, \ldots, F_n$ são conjuntos fechados, então é também fechado o conjunto $F = F_1 \cup \ldots \cup F_n$; b) a interseção de uma família qualquer de conjuntos fechados é um conjunto fechado.*

Demonstração. Para demonstrar a primeira parte, seja a um ponto de acumulação de F; devemos provar que $a \in F$. Raciocinando por absurdo, suponhamos que $a \notin F$. Então, $a \notin F_i$, $i = 1, \ldots, n$. Em conseqüência, existe, para cada i, uma vizinhança $V_{\delta_i}(a)$ tal que $V_{\delta_i}(a) \cap F_i = \phi$. É claro, então, que $V = V_{\delta_1}(a) \cap \ldots \cap V_{\delta_n}(a)$ é uma vizinhança de a sem pontos em comum com F. Isso contradiz o fato de a ser ponto de acumulação de F e completa a demonstração.

A segunda parte do teorema é de demonstração mais fácil e fica a cargo do leitor. (Exerc. 10 adiante.)

O teorema anterior pode também ser provado como conseqüência dos dois precedentes, utilizando as *leis de De Morgan*. (Exerc. 12 adiante.)

Diz-se que um conjunto A é *denso* em outro conjunto B se $B \subset \bar{A}$, isto é, se todo ponto de B é aderente a A. Dito de outra maneira, A ser denso em B significa que *os pontos de B que não pertencem a A certamente são pontos de acumulação de A*. Em particular, um conjunto A é denso na reta toda se $\bar{A} = R$; isso significa que todo número real é ponto de acumulação de A. (Exerc. 13 adiante.)

Exercícios

1. Prove todas as propriedades sobre conjuntos referidas nas páginas 73–74, inclusive as leis de De Morgan, que são de importância fundamental.

2. Prove a equivalência das seguintes proposições referentes a um conjunto C:

a) qualquer vizinhança de a contém infinitos elementos de C;

b) qualquer vizinhança de a contém um elemento de C diferente de a;

c) qualquer que seja $\delta > 0$, $V'_\delta(a)$ contém algum elemento de C.

3. Prove que um ponto aderente a um conjunto C, que não pertence a C, é ponto de acumulação de C.

4. Prove, igualmente, que um ponto aderente a uma seqüência (a_n), que não coincida com nenhum elemento a_n, é ponto de acumulação do conjunto de valores da seqüência, $\{a_1, a_2, \ldots\}$.

5. Demonstre a seguinte versão do Teorema 4.1: dado um conjunto qualquer C, todo ponto de acumulação de $\overline{C}$ é ponto de acumulação de C.

6. Mostre que a união dos intervalos $A_x = (x/2, 2x)$, com x percorrendo o intervalo $(0, 1)$, é o intervalo $(0, 2)$ e que a interseção da família $I_n = (-1/n, 1 + 1/n) : n = 1, 2, \ldots$ é o intervalo fechado $[0, 1]$.

7. Demonstre a parte b) do Teorema 4.2.

8. Termine a demonstração do Teorema 4.3, provando que se A é um conjunto aberto, então $F = A^c$ é fechado.

9. Demonstre que se A e F são conjuntos aberto e fechado, respectivamente, então $A - F$ é aberto e $F - A$ é fechado.

10. Demonstre a parte b) do Teorema 4.4.

11. Construa uma família de conjuntos fechados cuja união seja um conjunto aberto.

12. Demonstre o Teorema 4.4 com base nas leis de De Morgan e nos Teoremas 4.2 e 4.3.

13. Prove que se um conjunto A é denso na reta $(\overline{A} = R)$, então todo número real é ponto de acumulação de A.

Funções

4.5. Definição. *Uma função "$f : D \longmapsto Y$" é uma lei que associa elementos de um conjunto D, chamado o* domínio *da função, a elementos de um outro conjunto Y, chamado o* contradomínio *da função.*

Em geral, o contradomínio é um conjunto fixo, o mesmo para toda uma classe de funções sob consideração, não acontecendo necessariamente que todo elemento de Y corresponda a algum elemento do domínio pela ação da função que esteja sendo considerada. Já com o domínio a situação é diferente, pois cada função tem seu domínio próprio, e todos os elementos do domínio são objeto de ação da função.

Em nosso estudo estaremos interessados tão somente em funções cujos domínios sejam subconjuntos dos números reais, principalmente intervalos dos vários tipos considerados logo no início do capítulo 1. O contradomínio será sempre o mesmo, o conjunto dos números reais.

Para indicar que uma função f associa o elemento y ao elemento x escreve-se $y = f(x)$. Esse símbolo é também usado para indicar a própria função f, embora com certa impropriedade, pois $f(x)$ é o valor da função num valor particular de D. Portanto, quando a notação $y = f(x)$ é usado para indicar a função, deve-se entender que x denota qualquer valor no domínio D, por isso mesmo chama-se *variável* de domínio D, a chamada *variável independente*. y é a imagem de x pela função f, a chamada *variável dependente*.

O conjunto de todos os valores da função,

$$I_f = \{y = f(x): x \in D\},$$

é chamado a *imagem de D pela f*, e freqüentemente indicado por $f(D)$.

De um modo geral, sendo A um subconjunto de D, define-se a imagem de A mediante a expressão

$$f(A) = \{f(x): x \in A\};$$

e

$$f(A) = \{f(x): x \in A \cap D\}$$

no caso de qualquer subconjunto de números reais A.

Um modo bastante usado para denotar uma função f consiste em escrever "$f: x \in D \mapsto y = f(x)$", significando com isso que "y é a imagem de x pela f". Outro modo consiste em identificar a função com seu *gráfico*, que é o conjunto $f = \{(x, f(x)) : x \in D\}$.

Para caracterizar uma função não basta prescrever a lei de correspondência f; é necessário também especificar seu domínio D. Freqüentemente as funções são dadas por fórmulas algébricas ou analíticas, como

$$f(x) = x^2 + 1; \quad f(x) = \int_{-\infty}^{x} e^{-t^2} dt; \quad f(x) = \sum_{n=1}^{\infty} \frac{1}{n^x}.$$

Mas nem sempre é assim; teremos oportunidade de lidar com funções dadas por leis bem gerais, que não se enquadram nessas categorias.

Muitas vezes o domínio de uma função não é mencionado, ficando subentendido tratar-se do maior conjunto para o qual a expressão que define a função faz sentido. Assim, nos dois primeiros exemplos acima, o domínio é o conjunto de todos os números reais, enquanto no último é o semi-eixo $x > 1$.

Uma função f com domínio D é dita *limitada à esquerda* ou *limitada inferiormente* se existe um número A tal que $A \leq f(x)$ para todo $x \in D$; e *limitada à direita* ou *limitada superiormente* se existe um número B tal que $f(x) \leq B$ para todo $x \in D$. Uma função que é limitada à direita e à esquerda ao mesmo tempo é dita, simplesmente, *limitada*; é claro que isso equivale a dizer que existe um número M tal que $|f(x)| \leq M$ para todo $x \in D$.

Diz-se que uma função g é *extensão* de uma função f, ou que f é *restrição* de g, se o domínio de f está contido no domínio de g e as duas funções coincidem no domínio de f. As operações sobre funções, como *adição, multiplicação, divisão* etc., são definidas de maneira óbvia, em termos das mesmas operações sobre números. É claro que as funções sobre as quais se fazem essas operações devem ter o mesmo domínio; e se não for esse o caso, é necessário restringir os domínios ao conjunto interseção dos domínios das funções envolvidas. Por exemplo, embora a função $f(x) = x^2$ esteja definida para todo x real, o produto $g(x) = x^2\sqrt{x}$ é uma função com domínio $x \geq 0$, o mesmo da função $h(x) = \sqrt{x}$.

Sejam f e g duas funções, com domínios D_f e D_g, respectivamente. Suponhamos que $g(D_g) \subset D_f$; assim, qualquer que seja $x \in D_g$, $g(x) \in D_f$ e podemos considerar $f(g(x))$. A função $h : x \mapsto f(g(x))$, com domínio D_g, é chamada a *composta* das funções f e g, freqüentemente indicada com o símbolo "fog". Por exemplo, $h(x) = \sqrt{x^2 - 1}$ é função composta das funções $f(x) = \sqrt{x}$ e $g(x) = x^2 - 1$. Como o domínio de f é o semi-eixo $x \geq 0$, o domínio de h é o conjunto dos números x tais que $|x| \geq 1$.

Diz-se que uma função f com domínio D é *injetiva* ou *invertível* se

$$x \neq x' \Rightarrow f(x) \neq f(x').$$

Isso é o mesmo que afirmar: $f(x) = f(x') \Rightarrow x = x'$; e significa que cada elemento y da imagem de f provém de um único elemento x no domínio de $f : y = f(x)$. Isso nos permite definir a chamada *função inversa* da função f, freqüentemente indicada com o símbolo f^{-1}, que leva $y \in f(D)$ no elemento $x \in D$ tal que $f(x) = y$. É claro, então, que $f^{-1}(f(x)) = x$ para todo x D e $f(f^{-1}(y)) = y$ para todo $y \in f(D)$.

Diz-se que uma função f definida num intervalo é *crescente* se $x < x' \Rightarrow f(x) < f(x')$; *decrescente* se $x < x' \Rightarrow f(x) > f(x')$; *não decrescente* se $x < x' \Rightarrow f(x) \leq f(x')$ e *não crescente* se $x < x' \Rightarrow f(x) \geq f(x')$. Em todos esses casos f é chamada *função monótona*.

Diz-se que f é uma *função par* se seu domínio D é simétrico em relação á origem (isto é, $x \in D \Leftrightarrow -x \in D$) e $f(-x) = f(x)$; f é *função ímpar* se o domínio é do mesmo tipo e $f(-x) = -f(x)$.

Chama-se *sobrejetiva* toda função f com domínio D tal que $f(D)$ coincide com seu contradomínio Y. Uma função que é ao mesmo tempo injetiva e sobrejetiva tem inversa definida em todo o conjunto Y. Ela estabelece assim uma correspondência entre os elementos $x \in D$ e os elementos $y = f(x) \in Y$, que é chanada *correspondência biunívoca*, justamente por ser *unívoca* nos dois sentidos: cada elemento em D tem um e um só correspondente em Y pela f; e cada elemento de Y tem um e um só correspondente em D pela inversa f^{-1}. Uma função nessas condições é chamada uma *bijeção* ou *função bijetiva*. É claro que toda função injetiva é uma bijeção de D sobre $f(D)$.

Dada uma função $f: D \to Y$ e B um subconjunto de Y, define-se $f^{-1}(B)$ (mesmo que f não seja invertível) mediante

$$f^{-1}(B) = \{x \in D : f(x) \in B\}.$$

É fácil ver, segundo essa definição, que $f^{-1}(Y) = D$ e $f^{-1}(B) = \phi$ se $B \cap f(D) = \phi$.

Exercícios

1. Considere a seguinte função, conhecida como *função de Dirichlet*: $f(x) = 1$ se x é racional e $f(x) = 0$ se x é irracional. Descreva a função $g(x) = f(\sqrt{x})$.

2. Se f é a função de Dirichlet, descreva o conjunto $\{x : f(x) \leq x\}$. Descreva também o conjunto $\{x : f(x) \leq x^2\}$.

3. Prove que toda função crescente (decrescente) é invertível e sua inversa é crescente (decrescente).

4. Defina convenientemente o domínio de cada uma das função seguintes, de forma que elas sejam invertíveis e calcule suas inversas:

    a) $f(x) = x^2 - 2x - 3$;   b) $f(x) = -x^2 + x + 2$;

    c) $f(x) = \sqrt{1 - x^2}$;   d) $f(x) = -\sqrt{4 - x^2}$.

5. Prove que toda função com domínio simétrico em relação à origem decompõe-se de maneira única na soma de uma função par com uma função ímpar.

6. Se f é uma função com domínio D e A e B são subconjuntos de D, prove que $f(A \cup B) = f(A) \cup f(B)$ e $f(A \cap B) \subset f(A) \cap f(B)$. Dê um contra-exemplo para mostrar que $f(A \cap B)$ pode ser diferente de $f(A) \cap f(B)$. Prove que a última inclusão é a igualdade se f for injetiva.

7. Prove, de um modo geral, que quaisquer que sejam a função f com domínio D e $(A_i)_{i \in I}$ uma família arbitrária de subconjuntos de D (podendo ser uma família finita, infinita enumerável ou não enumerável), valem as seguintes relações:

$$f(\cup A_i : i \in I) = \cup(f(A_i) : i \in I);$$

$$f(\cap A_i : i \in I) \subset \cap(f(A_i) : i \in I);$$

Prove ainda que esta última inclusão é a igualdade se f for injetiva.

8. Prove que se $f: D \mapsto Y$ é uma função qualquer e B um subconjunto de Y então $f^{-1}(Y - B) = D - f^{-1}(B)$.

9. Sejam $f: D \mapsto Y$ uma função qualquer e $(B_i)_{i \in I}$ uma família arbitrária de subconjuntos de Y. Prove que

$$f^{-1}(\cup B_i : i \in I) = \cup(f^{-1}(B_i) : i \in I);$$
$$f^{-1}(\cap B_i : i \in I) = \cap(f^{-1}(B_i) : i \in I).$$

10. Se f é uma função qualquer, seja $|f|$ a *função módulo*, assim definida: $|f|(x) = |f(x)|$. Dadas duas funções f e g, com o mesmo domínio, expresse

$$(\max\{f, g\})(x) = \max\{f(x), g(x)\} \quad \text{e} \quad (\min\{f, g\})(x) = \min\{f(x), g(x)\}.$$

em termos da função módulo.

11. Seja f uma função com domínio D. Por $\sup_D f$, $\sup f(x)$, ou simplesmente $\sup f$, designa-se o supremo do conjunto $f(D) = \{f(x)\colon x \in D\}$; e analogamente para $\inf_D f$, $\inf_{x\in D} f(x)$, ou $\inf f$. Sendo f e g funções limitadas num domínio D, prove que

$$\sup(f+g) \leq \sup f + \sup g \quad \text{e} \quad \inf(f+g) \geq \inf f + \inf g.$$

Dê exemplos mostrando que os sinais de desigualdade podem ser estritos ou não.

12. Seja f uma função limitada num domínio D. A *oscilação* de f em D, denotada por ω ou, mais precisamente, $\omega(f, D)$, é definida por $\omega = M - m$, onde $M = \sup f$ e $m = \inf f$. Prove que $\omega = \sup A$, onde $A = \{f(x) - f(y)\colon x \in D, y \in D\}$.

Sugestões e soluções

5. $f(x) = \dfrac{f(x) + f(-x)}{2} + \dfrac{f(x) - f(-x)}{2}$.

6. Com referência á inclusão, se $y \in f(A \cap B)$, $y = f(x)$, com $x \in A \cap B$, logo $y \in f(A) \cap f(B)$. Pode acontecer que um certo y esteja em $f(A) \cap f(B)$ sem estar em $f(A \cap B)$. Para isso basta que y seja igual a $f(a)$ e igual a $f(b)$, com $a \in A$ e $b \in B$, sem que haja um $c \in A \cap B$ tal que $y = f(c)$. Dê um exemplo concreto dessa situação.

10. $\max\{f, g\} = \dfrac{f + g + |f - g|}{2}$ e expressão análoga para $\min\{f, g\}$.

11. Observe que $(f+g)(D) = \{f(x) + g(x)\colon x \in D\} \subset f(D) + g(D)$ e aplique o resultado dos Exercs. 10 e 13 das pp. 5 e 6. Ou, então, observe que, qualquer que seja $x \in D$,

$$\inf f + \inf g \leq \inf f + g(x) \leq f(x) + g(x) \quad \text{e} \quad f(x) + g(x) \leq \sup f + g(x) \leq \sup f + \sup g.$$

12. É claro que $\sup A \leq \omega$. Por outro lado, dado qualquer $\varepsilon > 0$, existem x e y em D tais que $f(x) > M - \varepsilon/2$ e $f(y) < m + \varepsilon/2$, donde $f(x) - f(y) > \omega - \varepsilon$; e isso prova que $\omega \leq \sup A$.

Limite e continuidade

Historicamente, o conceito de limite é posterior ao de derivada. Ele surge da necessidade de calcular limites de razões incrementais, que definem derivadas. E esses limites são sempre do tipo 0/0. Por aí já se vê que os exemplos interessantes de limites devem envolver situações que só começam a aparecer num curso de Cálculo depois que o aluno adquire familiaridade com uma classe razoável de funções. Aliás, os primeiros limites interessantes a ocorrer nos cursos de Cálculo são os das funções

$$\frac{\operatorname{sen} x}{x} \quad \text{e} \quad \frac{1 - \cos x}{x}, \tag{4.1}$$

com x tendendo a zero. Isso acontece no cálculo da derivada da função $y = \operatorname{sen} x$. Mais tarde, no estudo das integrais impróprias, surge a necessidade de considerar limites de funções como

$$\int_0^x \frac{\operatorname{sen} t}{\sqrt{1-t}} dt, \tag{4.2}$$

com x tendendo a 1.

Observe que, em todos esses casos e outros parecidos, a variável x deve aproximar um certo valor, *sem nunca coincidir com esse valor*; e que o valor do qual x se aproxima deve ser ponto de acumulação do domínio da função. Essas observações ajudam a bem compreender a definição que damos a seguir.

4.6. Definições. *Dada uma função f com domínio D, seja a um ponto de acumulação de D (que pode ou não pertencer a D). Diz-se que um número L é o limite de $f(x)$ com x tendendo a a se, dado qualquer $\varepsilon > 0$, existe $\delta > 0$ tal que*

$$x \in D, \quad 0 < |x - a| < \delta \Rightarrow |f(x) - L| < \varepsilon. \tag{4.3}$$

Para indicar isso escreve-se

$$\lim_{x \to a} f(x) = L, \quad \lim_{x \to a} f(x) = L, \quad f(x) \to L \text{ com } x \to a,$$

ou $\lim f(x) = L$, omitindo a indicação "$x \to a$" quando for óbvia.

Diz-se que *a função f é contínua no ponto $x = a$ se existir o limite de $f(x)$ com x tendendo a a e esse limite for igual a $f(a)$*; e diz-se que f *é contínua em seu domínio, ou contínua*, simplesmente, se ela for contínua em todos os pontos desse domínio.

A condição (4.3) pode ser escrita

$$x \in V'_\delta(a) \cap D \Rightarrow |f(x) - L| < \varepsilon,$$

ou ainda

$$x \in V'_\delta(a) \cap D \Rightarrow L - \varepsilon < f(x) < L + \varepsilon.$$

A exclusão do ponto $x = a$ na definição de limite é natural, pois o limite L nada tem a ver com o valor $f(a)$, como vemos pelos muitos exemplos concretos, como em (4.1) e (4.2). O conceito de limite é introduzido para caracterizar o comportamento da função $f(x)$ nas proximidades do valor a, porém mantendo-se sempre diferente de a. Assim, podemos mudar o valor da função no ponto como quisermos, sem que isso mude o valor do limite, e é assim mesmo que deve ser. Agora, se a função já está definida em a, e seu valor aí coincide com seu limite, então ocorrerá a continuidade no ponto. É por isso mesmo que, quando a função ainda não está definida, mas tem limite num ponto a, costuma-se defini-la nesse ponto como sendo o valor do limite. É o que fazemos em exemplos como (4.1) e (4.2).

Sempre que nos referirmos ao limite de uma função com $x \to a$ deve-se entender que a é ponto de acumulação do domínio da função, mesmo que isso não seja dito explicitamente. E entendemos também que a seja ponto de acumulação do domínio D da função f, ao investigarmos se f é contínua nesse ponto.

Um procedimento mais geral consiste em adotar a seguinte definição: f é *contínua no ponto a se, dado qualquer $\varepsilon > 0$, existe $\delta > 0$ tal que $x \in V_\delta(a) \cap D \Rightarrow |f(x) - f(a)| < \varepsilon$.* Mas assim a função será contínua em todo ponto isolado de seu domínio, pois, neste caso, basta tomar δ suficientemente pequeno para que $V_\delta(a) \cap D$ só contenha o ponto a e, conseqüentemente, para que a condição de continuidade esteja satisfeita. Para evitar essa situação, que não tem utilidade em nosso estudo, a será sempre ponto de acumulação de D, ao considerarmos o limite ou investigarmos a continuidade de f nesse ponto.

Propriedades do limite

Para os limites de funções valem propriedades análogas às de limites de seqüências, com demonstrações também análogas.

4.7. Teorema. *Se uma função f tem limite com $x \to a$, então $|f(x)|$ tem limite e $\lim_{x \to a} |f(x)| = |\lim_{x \to a} f(x)|$. Em particular, se f é contínua em $x = a$, então $|f(x)|$ também é contínua nesse ponto, isto é, $\lim_{x \to a} |f(x)| = |f(a)|$.*

Para a demonstração observe que, sendo L o limite, $||f(x)| - |L|| \leq |f(x) - L|$. Como no Exerc. 9 da p. 25, a recíproca só é verdadeira, em geral, quando $L = 0$.

4.8. Teorema. *Se uma função f com domínio D tem limite L com $x \to a$, e se $A < L < B$, então existe $\delta > 0$ tal que $x \in V'_\delta(a) \cap D \Rightarrow A < f(x) < B$.*

Demonstração. Como na demonstração do Teorema 2.6 (p. 21), basta tomar $\varepsilon < \min\{L - A, \ B - L\}$; o δ que for determinado em correspondência a esse ε satisfará a condição do teorema, pelas mesmas razões explicadas na demonstração do Teorema 2.6.

4.9. Corolário. *Se uma função f com domínio D tem limite L com $x \to a$, então existe $\delta > 0$ tal que $f(x)$ é limitada em $V'_\delta(a) \cap D$.*

A demonstração é imediata, considerando, por exemplo, $A = L - 1$ e $B = L + 1$ no teorema anterior.

4.10. Corolário (permanência do sinal). *Se uma função f com domínio D tem limite $L \neq 0$ com $x \to a$, então existe $\delta > 0$ tal que, em $V'_\delta(a) \cap D$, $f(x) > L/2$ se $L > 0$ e $f(x) < L/2$ se $L < 0$.*

Para a demonstração, se $L > 0$ faça $A = L/2$ no teorema; e se $L < 0$ faça $B = L/2$. Esse resultado é conhecido como o *teorema da permanência do sinal*, justamente porque, numa vizinhança do ponto a, a função permanece com o mesmo sinal de L. Porém, mais do que permanência do sinal, é importante observar que a função permanece afastada de zero, ou seja, $|f(x)| > |L|/2$ em $V'_\delta(a) \cap D$. Observe a utilização deste resultado na demonstração do item d) do teorema seguinte.

4.11. Teorema. *Se duas funções f e g com o mesmo domínio D têm limites com $x \to a$, então* (Nos limites indicados a seguir, é claro, $x \to a$.)
  a) $f(x) + g(x)$ *tem limite e* $\lim [f(x) + g(x)] = \lim f(x) + \lim g(x)$;
  b) *sendo k constante*, $kf(x)$ *tem limite e* $\lim[kf(x)] = k.\lim f(x)$;
  c) $f(x)g(x)$ *tem limite e* $\lim [f(x)g(x)] = \lim f(x).\lim g(x)$;
  d) *se, além das hipóteses feitas*, $\lim g(x) \neq 0$, *então* $f(x)/g(x)$ *tem limite e* $\lim \dfrac{f(x)}{g(x)} = \dfrac{\lim f(x)}{\lim g(x)}$.

Demonstração. Vamos demonstrar apenas o item d), deixando os demais a cargo do leitor, já que as demonstrações de todos eles são inteiramente análogas às do Teorema 2.8 da p. 22.

Sendo $L \neq 0$ o limite de g, vamos provar que $1/g(x) \to 1/L$ com $x \to a$. O procedimento é o mesmo da demonstração dada na p. 22 para o item d) do Teorema 2.8.

Dado qualquer $\varepsilon > 0$, sabemos que existe $\delta > 0$ tal que

$$x \in V'_\delta(a) \cap D \Rightarrow |g(x) - L| < \frac{\varepsilon L^2}{2}. \tag{4.4}$$

Se necessário, diminuimos o δ de maneira a termos também, de acordo com o Corolário 4.10,

$$x \in V'_\delta(a) \cap D \Rightarrow |g(x)| > |L|/2. \tag{4.5}$$

Então, com $x \in V'_\delta(a) \cap D$, teremos

$$\left|\frac{1}{g(x)} - \frac{1}{L}\right| = \frac{|g(x) - L|}{|Lg(x)|} < \frac{\varepsilon L^2}{2|Lg(x)|} < \frac{\varepsilon L^2}{2} \cdot \frac{2}{L^2} = \varepsilon,$$

e isso completa a demonstração.

Se $g(x)$ tende a zero e $f(x)$ tem limite diferente de zero, então o quociente $f(x)/g(x)$ pode tender a $\pm\infty$ (limites infinitos serão tratados mais adiante), tudo dependendo do comportamento particular de f e g. Quando $f(x)$ e $g(x)$ tendem ambas a zero, o quociente $f(x)/g(x)$ pode ter limites os mais variados, dependendo novamente do comportamento particular de f e g. Trata-se aqui

86 Capítulo 4: Funções, Limite e Continuidade

de um tipo de *forma indeterminada*, muito estudada nos cursos de Cálculo, principalmente em conexão com a chamada *regra de l'Hôpital* (p. 181). (Veja também [A1], Seçs. 4.7 e 5.4.)

O teorema seguinte permite fazer outra demonstração do teorema precedente, argumentando diretamente com os resultados do Teorema 2.8.

4.12. Teorema. *Uma condição necessária e suficiente par que uma função f com domínio D tenha limite L com $x \to a$ é que, para toda seqüência $x_n \in D - \{a\}$ tal que $x_n \to a$, se tenha $f(x_n) \to L$. Em particular, f é contínua num ponto a se, e somente se, para toda seqüência $x_n \in D - \{a\}, x_n \to a$, se tenha $f(x_n) \to f(a)$.*

Comentário. O teorema afirma a equivalência de duas proposições A e B, que são:

Proposição A: dado qualquer $\varepsilon > 0$, existe $\delta > 0$ tal que $x \in V'_\delta(a) \cap D \Rightarrow f(x) \in V_\varepsilon(L)$.

Proposição B: $x_n \in D - \{a\}$, $x_n \to a \Rightarrow f(x_n) \to L$.

Demonstração. Vamos provar primeiro a parte mais fácil: a condição é necessária, ou seja, $A \Rightarrow B$. Suponhos, então, que $f(x) \to L$ com $x \to a$. Seja $x_n \in D - \{a\}$, $x_n \to a$; devemos provar que $f(x_n) \to L$. Ora, dado qualquer $\varepsilon > 0$, existe $\delta > 0$ tal que $x \in V'_\delta(a) \cap D \Rightarrow f(x) \in V_\varepsilon(L)$. Com esse $\delta > 0$ determinamos N tal que $n > N \Rightarrow x_n \in V'_\delta(a)$; logo, $n > N \Rightarrow f(x_n) \in V_\varepsilon(L)$, e isso prova B.

Provaremos em seguida que a condição é suficiente, ou seja, que $B \Rightarrow A$. Raciocinaremos por absurdo, provando que a negação de A acarreta a negação de B. Vamos escrever essas negações em detalhe, já que elas são freqüentemente um tropeço para o aluno menos experiente.

Negação de A: existe um $\varepsilon > 0$ tal que, qualquer que seja $\delta > 0$, sempre existe $x \in V'_\delta(a) \cap D$ com $f(x) \notin V_\varepsilon(L)$.

Negação de B: existe uma seqüência $x_n \in D - \{a\}$, $x_n \to a$, tal que $f(x_n)$ não converge para L.

Como estamos negando A, existe um $\varepsilon > 0$ com o qual podemos tomar qualquer δ; tomemos então toda uma seqüência $\delta_n = 1/n$. Em correspondência a cada um desses δ_n, escolhemos e fixamos um $x_n \in V'_{1/n}(a) \cap D$ com $f(x_n) \notin V_\varepsilon(L)$. Dessa maneira produzimos a negação de B, como desejávamos, pois exibimos uma seqüência $x_n \in D, x_n \neq a$, $x_n \to a$, tal que $f(x)$ não converge para L. Isso completa a demonstração do teorema.

Como dissemos, esse teorema permite deduzir o Teorema 4.11 do Teorema 2.8 (p. 22). Por exemplo, supondo que $f(x)$ e $g(x)$ tenham limites F e G, respectivamente, com $x \to a$, vamos provar que o limite do produto é o produto dos limites. Seja $x_n \in D - \{a\}$ uma seqüência convergindo para a. Então, pela hipótese do Teorema 4.11 $f(x_n) \to F$ e $g(x_n) \to G$; e, pelo Teorema 2.8, $f(x_n)g(x_n) \to FG$, donde o Teorema 4.12 nos leva a concluir que $f(x)g(x) \to FG$, que é o item c) do Teorema 4.11.

4.13. Corolário. *Uma condição necessária e suficiente para que uma função f com domínio D tenha limite com $x \to a$ é que $f(x_n)$ tenha limite, qualquer que seja a seqüência $x_n \in D - \{a\}, x_n \to a$.*

Demonstração. Tendo em conta o Teorema 4.12, a única coisa que devemos provar é que o limite de $f(x_n)$ é o mesmo, qualquer que seja a seqüência $x_n \in D - \{a\}, x_n \to a$. Em outras palavras, basta provar que se tivermos duas seqüências, $x_n \in D - \{a\}, x_n \to a$ e $y_n \in D - \{a\}, y_n \to a$, então $f(x_n)$ e $f(y_n)$ têm o mesmo limite. Sejam L' e L'' esses limites, respectivamente. Devemos mostrar que $L' = L''$, Formemos a seqüência (z_n), onde $z_{2k} = x_k$ e $z_{2k-1} = y_k$. É claro que $z_n \to a$ (Exerc. 2 da p. 32), logo, $f(z_n)$ converge para um certo número L. Mas $f(x_n)$ e $f(y_n)$ são subseqüências de $f(z_n)$, logo convergem para o mesmo limite L, donde $L' = L'' = L$, como queríamos demonstrar.

4.14. Teorema. *Se f e g são funções contínuas em $x = a$, então são também contínuas em $x = a$ as funções $f + g$, fg e kf, onde k é uma constante qualquer; e é também contínua em $x = a$ a função f/g, desde que $g(a) \neq 0$.*

Esse teorema é conseqüência imediata do Teorema 4.11.

4.15. Teorema (critério de convergência de Cauchy). *Uma condição necessária e suficiente para que uma função $f(x)$ com domínio D tenha limite com $x \to a$ é que, dado qualquer $\varepsilon > 0$, exista $\delta > 0$ tal que*

$$x, y \in V'_\delta(a) \cap D \Rightarrow |f(x) - f(y)| < \varepsilon. \qquad (4.6)$$

Demonstração. Para provar que a condição é suficiente, seja $x_n \in D - \{a\}$ uma seqüência qualquer, convergindo para a. Então, em virtude de (4.6), dado qualquer $\varepsilon > 0$, existe N tal que

$$n, m > N \Rightarrow |f(x_n) - f(x_m)| < \varepsilon.$$

Pelo critério de convergência de Cauchy para seqüências (Teorema 2.26, p. 39) segue-se que $f(x_n)$ converge; e pelo Corolário 4.13 concluímos que $f(x)$ tem limite, como queríamos provar.

Deixamos ao leitor a tarefa de provar que a condição é necessária, que é a parte mais fácil.

4.16. Teorema (continuidade da função composta). *Sejam f e g funções com domínios D_f e D_g respectivamente, com $g(D_g) \subset D_f$. Se g é contínua em x_0 e f é contínua em $y_0 = g(x_0)$, então $h(x) = f(g(x))$ é contínua em x_0.*

Demonstração. Pela continuidade da função f, dado qualquer $\varepsilon > 0$, existe $\delta' > 0$ tal que
$$y \in V_{\delta'}(y_0) \cap D_f \Rightarrow |f(y) - f(y_0)| < \varepsilon.$$
Analogamente, pela continuidade da função g, existe $\delta > 0$ em correspondência a δ' tal que
$$x \in V_\delta(x_0) \cap D_g \Rightarrow |g(x) - g(x_0)| < \delta'.$$
É claro então que
$$x \in V(\delta) \cap D_g \Rightarrow |f(g(x)) - f(g(x_0))| < \varepsilon,$$
que completa a demonstração.

4.17. Teorema. *Se f é uma função contínua com domínio aberto D e c é um número qualquer, então são também abertos os conjuntos*
$$A = \{x \in D : f(x) > c\} \quad e \quad B = \{x \in D : f(x) < c\}.$$

Demonstração. Seja a um ponto qualquer de A, de sorte que $f(a) > c$. Pelo Corolário 4.10 (p. 84) existe um $\delta > 0$ tal que $x \in V_\delta(a) \cap D \Rightarrow f(x) > c$, isto é, $V_\delta(a) \cap D \subset A$. Como esse conjunto $V_\delta(a) \cap D$ é aberto, por ser a interseção de dois conjuntos abertos, fica assim provado que a é ponto interior de A, provando que A é aberto, já que a é arbitrário.

A demonstração de que B é aberto pode ser feita de maneira análoga; ou então, basta observar que $B = \{x : -f(x) > -c\}$ é um conjunto do tipo A para a função $-f$, que também é contínua.

4.18. Teorema. *Se f é uma função contínua com domínio fechado D e c é um número real qualquer, então também são fechados os conjuntos*
$$F = \{x \in D : f(x) \geq c\},$$
$$G = \{x \in D : f(x) \leq c\} \quad e \quad H = \{x \in D : f(x) = c\}.$$

Demonstração. Sendo x_0 um ponto de acumulação de F, devemos provar que $x_0 \in F$, isto é, que $f(x_0) \geq c$. Se $f(x_0) < c$, como f é contínua, haveria toda uma vizinhança de x_0 onde $f(x) < c$, o que é absurdo, pois nessa vizinhança existem pontos de F. Raciocínio análogo prova que G é fechado; finalmente, H é fechado por ser a interseção de dois fechados, isto é, $H = F \cap G$.

Exercícios

1. Demonstre que o limite de uma função, quando existe, é único.

2. Sejam f uma função com domínio D, $E \subset D$ e a um ponto de acumulação de E. Prove que se $f(x) \to L$ com $x \to a$ em D, o mesmo é verdade com $x \to a$ em E. Dê um contra-exemplo, mostrando que uma função pode ter limite quando restrita a um sub-domínio E de D e não ter limite em seu domínio D.

3. Seja f uma função contínua em toda a reta, que se anula nos racionais. Prove que f é identicamente nula. Prove, em geral, que toda função contínua num domínio D, que seja nula num subconjunto denso de D, é identicamente nula.

4. Sejam f uma função com domínio $D = A \cup B$ e a um ponto de acumulação tanto de A como de B. Suponhamos que $f(x)$ tenha o mesmo limite L com $x \to a$ em A e também com $x \to a$ em B. Prove que $f(x)$ tem limite L com $x \to a$ em D.

5. ([L1], p. 15.) Verifique que a função de Dirichlet, $f(x) = 1$ se x é racional e $f(x) = 0$ se x é irracional, pode ser expressa como
$$f(x) = \lim_{n \to \infty} [\lim_{k \to \infty} (\cos n! \pi x)^{2k}].$$

6. Seja f a função assim definida: $f(0) = 1$; $f(x) = 0$ se x é irracional; $f(x) = 1/q$ se $x \neq 0$ for um número racional, que se escreve, de maneira única, na forma p/q, onde p e q são números inteiros primos entre si e $q > 0$. Prove que, qualquer que seja a, $\lim_{x \to a} f(x) = 0$ por valores racionais e também, separadamente, por valores irracionais. Conclua, então, que f é contínua em todo ponto irracional e descontínua nos racionais.

7. Sejam f e g funções com o mesmo domínio D, ambas possuindo limites L e L', respectivamente, com $x \to a$. Prove que se $f(x) \leq g(x)$ para todo $x \in D$, então $L \leq L'$. Dê um exemplo concreto mostrando que a igualdade $L = L'$ pode ocorrer mesmo que se tenha $f(x) < g(x)$.

8. Sejam f e g funções com o mesmo domínio D, ambas possuindo limites L e L', respectivamente, com $x \to a$. Prove que se $L < L'$, então existe $\delta > 0$ tal que $x \in V'_\delta(a) \cap D \Rightarrow f(x) < g(x)$. Em particular, se f e g são contínuas, $f(x_0) = L$ e $g(x_0) = L'$, então $f(x) < g(x)$ em $V_\delta(a) \cap D$.

9. **(Critério de confronto ou da função intercalada)**. Sejam f, g e h três funções com o mesmo domínio D, sendo $f(x) \leq g(x) \leq h(x)$. Prove que se $f(x)$ e $h(x)$ têm o mesmo limite L com $x \to a$, então $g(x)$ também tem limite L com $x \to a$.

10. Prove, diretamente da definição de limite, que a função $f(x) = 1/x$ é contínua em todo o seu domínio $x \neq 0$.

11. Prove que um polinômio é uma função contínua em todo ponto $x = a$, o mesmo sendo verdade do quociente de dois polinômios, nos pontos que não anulam o denominador.

12. Prove que a função $\sqrt{x}$ é contínua para todo $x \geq 0$.

90 Cap. 4: Funções, Limite e Continuidade

13. Prove que se $f(x)$ é contínua em $x = a$ e $f(x) \geq 0$, então $g(x) = \sqrt{f(x)}$ é contínua em $x = a$.

14. Demonstre o Teorema 4.11 (p. 85) diretamente, de maneira análoga ao procedimento usado para demonstrar o Teorema 2.8, p. 22.

15. Demonstre o Teorema 4.11 reduzindo-o ao Teorema 2.8 com auxílio do Teorema 4.12.

16. Se f e g são funções contínuas num conjunto D, prove que são também contínuas em D as funções $\max\{f, g\}$ e $\min\{f, g\}$.

17. Sejam f e g funções contínuas no mesmo domínio aberto D. Prove que o conjunto $A = \{x \in D : f(x) < g(x)\}$ é aberto.

18. Sejam f e g funções contínuas no mesmo domínio fechado D. Prove que o conjuntos $F = \{x \in D : f(x) \leq g(x)\}$ é fechado.

19. Nas mesmas hipóteses do exercício anterior, prove que o conjunto $H = \{x \in D : f(x) = g(x)\}$ é fechado.

Sugestões e soluções

2. Como contra-exemplo considere a função $f(x) = \text{sen}\,(1/x)$, que não tem limite com $x \to 0$. (Essa função está detalhadamente descrita no Exemplo 2 da Seç. 4.4 de [A1].) Tome, por exemplo, $D' = \{1/n\pi, n = 1,\ 2,\ 3\}$.

6. Suponhamos f restrita ao conjunto Q dos racionais e a um número real qualquer. Observe que, numa dada vizinhança V de a, só existe um número finito de números racionais da forma p/2, um número finito da forma p/3, um número finito da forma p/4; e assim por diante. Dado qualquer $\varepsilon > 0$, seja $q_0 > 0$ um número inteiro tal que $1/q_0 < \varepsilon$. Como são finitos os números da forma p/q, com $q < q_0$, que jazem na vizinhança V, seja $p'/q' \neq a$ aquele dentre eles que está mais próximo de a. Tomando $\delta < |a - p'/q'|$ e, se necessário, menor ainda para que $V'_\delta(a) \subset V$, certamente os números racionais p/q em $V'_\delta(a)$ serão tais que $1/q < \varepsilon$.

10. Sendo $a \neq 0$, $|f(x) - f(a)| = \dfrac{|x - a|}{|ax|}$. Com $|x| > |a|/2$,

$$|f(x) - f(a)| < (2/a^2)|x - a|.$$

Dado qualquer $\varepsilon > 0$, basta tomar δ igual ao menor dos números $a^2\varepsilon/2$ e $|a|/2$ (essa última condição é necessária para garantir $|x| > |a|/2$) para termos $|x - a| < \delta \Rightarrow |f(x) - f(a)| < \varepsilon$.

11. $f(x) = x$ é contínua, pois, dado qualquer $\varepsilon > 0$, basta tomar $\delta = \varepsilon$ para que $|x - a| < \delta \Rightarrow |f(x) - f(a)| < \varepsilon$. Repetidas aplicações do Teorema 4.14 permitem verificar que são contínuas as funções $x^2,\ x^3, \ldots, x^n,\ a_n x^n$, enfim, um polinômio, que é a soma de monômios; e também o quociente de polinômios em todo ponto que não seja raiz do denominador.

12. Se $a = 0$, dado qualquer $\varepsilon > 0$, tome $\delta = \varepsilon^2$ para que

$$0 \leq x < \delta \Rightarrow \sqrt{x} < \varepsilon.$$

Se $a > 0$, observe que

$$|\sqrt{x} - \sqrt{a}| = \frac{|x - a|}{\sqrt{x} + \sqrt{a}} < \frac{|x - a|}{\sqrt{a}}.$$

Dado qualquer $\varepsilon > 0$, tomamos $\delta = \varepsilon\sqrt{a}$ para termos $x > 0$, $x \in V_\delta(a) \Rightarrow |\sqrt{x} - \sqrt{a}| < \varepsilon$.

13. Aplique o Teorema 4.16.

17. Observe que $A = \{x : (f-g)(x) < 0\}$.

Limites laterais e funções monótonas

As Definições 4.6 (p. 83), de limite e continuidade, são gerais e abrangem também os casos chamados *limites à direita e à esquerda*, bem como *continuidade à direita* e *continuidade à esquerda*. Essas noções surgem quando lidamos com uma função f cujo domínio só tenha pontos à direita ou à esquerda, respectivamente, do ponto $x = a$, onde desejamos considerar o limite. Por exemplo, a função $y = \sqrt{x}$ tem domínio $x > 0$; podemos considerar seu limite com $x \to 0$ segundo a definição dada, porém isso resultará numa aproximação de $x = 0$ somente por valores positivos. Daí escrevermos, para enfatizar esse fato, "$x \to 0+$". Igualmente, o limite de $\sqrt{-x}$ com $x \to 0$, será um limite com "$x \to 0-$"

De um modo geral, sendo f uma função cujo domínio D só contenha pontos à direita de um ponto $x = a$, que seja ponto de acumulação de D, então o limite de $f(x)$ com $x \to a$, se existir, será um *limite à direita*. Ao contrário, se D só contiver pontos à esquerda de $x = a$, o limite de $f(x)$ com $x \to a$, se existir, será *um limite à esquerda*. Esses limites são indicados com os símbolos

$$\lim_{x \to a+} f(x) \text{ ou } f(a+) \quad \text{e} \quad \lim_{x \to a-} f(x) \text{ ou } f(a-),$$

respectivamente. Diz-se que f *é contínua à direita* (resp. *à esquerda*) em $x = a$ se f está definida nesse ponto, onde seu limite à direita (resp. " à esquerda") é $f(a)$.

Se o domínio de f contiver pontos à direita e à esquerda de $x = a$, devemos restringir esse domínio aos pontos $x > a$ ou $x < a$ para considerarmos seus limites " à direita" e " à esquerda" respectivamente. Evidentemente, para que isso seja possível é preciso que $x = a$ seja ponto de acumulação dos domínios restritos. Diremos que $x = a$ é *ponto de acumulação à direita* do domínio D se ele é ponto de acumulação do domínio restrito a valores $x > a$; e *ponto de acumulação à esquerda* se é ponto de acumulação do domínio restrito a valores $x < a$. Por exemplo, a função $f(x) = x/|x|$, que é igual a $+1$ se $x > 0$ e a -1 se $x < 0$ tem limites laterais em $x = 0$:

$$\lim_{x \to 0+} \frac{x}{|x|} = f(0+) = 1 \quad \text{e} \quad \lim_{x \to 0-} \frac{x}{|x|} = f(0-) = -1.$$

Ela será *contínua à direita* em $x = 0$ se definirmos $f(0) = 1$; e será *contínua à esquerda* nesse mesmo ponto se pusermos $f(0) = -1$.

O teorema que consideramos a seguir é um resultado fundamental na teoria das funções monótonas, o análogo do Teorema 2.12 (p. 26) para seqüências monótonas. Foi para demonstrar esse teorema que Dedekind sentiu necessidade de uma fundamentação adequada dos números reais.

4.19. Teorema. *Seja f uma função monótona e limitada, definida num intervalo I, do qual $x = a$ é ponto de acumulação à direita ou à esquerda. Então $f(x)$ tem limite com $x \to a+$ ou $x \to a-$, respectivamente.*

Demonstração. Suponhamos, para fixar as idéias, que f seja função não decrescente e $x = a$ seja ponto de acumulação à esquerda. Nesse caso, basta supor que f seja limitada à direita. Seja L o supremo dos valores de $f(x)$, para todo $x \in I$, $x < a$. Provaremos que $f(a-) = L$. De fato, dado qualquer $\varepsilon > 0$, existe $\delta > 0$ tal que $L - \varepsilon < f(a - \delta) \leq L$. Mas f é não decrescente, de sorte que $f(a - \delta) \leq f(x)$ para $a - \delta < x$ e $x \in I$; logo,

$$x \in I,\ a - \delta < x < a \Rightarrow L - \varepsilon < f(x) \leq L,$$

que prova o resultado desejado.

As demonstrações nos outros casos são feitas por raciocínio análogo e ficam a cargo do leitor.

4.20. Teorema. *Uma condição necessária e suficiente para que uma função seja contínua num ponto a de seu domínio, que seja ponto de acumulação à direita e à esquerda desse domínio, é que os limites laterais da função existam nesse ponto e sejam ambos iguais a $f(a)$.*

A demonstração é fácil e fica para os exercícios.

Limites infinitos e limites no infinito

A definição de limite de uma função se estende aos casos em que, ou a função, ou a variável independente, ou ambas, tendem a valores infinitos. Dizer que uma variável tende a $+\infty$ significa dizer que ela fica maior do que qualquer número $k > 0$. Uma semi-reta do tipo $x > k$ é , por assim dizer, uma "vizinhança de $+\infty$". Analogamente, $x < k$, qualquer que seja k, em particular $k < 0$, é uma "vizinhança de $-\infty$".

As definições seguintes são bastante naturais e dispensam maiores comentários.

4.21. Definições. *Seja f uma função com domínio D e seja a um ponto de acumulação de D. Diz-se que $f(x)$ tende a $+\infty$ com $x \to a$ se, dado qualquer número $k > 0$, existe $\delta > 0$ tal que $x \in V'_\delta(a) \cap D \Rightarrow f(x) > k$. De modo análogo, diz-se que $f(x)$ tende a $-\infty$ com $x \to a$ se, dado qualquer $k > 0$, existe $\delta > 0$*

tal que $x \in V'_\delta(a) \cap D \Rightarrow f(x) < -k$. Indicam-se esses limites, respectivamente, com os símbolos

$$\lim_{x \to a} f(x) = +\infty \quad e \quad \lim_{x \to a} f(x) = -\infty.$$

Suponhamos agora que D seja ilimitado superiormente. Diz-se que $f(x)$ tem limite L com $x \to +\infty$ se, dado qualquer $\varepsilon > 0$, existe um número $k > 0$ tal que $x \in D$, $x > k \Rightarrow |f(x) - L| < \varepsilon$. Analogamente, sendo D ilimitado inferiormente, diz-se que $f(x)$ tem limite L com $x \to -\infty$ se, dado qualquer $\varepsilon > 0$, existe um número $k > 0$ tal que $x \in D$, $x < -k \Rightarrow |f(x) - L| < \varepsilon$. Esses limites são indicados, respectivamente, com os símbolos

$$\lim_{x \to +\infty} f(x) = L \quad e \quad \lim_{x \to -\infty} f(x) = L.$$

Definem-se também, de maneira óbvia,

$$\lim_{x \to a+} f(x) = +\infty, \quad \lim_{x \to a+} f(x) = -\infty, \quad \lim_{x \to a-} f(x) = +\infty,$$

$$\lim_{x \to a-} f(x) = -\infty, \quad \lim_{x \to +\infty} f(x) = +\infty, \quad \lim_{x \to +\infty} f(x) = -\infty,$$

$$\lim_{x \to -\infty} f(x) = +\infty, \quad e \quad \lim_{x \to -\infty} f(x) = -\infty.$$

Vários dos resultados anteriores sobre limites permanecem válidos com as noções de limites aqui introduzidas, às vezes com pequenas e óbvias adaptações; outros ainda podem ser formulados e estabelecidos com procedimentos análogos aos usados anteriormente. Veremos, a seguir, alguns desses resultados.

4.22. Teorema. *a) Toda função monótona e limitada, cujo domínio contenha um intervalo do tipo $[c, +\infty)$, possui limite com $x \to +\infty$; b) toda função monótona e limitada, cujo domínio contenha um intervalo do tipo $(-\infty, c]$, possui limite com $x \to -\infty$.*

Demonstração. Esse teorema é o análogo, para $x \to \pm\infty$, do Teorema 4.19, e a demonstração também é análoga. No caso a) suponhamos que f seja não crescente, bastando então supor que f seja limitada inferiormente. Seja A o ínfimo de seus valores $f(x)$. Então, dado qualquer $\varepsilon > 0$, existe $k > 0$ tal que $A \leq f(k) < A + \varepsilon$. Como f é não crescente, $x > k \Rightarrow f(x) \leq f(k)$, logo $x > k \Rightarrow A \leq f(x) < A + \varepsilon$; isso conclui a demonstração no caso considerado. Deixamos ao leitor a tarefa de terminar a demonstração nos demais casos.

Para o próximo teorema notemos que aproximações laterais, consideradas na seção anterior, ocorrem também com os valores de uma função, não apenas de sua variável independente. Isso pode ser ilustrado em exemplos simples como estes:

$$\lim_{x \to 0\pm} \sqrt[3]{x} = 0\pm; \quad \lim_{x \to 2\pm}(2-x)^3 = 0\mp; \quad \lim_{x \to 0\pm} \frac{x - \operatorname{sen} x}{x} = 0+.$$

De um modo geral, $f(x) \to a+$ com $x \to a$ significa: *dado qualquer $\varepsilon > 0$, existe $\delta > 0$ tal que, sendo D o domínio de f,*

$$x \in V'_\delta(a) \cap D \Rightarrow L \leq f(x) < L + \varepsilon.$$

Para a definição de $f(x) \to L-$ basta trocar as últimas desigualdades por $L - \varepsilon < f(x) \leq L$.

4.23. Teorema. *Seja f uma função com domínio $D, f(x) \neq 0$. Se $f(x) \to 0+$ com $x \to a$, então $1/f(x) \to +\infty$ com $x \to a$; e se $f(x) \to 0-$ com $x \to a$, então $1/f(x) \to -\infty$ com $x \to a$.*

Demonstração. Pela hipótese, dado qualquer $k > 0$, existe $\delta > 0$ tal que $x \in V'_\delta(a) \cap D \Rightarrow 0 < f(x) < 1/k$, portanto $1/f(x) > k$. Isso prova a primeira parte. A segunda parte é análoga e fica a cargo do leitor.

4.24. Teorema. *Suponhamos que $f(x) \to A$ e $g(x) \to B$ com x tendendo a infinito. Então, com $x \to +\infty$, a) $f(x) + g(x) \to A + B$; b) sendo k constante, $kf(x) \to kA$; c) $f(x)g(x) \to AB$; d) $f(x)/g(x) \to A/B$, desde que $B \neq 0$.*

Este teorema é análogo ao Teorema 4.11 (p. 85); a demonstração também é análoga e fica a cargo do leitor.

4.25. Teorema. a) *Se $f(x) \to +\infty$ com $x \to a$ e se $g(x) > k$, então $f(x) + g(x) \to +\infty$ com $x \to a$. Além disso, se $k > 0$, $f(x)g(x) \to +\infty$ com $x \to a$.*

A demonstração fica a cargo do leitor.

Os teoremas acima são ilustrações de vários resultados envolvendo limites no infinito ou limites infinitos. O leitor não terá dificuldade em verificar a validade de resultados análogos, seja com a variável independente ou com os valores das funções tendendo a $-\infty$.

Convém observar que muitos resultados válidos para limites finitos não são válidos no caso de limites infinitos. Por exemplo, se duas funções tendem a $+\infty$, sua diferença pode ter limite $+\infty, -\infty$ ou qualquer valor finito. Esse é um dos casos de forma indeterminada, do tipo $\infty - \infty$, estudada nos cursos de Cálculo.

Outros tipos de formas indeterminadas são ∞/∞, 0^0, 1^∞ e ∞^0. Não vamos nos deter na consideração dessas formas, por serem elas bastante estudadas nos cursos de Cálculo. (Veja [A1], Seçs. 4.7 e 5.4.)

As descontinuidades de uma função

Do mesmo modo que só consideramos continuidade de uma função em pontos de acumulação de seu domínio (p. 83), a noção de descontinuidade será igualmente considerada nesses pontos.

Sendo a um ponto de acumulação do domínio D de uma função f, dizemos que f é descontínua em $x = a$ se, ou f não tem limite com $x \to a$, ou esse limite existe e é diferente de $f(a)$, ou f não está definida em $x = a$. Analogamente definimos *descontinuidade à direita* e *descontinuidade à esquerda*.

De acordo com essa definição, estamos admitindo que um ponto possa ser descontinuidade de uma função, mesmo que ele não pertença ao domínio de f. A rigor, não deveria ser assim, só deveriamos admitir descontinuidades em pontos pertencentes ao domínio da função. Mas é natural considerar o que se passa nas proximidades de pontos de acumulação do domínio de uma função, mesmo que tais pontos não pertençam ao domínio. Assim, as funções

$$\frac{\operatorname{sen} x}{x}, \quad \frac{|x|}{x}, \quad \frac{1}{x} \quad \text{e} \quad \operatorname{sen}\frac{1}{x}, \qquad (4.7)$$

são todas contínuas em seus domínios (iguais a $R - \{0\}$); e, embora $x = 0$ não pertença a esse domínio, é natural considerar o que acontece com essas funções quando x tende a zero.

De acordo com nossa definição, a primeira das funções em (4.7) seria classificada como descontínua em $x = 0$ simplesmente por não estar aí definida, pois tem limite 1 quando $x \to 0$. Atribuindo-lhe o valor 1 em $x = 0$, ela ficará definida e será contínua em toda a reta, por isso mesmo dizemos que esse tipo de descontinuidade é *removível*. A segunda tem limites laterais diferentes com $x \to 0$; ela será contínua à direita se pusermos $f(0) = 1$ e contínua à esquerda se definirmos $f(0) = -1$. A terceira função tende a $\pm\infty$ com $x \to 0$ pela direita ou pela esquerda, respectivamente. Finalmente, a quarta função não tem limite com $x \to 0$. Não há, pois, como remover a descontinuidade, mesmo lateralmente, no caso das duas últimas funções.

As descontinuidades de uma função costumam ser classificadas em três tipos: *removível*, de *primeira espécie* e de *segunda espécie*. A descontinuidade *removível* é aquela que pode ser eliminada por uma conveniente definição da função no ponto considerado, como no primeiro exemplo de (4.7). Como se vê, ela nem é bem uma descontinuidade, pois a função tem limite no ponto considerado, apenas não está adequadamente definida nesse ponto. A descontinuidade é de *primeira espécie* ou do tipo salto quando a função possui, no ponto considerado, limites à direita e à esquerda, mas esses limites são distintos. É esse o caso da segunda função em (4.7). Finalmente, a descontinuidade é de *segunda espécie* quando a função tende a $\pm\infty$ no ponto considerado (terceiro exemplo em (4.7)), ou não tem limite nesse ponto (quarto exemplo em (4.7)).

O teorema seguinte é um resultado interessante sobre as funções monótonas limitadas.

4.26. Teorema. *Os pontos de descontinuidade de uma função monótona f num intervalo I (limitado ou não) só podem ser do tipo salto; e formam um conjunto no máximo enumerável.*

Demonstração. Que as descontinuidades só podem ser do tipo salto é imediato, pois a função possui limites laterais em cada ponto.

Vamos provar que o conjunto de pontos de descontinuidade é no máximo enumerável. Suponhamos, para fixar as idéias, que a função seja não decrescente. Se $a < x_1 < x_2 < \ldots < x_n < b$ são pontos de descontinuidade, todos contidos num intervalo $[a, b] \subset I$, então

$$f(x_{i+1}-) - f(x_i+) \geq 0, \quad f(a) \leq f(x_1-) \quad \text{e} \quad f(x_n+) \leq f(b),$$

de sorte que os *saltos* de f nos pontos x_i, definidos como sendo

$$[f(x_i)] = f(x_i+) - f(x_i-),$$

são tais que

$$\begin{aligned}
\sum_{i=1}^{n}[f(x_i)] &= [-f(x_1-) + f(x_1+)] + [-f(x_2-) + f(x_2+)] + \ldots \\
&\quad + [-f(x_n-) + f(x_n+)] \\
&= -f(x_1-) - \sum_{i=1}^{n-1}[f(x_{i+1}-) - f(x_i+)] + f(x_n+) \\
&\leq f(x_n+) - f(x_1-) \leq f(b) - f(a).
\end{aligned}$$

Isso prova que, sendo a função limitada, para todo inteiro $m > 0$ só pode haver um número finito de pontos de descontinuidade onde $[f(x_i)] > 1/m$, isto é, o conjunto

$$D_m = \{x : [f(x)] > 1/m\}$$

é finito. Ora, qualquer ponto de descontinuidade da função está num desses conjuntos D_m, cuja união é o conjunto D de todos os pontos de descontinuidade.

Portanto, esse conjunto D é no máximo enumerável, pelo mesmo argumento usado na p. 10 para provar a enumerabilidade do conjunto dos números racionais. Isso completa a demonstração.

O caso de uma função não crescente é análogo e fica por conta do leitor. Nos dois exemplos seguintes exibimos funções não decrescentes, com infinitos pontos de descontinuidade.

4.27. Exemplo. Consideremos a seqüência $r_n = -1/n$ e seja f a função

$$f(x) = \sum_{r_n < x} \frac{1}{n^2},$$

onde a somatória, como se indica, estende-se a todos os índices n tais que $r_n < x$. Assim,

$$f(x) = 0 \text{ para } x \leq -1; \quad f(x) = 1 \text{ para } -1 < x \leq -1/2;$$

$$f(x) = 1 + 1/4 \text{ para } -1/2 < x \leq -1/3;$$

$$f(x) = 1 + 1/4 + 1/9 \text{ para } -1/3 < x \leq -1/4;$$

e assim por diante. Como se vê, f é contínua em todos os pontos $x \neq r_n$ e contínua à esquerda em todos os pontos $x = r_n$. Seu gráfico tem o aspecto indicado na Fig. 4.1. Deixamos ao leitor a tarefa de verificar, como exercício, que

$$\lim_{x \to 0-} f(x) = \sum_{n=1}^{\infty} \frac{1}{n^2} = f(y) \quad \text{para} \quad y \geq 0. \quad (4.8)$$

O leitor deve notar que funções como essa podem ser construídas com qualquer seqüência crescente r_n que tenha limite zero ou outro qualquer valor, e qualquer série convergente de termos positivos Σa_n, pondo, simplesmente,

$$f(x) = \sum_{r_n < x} a_n.$$

Essas funções são importantes em aplicações; elas ocorrem em teoria espectral de certos operadores auto-adjuntos, particularmente o "operador de Schrödinger" associado ao átomo de hidrogênio, onde os vários saltos da função correspondem aos níveis energéticos do átomo.

4.28. Exemplo. Seja (r_n) uma seqüência densa na reta, por exemplo, uma seqüência obtida pela enumeração dos números racionais. Vamos construir uma função crescente e limitada, definida em toda a reta, e que tenha saltos em todos esses números r_n. Para isso escrevemos

$$f(x) = \sum_{r_n < x} \frac{1}{n^2} \quad (4.9)$$

98 Cap. 4: Funções, Limite e Continuidade

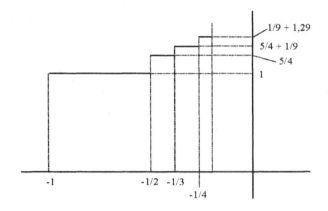

Fig. 4.1

Como se vê, estamos somando sobre todos os índices n para os quais r_n é menor do que x. Como a série $\sum 1/n^2$ é convergente, é claro que a soma em (4.9) é convergente. É claro também que a função aqui definida é crescente, pois

$$x < y \Rightarrow f(y) - f(x) = \sum_{x \leq r_n < y} \frac{1}{n^2} > 0.$$

Deixamos para os exercícios a tarefa de verificar que

$$f(-\infty) = \lim_{x \to -\infty} f(x) = 0, \quad f(+\infty) = \lim_{x \to +\infty} f(x) = \sum_{n=1}^{\infty} \frac{1}{n^2}. \qquad (4.10)$$

bem como a de provar que a função aqui definida é contínua em todo $x \neq r_n$; é contínua pela esquerda e descontínua pela direita em todo $x = r_n$, onde seu salto é $1/n^2$. O leitor deve deter-se num exame atento dessa função, tentar e verificar a impossibilidade de construir seu gráfico, para bem entender que está diante de um exemplo de função que é interessante e bastante geral. Finalmente, cabe observar que esse é um exemplo extremo de função monótona descontínua, pois as descontinuidades da função já formam um conjunto enumerável e denso na reta, não sendo possível, pelo teorema anterior, ampliá-lo ainda mais.

O conjunto e a função de Cantor

Descreveremos agora um outro exemplo interessante de função não decrescente, desta vez definida no intervalo [0, 1]. Para isso devemos primeiro introduzir o chamado *conjunto de Cantor*, um conjunto que é muito usado para construir exemplos ilustrativos de várias situações que ocorrem em Análise.

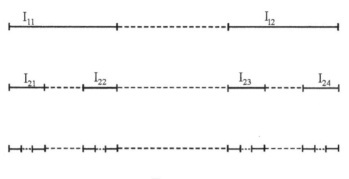

Fig. 4.2

O conjunto de Cantor é construído assim: dividimos o intervalo [0, 1] em três partes iguais e removemos o intervalo aberto do meio, $J_{11} = (1/3, 2/3)$. Isso nos deixa com dois intervalos fechados, I_{11} e I_{12}; em cada um deles repetimos a mesma operação, removendo os intervalos (abertos) do meio, J_{21} e J_{22}. Isso nos deixa com quatro intervalos fechados, I_{21}, I_{22}, I_{23} e I_{24} (Fig. 4.2). Assim prosseguimos indefinidamente. O conjunto C de Cantor é o conjunto dos pontos não removidos. É claro então que C é o conjunto que obtemos ao removermos do intervalo [0, 1] o conjunto J, união dos intervalos J_{rs}:

$$J = \cup \{J_{rs} : s = 1, \ldots, 2^{r-1},\ r = 1, 2, \ldots\}.$$

Como J é aberto, segue-se que C é fechado.

À primeira vista pode parecer que os pontos de C sejam apenas os extremos dos intervalos I_{rs}. Se fosse assim, C seria enumerável. Na verdade, como veremos, C não é enumerável, portanto possui muito mais pontos.

Mostraremos primeiro que todos os pontos de C são de acumulação. Para isso começamos observando que C é a interseção dos conjuntos fechados

$$C_r = I_{r1} \cup \ldots \cup I_{r\,2^r},$$

que são também encaixados, isto é, $C_1 \supset C_2 \supset C_3 \ldots$ Então, qualquer ponto a de C pertence a uma infinidade de intervalos I_{rs}; e cada um destes intervalos tem comprimento $1/3^r$, que tende a zero com $r \to \infty$. Em conseqüência, qualquer vizinhança de a contém uma infinidade de extremos de intervalos I_{rs} a partir de um certo valor de r. Isso prova que a é ponto de acumulação do conjunto das extremidades dos intervalos I_{rs}; e, a fortiori, é ponto de acumulação do conjunto C.

Provemos, finalmente, que C não é enumerável. Se fosse, seus pontos seriam os elementos de uma seqüência (c_n). Seja I_1 um intervalo fechado, de comprimento menor do que 1, contendo uma infinidade de pontos de C, mas não c_1; seja

100 Cap. 4: Funções, Limite e Continuidade

$I_2 \subset I_1$ outro intervalo fechado, de comprimento menor do que $1/2$, contendo um infinidade de pontos de C, mas não c_2. (Isso é possível porque, como provamos, todo ponto de C é de acumulação). Prosseguindo assim, indefinidamente, obtemos uma seqüência de intervalos fechados e encaixados $I_1 \supset I_2 \supset \ldots \supset I_n \ldots$, o comprimento de I_n tendendo a zero com $n \to \infty$.

Seja p a intersecção desses intervalos. É claro que p é ponto de acumulação de C, pois qualquer vizinhança $V_\varepsilon(p)$ certamente conterá I_n a partir de um certo índice $n = N$, logo conterá infinitos elementos de C. Mas C é fechado, portanto $p \in C$. Por outro lado, $p \neq c_n$ para todo n, pois $c_n \notin I_n$. Isso contradiz a hipótese inicial de que todos os elementos de C estejam numa seqüência (c_n).

Não sendo enumerável, o conjunto C certamente contém muitos outros pontos além dos extremos dos intervalos I_{rs}, pois a união desses extremos é um conjunto enumerável. E, em conseqüência dessa enumerabilidade, vemos também que só os pontos de C que não são extremos de algum intervalo I_{rs} já formam um conjunto por si não enumerável!

É interessante notar que as somas dos comprimentos dos intervalos removidos é 1, que é o mesmo comprimento do intervalo original. De fato, na primeira operação removemos o intervalo J_{11}, de comprimento $1/3$; na segunda removemos os intervalos J_{21} e J_{22}, de comprimento total $2/3^2$; no terceiro passo removemos os quatro intervalos J_{31}, J_{32}, J_{33} e J_{34}, de comprimento total $2^2/3^3$; em geral, a soma dos comprimentos dos intervalos removidos no n-ésimo passo é $2^{n-1}/3^n$. Esses comprimentos formam uma série infinita de soma 1, como é fácil verificar. A soma dos comprimentos dos intervalos J_{rs} chama-se a *medida* do conjunto J. Como J e C são conjuntos disjuntos e complementares, cuja união $[0, 1]$ também tem medida 1, o conjunto C resulta ser de *medida zero* (Veja esse conceito na p. 160.). No entanto, é um conjunto infinito; mais do que isso, não é enumerável.

Descreveremos a seguir a *função de Cantor*, definida no intervalo $[0,1]$. Pomos $f(0) = 0$ e $f(1) = 1$. No primeiro passo de remoção de intervalos, isto é, para $x \in J_{11}$, pomos $f(x) = 1/2$. No segundo passo de remoção de intervalos, pomos $f(x) = 1/4$ para $x \in J_{21}$ e $f(x) = 3/4$ para $x \in J_{22}$. Em geral, o valor atribuído a $f(x)$ para x num dos intervalos J_{rs}, com $s = 1, l, 2^{r-1}$, é a média aritmética dos valores já atribuídos a $f(x)$ nos domínios adjacentes a J_{rs}, nos passos anteriores ao r-ésimo (Fig. 4.3). (Veja [G1], p. 97.)

Assim definida, a função é não decrescente, com domínio J, e seus valores $(0, 1, 1/2, 1/4, 3/4, 1/8, 3/8, 5/8, 7/8, \ldots)$ formam um conjunto de números racionais denso em $[0, 1]$. Por causa dessa propriedade, seus limites laterais em qualquer ponto $x \in [0, 1]$ são iguais. Vemos assim que uma vez definida

Cap. 4: Funções, Limite e Continuidade   101

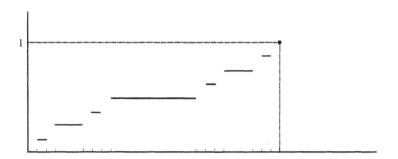

Fig. 4.3

a função em J, os pontos de C são descontinuidades removíveis dela, portanto definimo-la pelo valor do limite em cada um desses pontos. A função resultante é então não decrescente e contínua em todo o intervalo $[0, 1]$.

Exercícios

1. Termine a demonstração do Teorema 4.19.
2. Seja f uma função com domínio D e seja x um ponto de acumulação de D. Mostre que a oscilação $\omega(f, V_\delta(x) \cap D)$ é função não decrescente de δ, o que dá sentido à noção de *oscilação de f no ponto x*, indicada com $\omega(f, x)$ e definida por $\omega(f, x) = \lim_{\delta \to 0} \omega(f, [x - \delta, x + \delta] \cap D)$. Supondo $x \in D$, prove que f é contínua em $x \Leftrightarrow \omega(f, x) = 0$.
3. Prove que, se f tem limites laterais num ponto $x = a$, então sua oscilação é igual ao valor absoluto de seu salto nesse ponto, isto é, $\omega(f, a) = |[f(a)]| = |f(a+) - f(a-)|$, desde que $f(a) \notin (f(a-), f(a+))$ ou f não esteja definida em $x = a$.
4. Demonstre o Teorema 4.20.
5. Defina cada uma das quatro expressões contidas em $\lim_{x \to \pm \infty} f(x) = \pm \infty$.
6. Termine a demonstração do Teorema 4.22.
7. Termine a demonstração do Teorema 4.23.
8. Demonstre os Teoremas 4.24 e 4.25.
9. Prove que $f(x) = x^3 - 7x^2 + 2x - 9 \to +\infty$ com $x \to +\infty$.
10. Prove que todo polinômio $p(x) = x^n + a_{n-1}x^{n-1} + \ldots + a_1 x + a_0$ tende a $+\infty$ com $x \to \pm \infty$ se n for par; e se n for ímpar, $p(x)$ tende a $-\infty$ com $x \to -\infty$ e a $+\infty$ com $x \to +\infty$.
11. Estude os limites de um polinômio

$$p(x) = a_n x^n + a_{n-1} x^{n-1} + \ldots + a_1 x + a_0, \ a_n \neq 0,$$

com $x \to \infty$. Mostre, em particular, no caso n ímpar, que se $a_n > 0$, $\lim p(x) = \pm \infty$ com $x \to \pm \infty$ (havendo correspondência de sinais); e se $a_n < 0$, $\lim p(x) = \mp \infty$ com $x \to \pm \infty$.

102   *Capítulo 4: Funções, Limite e Continuidade*

12. Prove que $\lim_{x \to \pm\infty} \dfrac{6x^2 - 5x + 1}{2x^2 + 7x - 8} = 3$, $\lim_{x \to \pm\infty} \dfrac{x^2 - x + 1}{x^3 + 5} = 0$, $\lim_{x \to -\infty} \dfrac{x^3 + 7x - 4}{x + 1} = +\infty$.

13. Dados os polinômios $p(x) = a_n x^n + \ldots + a_1 x + a_0$ e $q(x) = b_m x^m + \ldots + b_1 x + b_0$, onde $a_n b_m \neq 0$, estude os limites de $p(x)/q(x)$ com $x \to +\infty$ e $x \to -\infty$. Prove que esses limites são iguais a a_n/b_m se $n = m$; são ambos nulos se $n < m$; ambos iguais a $+\infty$ se $n > m$, $n - m$ é par e $a_n b_m > 0$. Examine estas e todas as demais possibilidades.

14. Prove que a função $f(x) = x$ se x é racional e $f(x) = 1 - x$ se x é irracional é contínua em $x = 1/2$ e somente nesse ponto.

15. Seja f uma função crescente e limitada num intervalo (a, b). Prove que $f(a+) < f(x) < f(b-)$.

16. Seja f uma função localmente monótona num intervalo $I = [a, b]$, isto é, cada ponto de I possui uma vizinhança onde f é monótona. Prove que f é monótona em todo o intervalo I.

17. (**Critério de Convergência de Cauchy**) Prove que uma condição necessária e suficiente para que uma função f tenha limite finito com $x \to +\infty$ é que, dado qualquer $\varepsilon > 0$, exista $k > 0$ tal que
$$x, y > k \Rightarrow |f(x) - f(y)| < \varepsilon.$$
Enuncie e prove propriedade análoga com $x \to -\infty$.

18. Prove a relação (4.8).

19. Prove as relações (4.10)

20. Prove que a função (4.9) é contínua em $x \neq r_n$ para todo n.

21. Prove que a função (4.9) é contínua pela esquerda em $x = r_N$ e descontínua pela direita, com salto $[f(x_N)] = 1/N^2$.

22. No somatório em (4.9) troque $r_n < x$ por $r \leq x$ e prove que a nova função obtida é contínua pela direita e descontínua pela esquerda em todo ponto $x = r_N$, onde o salto ainda é $1/N^2$.

23. Seja f uma função monótona num intervalo [a, b], cuja imagem é todo um intervalo [c, d]. Prove que f é contínua.

Sugestões e soluções

9. Aplique o Teorema 4.25, notando que $f(x) = x^3(1 - 7/x + 2/x^2 - 9/x^3)$ e que a expressão entre parênteses tende a 1 com $x \to +\infty$, logo, é maior do que qualquer k, $0 < k < 1$ para $|x|$ maior do que um certo N.

10. Pode-se usar o mesmo procedimento do exercício anterior. Outro modo de resolver o problema é o seguinte:
$$|p(x)| = |x^n(1 + \dfrac{a_{n-1}}{x} + \ldots + \dfrac{a_1}{x^{n-1}} + \dfrac{a_0}{x^n})|$$
$$\geq |x^n|[1 - |\dfrac{a_{n-1}}{x} + \ldots + \dfrac{a_1}{x^{n-1}} + \dfrac{a_0}{x^n}|]$$
$$\geq |x^n|[1 - (|\dfrac{a_{n-1}}{x}| + \ldots + |\dfrac{a_1}{x^{n-1}}| + |\dfrac{a_0}{x^n}|)].$$
Tomando x suficientemente grande, podemos fazer $|a_i/x^{n-i}| \leq 1/2n$, $0 \leq i \leq n-1$, de sorte que $|p(x)| \geq |x^n|/2$.

16. A função é monótona num intervalo $[a,\ a+\varepsilon)$ para algum $\varepsilon > 0$. Suponhamos, para fixar as idéias, que ela seja não decrescente nesse intervalo. Seja $X = \{x \leq b\ :\ f(t)$ é não decrescente em $a \leq t \leq x\}$. Como X não é vazio e limitado superiormente, ele tem supremo c, $a < c \leq b$. Agora é só provar que $c = b$ e que $c \in X$. O caso em que a função é não crescente em $[a,\ a+\varepsilon)$ é análogo.

17. Transfira o problema para $\zeta = 0$ com a transformação $\zeta = 1/x$.

19. Para provar a segunda das relações, referente ao limite com $x \to +\infty$, devemos provar que, dado qualquer $\varepsilon > 0$, existe X tal que

$$x > X \Rightarrow \sum_{n=1}^{\infty} \frac{1}{n^2} - \sum_{r_n < x} \frac{1}{n^2} < \varepsilon.$$

Da convergência da série $\sum 1/n^2$ segue-se que existe N tal que essa soma, a partir de $n = N + 1$, é $< \varepsilon$. Tomemos X tal que $r_1, \ldots, r_N$ sejam todos $< X$. Então, sendo $x > X$, a segunda soma na diferença acima inclui todos os termos correspondentes a $n = 1, \ldots, N$, logo

$$\sum_{n=1}^{\infty} \frac{1}{n^2} - \sum_{r_n < x} \frac{1}{n^2} < \sum_{n=1}^{\infty} \frac{1}{n^2} - \sum_{n=1}^{n} \frac{1}{n^2} < \varepsilon.$$

20. Observe que, sendo $h > 0$,

$$f(x+h) - f(x) = \sum_{x < r_n < x+h} \frac{1}{n^2} \quad \text{e} \quad f(x) - f(x-h) = \sum_{x-h \leq r_n < x} \frac{1}{n^2}.$$

21. Com $h > 0$, $f(r_N + h) - f(r_N) = \displaystyle\sum_{r_N \leq r_n < r_N + h} \frac{1}{n^2}$ e $f(r_N) - f(r_N - h) = \displaystyle\sum_{r_N - h \leq r_n < r_N} \frac{1}{n^2}$.

Notas históricas e complementares

O início do rigor na Análise Matemática

O desenvolvimento da teoria das funções que começamos a apresentar neste capítulo é obra do século XIX. E só foi possível depois de um longo período, de cerca de século e meio, de desenvolvimento dos métodos e técnicas do Cálculo, desde o início dessa disciplina no século XVII.

As idéias fundamentais do Cálculo, sobretudo o conceito de derivada, careciam, desde o início, de uma fundamentação lógica adequada. Os matemáticos sabiam disso e até foram muito criticados em seu trabalho. A mais contundente e bem fundamentada dessas críticas partiu do conhecido bispo e filósofo inglês George Berkeley (1685-1753), numa publicação de 1734 ([E], pp. 293-95). Houve também respostas a essas críticas, bem como, durante todo o século XVIII, tentativas de encontrar uma fundamentação adequada para o Cálculo, embora sem maiores conseqüências. A mais importante dessas tentativas foi a que empreendeu Lagrange, e que está associada às séries de funções, por isso deixaremos para falar dela no capítulo 9.

Nessa época ainda não havia muita motivação para o trato de questões de fundamentos. Os matemáticos desse século tinham muito mais do que se ocupar em termos de explorar as idéias do Cálculo, desenvolver novas técnicas e usá-las na formulação e solução de problemas aplicados, em Mecânica, Hidrodinâmica, Elasticidade, Acústica, Balística, Ótica, Transmissão do Calor e Mecânica Celeste. Em conseqüência disso, não havia uma separação nítida entre o Cálculo e suas aplicações, entre a Análise Matemática e a Física Matemática; e ficava

104   Capítulo 4: Funções, Limite e Continuidade

diminuida, ao menos em parte, a importância do rigor na formulação dos métodos, pois muitas vezes os resultados empíricos já eram um teste do valor desses métodos. Assim, por exemplo, um problema físico que se traduzia numa equação diferencial, como o movimento de um pêndulo ou as vibrações de uma corda esticada, já tinha garantidas, por razões físicas, a existência e a unicidade da solução. Isso está exemplificado na produção científica dos mais importantes matematicos do século, dentre os quais destacam-se Leonhard Euler (1707-1783) e Joseph-Louis Lagrange (1736-1813).

Não obstante o pouco que se fez, durante todo o século XVIII, em termos de rigor na Análise Matemática, foi em meados desse século que surgiu um dos problemas que se tornou o mais fértil no desenvolvimento da Análise no século seguinte, e que consiste em expressar uma dada função em série infinita de senos e cossenos. Mais especificamente, dada uma função periódica f, de período 2π, determinar os coeficientes a_n e b_n de forma que

$$f(x) = \frac{a_0}{2} + \sum_{n=1}^{\infty}(a_n \cos nx + b_n \operatorname{sen} nx). \tag{4.11}$$

Esse problema surgiu primeiro em 1753, em situação particular, num trabalho de Daniel Bernoulli (1700-1782), em seu estudo da corda vibrante, em que se punha a questão de expressar a função que dava o perfil inicial da corda como série de senos. As vibrações de uma corda esticada foram estudadas pela primeira vez por Jean le Rond d'Alembert (1717-1783) em 1747; e logo em seguida por Euler, depois por Bernoulli. Tratava-se de determinar uma função de duas variáveis satisfazendo uma equação diferencial parcial, a chamada *equação das ondas*. Euler achava que o perfil inicial da corda pudesse ser inteiramente arbitrário. d'Alembert achava que só podiam ser admitidas funções dadas por uma expressão analítica, como um polinômio ou mesmo uma série de potências; ou em termos das funções transcendentes familiares, como as funções trigonométricas, a exponencial ou o logaritmo. Isso porque ele entendia a derivação como operação que transformava as funções umas nas outras segundo um formalismo algébrico bem determinado: x^n em nx^{n-1}, sen x em cos x, etc. Como derivar $f(x)$ se ela fosse dada por uma lei qualquer?

O modo como Bernoulli ataca o problema difere bastante dos pontos de vista adotados por d'Alembert e Euler. O importante a notar aqui é que essas investigações acabaram envolvendo seus autores numa controvérsia inconclusiva. Cada um manteve sua própria opinião, nada puderam decidir, justamente porque lhes faltavam idéias precisas dos conceitos de função e derivada. (Veja a análise desse episódio em [A5], [G4] ou [G5].)

Para bem entender o que se passava é conveniente fazer uma pequena digressão. O Cálculo surgiu no século anterior com os problemas geométricos de calcular áreas e volumes e traçar tangentes a diferentes tipos de curvas. Nos problemas tratados, além da ordenada de um ponto da curva, eram consideradas também outras grandezas, como os comprimentos da tangente OT, da sub-tangente OA, da normal TN e da sub-normal AN (Fig. 4.4). E as investigações giravam em torno de equações envolvendo essas várias grandezas, as quais eram encaradas como diferentes variáveis ligadas à curva, ao invés de serem vistas como funções separadas de uma única variável independente.

A palavra "função" foi introduzida por Leibniz (1646-1716) em 1673, justamente para designar qualquer das várias variáveis geométricas associadas com uma dada curva. Só aos poucos é que o conceito foi-se tornando independente de curvas particulares e passando a significar a dependência de uma variável em termos de outras. Mas, mesmo assim, por todo o século XVIII, o conceito de função permaneceu quase só restrito à idéia de uma variável (dependente) expressa por alguma fórmula em termos de outra ou outras variáveis (independentes). "Continuidade" significava então permanência da mesma expressão analítica que definia a função, ao passo que "descontinuidade" significava, não a "ruptura" do gráfico da função, mas da expressão analítica ou lei que definisse a correspondência entre a variável dependente e a variável independente

Cap. 4: Funções, Limite e Continuidade   105

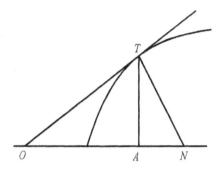
Fig. 4.4

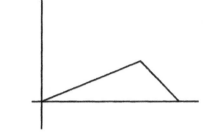
Fig. 4.5

(ou variáveis independentes). Como a derivada era concebida como uma *operador algébrico*, as funções admitidas numa equação diferencial, como a da corda vibrante, só poderiam ser aquelas dotadas de "expressões analíticas*, como insistia d'Alembert. Isso excluía a possibilidade de um perfil mais geral, do tipo ilustrado na Fig. 4.5, como pretendia Euler, adotando assim um conceito de função que ia além da simples idéia de uma variável dada em termos de outra (ou outras) mediante uma fórmula ou expressão analítica. E ambos, d'Alembert e Euler, não concordavam com a possibilidade sugerida por Bernoulli de que uma função arbitrária pudesse admitir um desenvolvimento do tipo (4.11), em termos de funções periódicas tão particulares como os termos da série. A questão posta por Bernoulli permaneceu dormente por cerca de meio século até que fosse retomada pelo eminente físico-matemático Jean-Baptiste Joseph Fourier (1768-1830) em seus estudos sobre a propagação do calor. (Veja [A5].) Nesses estudos surge várias vezes a necessidade de desenvolvimentos do tipo (4.11). E a possibilidade desse desenvolvimento, em toda a sua generalidade, apresenta-se, no início do século XIX, como um problema central da Análise Matemática.

A forma mais completa dos trabalhos de Fourier sobre propagação do calor encontra-se em seu livro *Théorie Analytique de la Chaleur*, publicado em 1822 (traduzido em inglês pela Editora Dover [F1]). Fourier acreditava que funções "arbitrárias" pudessem ser desenvolvidas em séries do tipo (4.11); e pensou haver demonstrado esse resultado. Eis um exemplo concreto:

$$f(x) = \sum_{n=1}^{\infty} \frac{(-1)^{n+1}}{n} \operatorname{sen} nx, \qquad (4.12)$$

onde a função f, soma da série, resulta ser

$$f(x) = \frac{x}{2} \quad \text{se} \quad -\pi < x < \pi; \quad f(-\pi) = f(\pi) = 0; \qquad (4.13)$$

e f é definida em toda a reta como função periódica de período 2π. Esse é um exemplo que contrasta com os pontos de vista tanto de Euler como de d'Alembert, pois vista em sua representação (4.12) ela seria, para ambos, *analítica*; ao passo que, para eles, (4.13) seria outra função, obtida pela junção das translações de $f(x) = x/2$ com domínio $(-\pi, \pi)$!

Exemplos como esse deixavam clara a insuficiência dos antigos conceitos de função e continuidade de meados do século XVIII para lidar com os problemas trazidos ao cenário matemático pelos estudos de Fourier. O próprio Fourier já tem uma idéia bem mais ampla desse conceito. Eis como ele o descreve no Art. 417 de seu livro ([F1], p. 430):

Em geral a função $f(x)$ representa uma sucessão de valores ou ordenadas arbitrárias. (...) Não supomos essas ordenadas sujeitas a uma lei comum; elas sucedem umas às outras de

106 Capítulo 4: Funções, Limite e Continuidade

qualquer maneira, e cada uma é dada como se fosse uma grandeza única.

Isso equivale praticamente à definição que adotamos hoje em dia, segundo a qual *uma função f é uma correspondência que atribui, segundo uma lei qualquer, um valor y a cada valor x da variável independente*.

Situações novas como as apresentadas por Fourier evidenciavam a necessidade de uma adequada fundamentação dos métodos usados no trato dos problemas. Era preciso agora aclarar de vez o significado de "derivar" ou "integrar" uma função, fosse ela dada por uma "fórmula" ou não. "Derivar" não podia significar apenas aplicar uma "lei algébrica" a uma "fórmula", assim como "integrar" não podia mais ser apenas "achar uma primitiva". Essas maneiras de encarar as operações do Cálculo eram, a partir de então, insuficientes.

Como já dissemos, no final do capítulo 3 (p. 71), Cauchy foi o protagonista principal do novo programa de rigorização da Análise. Ele certamente estava a par do trabalho de Fourier e dos novos problemas que tinham de ser atacados. No prefácio de seu *Cours d'Analyse* [C1] Cauchy enuncia claramente seus altos padrões de rigor:

Quanto aos métodos, procurei dar-lhes todo o rigor que se exige em Geometria, de maneira a jamais recorrer a razões tiradas da generalidade da álgebra. Tais razões, embora muito freqüentemente admitidas, sobretudo na passagem das séries convergentes às séries divergentes e de grandezas reais a expressões imaginárias, a meu ver só podem ser consideradas como induções próprias a sugerir a verdade, mas que pouco têm a ver com a tão festejada exatidão das ciências matemáticas. Deve-se mesmo observar que elas tendem a atribuir às fórmulas algébricas validade universal, quando a maior parte dessas fórmulas só valem sob certas condições e para certos valores das grandezas envolvidas. Determinando essas condições e esses valores, e fixando de maneira precisa o sentido da notação de que me sirvo, faço desaparecer toda incerteza.

O ponto de partida de Cauchy em sua fundamentação da Análise foi a definição de *continuidade:* "*...a função f(x) será contínua em x num intervalo* (estamos usando a palavra "intervalo" para simplificar o enunciado de Cauchy) *de valores dessa variável se, para cada valor de x nesse intervalo, o valor numérico da diferença $f(x + \alpha) - f(x)$ decresce indefinidamente com α. Em outras palavras, $f(x)$ é contínua se um acréscimo infinitamente pequeno de x produz um acréscimo infinitamente pequeno de $f(x)$."*

Essa definição está muito próxima da que usamos hoje em dia, em termos de ε e δ. Aliás, essa simbologia também é devida a Cauchy, que a usa em várias demonstrações, embora ela só se universalize a partir da década de sessenta, com as preleções de Weierstrass em Berlim. O leitor curioso encontrará interessantes observações sobre o estilo dos livros de Cauchy no trabalho de Freudenthal [F2].

Temos de mencionar ainda o trabalho de Bolzano [B2], já citado no capítulo 2 (p. 46). Publicado em 1817, ele traz praticamente a mesma definição de continuidade de Cauchy, num enunciado até mais próximo de nossa definição atual. Ei-la: "*uma função $f(x)$ varia segundo a lei da continuidade para todos os valores de x situados num intervalo* (novamente usamos a palavra "intervalo" para simplificar) *se a diferença $f(x + \omega) - f(x)$ pode tornar-se menor que qualquer valor dado, se se pode sempre tomar ω tão pequeno quanto se queira.*"

O objetivo de Bolzano era provar o Teorema do Valor Intermediário, e sobre isso falaremos no próximo capítulo. De momento cabe observar o mérito desse seu trabalho, onde ele revela as mesmas preocupações com o rigor que vimos em Cauchy, e que estavam na ordem do dia. Aliás, na introdução ele menciona que no ano anterior (1816) Gauss publicara duas demonstrações do Teorema Fundamental da Álgebra, quando sua demonstração do mesmo teorema, dada em 1799, continha uma falha de rigor, como ele mesmo (Gauss) reconhecia, por fundamentar uma verdade puramente analítica num fato geométrico, falha essa que está ausente nas duas novas demonstrações mencionadas.

Devemos observar que Cauchy, não obstante seus inegáveis méritos e influência que teve no desenvolvimento da Análise Matemática, nisso foi muito beneficiado pelas posições que ocupava, pela prolixidade com que publicava e, particularmente, por trabalhar no mais importante centro europeu da época, que era Paris. Outros matemáticos seus contemporâneos havia, de maior visão que ele, e Gauss certamente era um desses, indubitavelmente o maior matemático do século. Mas tinha um estilo todo diferente, antes recolhido em si, publicava pouco ("pauca sed matura"); e Göttingen, o centro a que pertencia, ainda não rivalizava com Paris.

Ao concluir esta Nota devemos observar que o trabalho de rigorização da Análise, que se inicia com Cauchy e outros, não está, como pode parecer, divorciado do desenvolvimento ocorrido no século anterior. Ao contrário, ele lhe dá continuidade, ao invés de ser uma tendência nova e independente. Sobre esse interessante tema recomendamos ao leitor curioso o primoroso trabalho de Judith Grabiner [G2]. Para maiores detalhes, veja também seu livro [G3].

Carl Friedrich Gauss (1777-1855)

Gauss nasceu em Brunswick, de pais pobres; e teve suas qualidades de gênio reconhecidas bem cedo. Graças à proteção do duque de Brunswick pode estudar e cursar a Universidade de Göttingen, onde, a partir de 1807 e pelo resto de sua vida, seria Professor de Astronomia e Diretor do Observatório.

Ao lado de Arquimedes e Newton, Gauss é considerado um dos três maiores matemáticos de todos os tempos. Sua produção científica se espalha por todos os domínios da Matemática e da Ciência Aplicada, como Astronomia, Geodésia, e mesmo Eletricidade e Magnetismo.

As preocupações de Gauss com os fundamentos da Análise, e com o rigor na Matemática de um modo geral, são anteriores às de Cauchy, e revelam mesmo uma sensibilidade mais apurada. Sua primeira demonstração do Teorema Fundamental da Álgebra, de 1799, não satisfez a si próprio, por apoiar-se na intuição geométrica, por isso mesmo ele daria várias outras demonstrações do mesmo teorema. E nessa mesma época, vinte anos antes de Cauchy, Gauss já define corretamente o limite superior de uma seqüência e demonstra que a série $\sum a_n \cos nx$ converge se a_n tende a zero ([D2], pp. 337-38). Em 1813 ele publica um alentado trabalho sobre a série hipergeométrica,

$$F(a,b,c;x) = \sum_{i=1}^{\infty} \frac{(a)_n (b)_n}{n!(c)_n} x^n,$$

onde o símbolo $(r)_n$ significa $r(r+1)(r+2)\ldots(r+n-1)$. Juntamente com Legendre, Abel e Jacobi, deixou marcantes contribuições à teoria das funções elípticas.

Por várias razões Gauss não teve em sua época tanta influência como Cauchy. Como já dissemos, só publicava trabalhos muito bem acabados, que nada deixassem por fazer; e encontrava-se afastado de Paris, que era a meca científica da época. A isso deve-se acrescentar que não tinha pendores para o ensino. Confessava mesmo que não gostava de ensinar, e teve poucos alunos.

Capítulo 5

FUNÇÕES GLOBALMENTE CONTÍNUAS

Neste capítulo estudaremos propriedades de funções que sejam contínuas em todos os pontos de seus domínios, ou seja, *funções globalmente contínuas*. Essa exigência é bem restritiva, por isso mesmo permite estabelecer propriedades bastante fortes, como veremos. De especial interesse em nosso estudo são as funções definidas em domínios chamados "compactos" (definidos logo abaixo), dos quais são protótipos os intervalos fechados e limitados. As propriedades que vamos provar dependerão sempre do princípio do supremo, como o leitor poderá verificar, em cada caso, acompanhando o encadeamento das demonstrações.

Conjuntos compactos

Freqüentemente lidaremos com conjuntos limitados e fechados, que são de importância fundamental, por isso mesmo tais conjuntos recebem uma designação própria; são chamados "compactos". Isso merece destaque numa definição em separado, que daremos a seguir. Há várias maneiras de definir "conjunto compacto" e aqui destacamos duas dessas definições, que logo provamos serem equivalentes.

5.1. Definições. *1) Chama-se conjunto compacto a todo conjunto C que seja limitado e fechado.*

2) Um conjunto C diz-se compacto se toda seqüência $x_n \in C$ possui uma subseqüência convergindo para um ponto de C.

Provemos que 1) $\Rightarrow$ 2). Seja x_n uma seqüência qualquer em C. Como C é limitado, a seqüência também é; logo, pelo Teorema de Bolzano-Weierstrass, ela possui uma subseqüência convergindo para um certo limite L. Mas C é fechado, logo, $L \in C$, já que L é aderente a C.

Provemos agora que 2) $\Rightarrow$ 1). C é limitado, se não, para cada n poderíamos escolher um $x_n \in C$, com $x_n > n$ ou $x_n < -n$; e tal seqüência não teria subseqüência convergente. Para provar que C é fechado, seja L um seu ponto de acumulação, de sorte que $V_{1/n}(L)$ contém um elemento $x_n \in C$. Esta seqüência x_n já é convergente para L, o que prova que $L \in C$; donde C é fechado.

Devemos observar que os intervalos fechados e limitados são os conjuntos compactos mais simples. Eles são também os mais importantes nas aplicações, de forma que é natural pensar em tal tipo de conjunto toda vez que dizemos "seja C um conjunto compacto" ou "seja f uma função definida num domínio compacto". Aliás, para os objetivos do nosso curso, em particular, a teoria da integral que desenvolveremos no capítulo 7, basta a consideração de intervalos fechados e limitados. No entanto, as demonstrações que faremos de propriedades de funções contínuas em conjuntos compactos não ficam mais complicadas pela consideração de conjuntos compactos gerais. Além disso, há conjuntos compactos mais gerais que intervalos — como o conjunto de Cantor (p. 98) — que são importantes na construção de exemplos concretos de funções, que muito ajudam na compreensão da teoria, como já tivemos oportunidade de ver no capítulo 4.

5.2. Teorema. *Todo conjunto compacto C possui máximo e mínimo.*

Demonstração. Como C é limitado, ele possui supremo S. Vamos provar que S é o máximo de C. Já sabemos que $S \geq c$ para todo $c \in C$; e que, dado qualquer $\varepsilon > 0$, existe c em C tal que $c > S - \varepsilon$. Se existir uma infinidade de elementos $c \in C$ nessas condições, qualquer que seja $\varepsilon > 0$, então S será ponto de acumulação de C, e como C é fechado, $S \in C$. Se em correspondência a um dado $\varepsilon > 0$, só existe um número finito de tais c, é porque S é um deles. Como se vê, em qualquer das duas hipóteses, $S \in C$, sendo então o máximo de C, como queríamos provar. Prova-se, por um raciocínio análogo, que C possui mínimo.

O teorema dos intervalos encaixados (p. 40) pode ser enunciado e demonstrado no pressuposto de que a família (I_n) que lá aparece seja uma família de conjuntos compactos C_n, não necessariamente intervalos. A demonstração é a mesma, como o leitor deve verificar, tomando $a_n = \min C_n$ e $b_n = \max C_n$.

Funções contínuas em domínios compactos e intervalos

5.3. Teorema. *Se f é uma função contínua num domínio compacto D, então $f(D)$ é um conjunto compacto.*

Demonstração. De acordo com a segunda definição em 5.1, basta provar que toda seqüência $y_n \in f(D)$ possui uma subseqüência convergindo para um ponto de $f(D)$. Cada y_n é imagem de algum $x_n \in D$; e como D é compacto, esta seqüência possui uma subseqüência x_{n_i} que converge para algum ponto $a \in D$. Como f é contínua, $y_{n_i} = f(x_{n_i})$ converge para $f(a) \in f(D)$. Isso completa a demonstração do teorema.

5.4. Teorema (de Weierstrass). *Seja f uma função contínua com domínio compacto D. Então f assume valores máximo e mínimo em D, isto é, existem pontos a e b em D tais que $f(a) \leq f(x) \leq f(b)$ para todo $x \in D$.*

Demonstração. Pelo teorema anterior, $f(D)$ é compacto; então, pelo Teorema 5.2, $f(D)$ possui valores máximo e mínimo, $f(a)$ e $f(b)$, respectivamente, onde a e b são pontos convenientes em D, como queríamos provar.

Pode-se provar a existência de máximo ou de mínimo de uma função f supondo que f seja apenas "semi-contínua" superiormente ou inferiormente. (Veja o Exerc. 11 da p. 119.)

A condição de compacidade é essencial nos teoremas acima. Por exemplo, a função $y = x^2 + 1$, com domínio $D = [0, 1)$, não tem máximo; seu supremo é 2, mas este valor não é assumido pela função, simplesmente porque o número 1 não foi incluído no domínio e, em consequência, este não é compacto.

Outro exemplo simples é dado pela função $y = 1/x$, em $x > 0$, cuja imagem é o semi-eixo $(0, \infty)$. A função não tem máximo nem mínimo. Se definida em um semi-eixo do tipo $[a, \infty)$, onde $a > 0$, passa a ter máximo igual a $1/a$, mas continua sem mínimo; e continua não tendo mínimo, mesmo que o domínio seja um intervalo limitado, aberto à direita, do tipo $[a, b)$. Porém, em intervalos fechados do tipo $[a, b]$, seu máximo é $1/a$ e seu mínimo é $1/b$. (Faça um gráfico para analisar todas essas situações.)

Entretanto, uma função f com domínio D pode ter máximo e mínimo em D, ou $f(D)$ pode ser compacto, sem que D seja compacto. Exemplos: $f(x) = \text{sen } x$, com $D = (0, 2\pi)$, é tal que $f(D) = [-1, +1]$, que é compacto, $+1$ é o máximo de f e -1 seu mínimo; $f(x) = 1/(x^2 + 1)$ para todo x (faça o gráfico) tem máximo 1 e ínfimo zero, mas não tem mínimo.

No teorema seguinte intervém a chamada *propriedade do valor intermediário*. Diz-se que uma função satisfaz essa propriedade se ela assume todos os valores compreendidos entre dois outros quaisquer valores assumidos pela função. Mais precisamente, *uma função f, definida num intervalo I, satisfaz a propriedade do valor intermediário se, quaisquer que sejam $a \in I$ e $b \in I$, e d um número qualquer compreendido entre $f(a)$ e $f(b)$, então existe $c \in I$ tal que $f(c) = d$.* Intuitivamente, é de se esperar que toda função contínua satisfaça essa propriedade. É o que provaremos a seguir.

5.5. Teorema (do valor intermediário). *Seja f uma função contínua num intervalo $I = [a, b]$, com $f(a) \neq f(b)$. Então, dado qualquer número d compreendido entre $f(a)$ e $f(b)$, existe $c \in (a, b)$ tal que $f(c) = d$. Em outras palavras, $f(x)$ assume todos os valores compreendidos entre $f(a)$ e $f(b)$, com x variando em (a, b).*

Cap. 5: Funções Globalmente Contínuas   111

Demonstração. Suponhamos, para fixar as idéias, que $f(a) < d < f(b)$. Considere o conjunto

$$X = \{x \in I : f(t) < d \text{ em } a \leq t < x\}.$$

Como f é contínua em a, existe $\delta > 0$ tal que $a \leq x < a + \delta \Rightarrow f(x) < d$; logo, o conjunto X não é vazio; e como é limitado superiormente, possui supremo, que denotaremos por c. É claro que $a < c$. É claro também que $c < b$, pois, numa vizinhança de b, $f(x) > d$.

Vamos provar que $f(c) = d$. Se $f(c) < d$, existiria $\varepsilon > 0$ tal que $x \in V_\varepsilon(c) \Rightarrow f(x) < d$: então, o supremo de X seria maior do que c, um absurdo. Do mesmo modo, se $f(c) > d$, existiria $\varepsilon > 0$ tal que $x \in V_\varepsilon(c) \Rightarrow f(x) > d$; e o supremo de X teria de ser menor do que c, outro absurdo. Concluímos, pois, que $f(c) = d$, como queríamos provar.

A demonstração é análoga no caso $f(a) > d > f(b)$.

Guiados pela intuição, podemos ser levados a pensar que toda função que goze da propriedade do valor intermediário seja contínua. No século XIX chegou-se mesmo a acreditar, erroneamente, nesse fato, como nos conta Lebesgue ([L1], p. 96]). Um contra-exemplo é dado pela função $f(x)$=sen$(1/x)$ se $x \neq 0$, e $f(0)$ igual a qualquer valor do intervalo $[-1, +1]$. Assim definida, f satisfaz a propriedade do valor intermediário em qualquer intervalo $[-a, a]$, mas não é contínua em $x = 0$. Neste exemplo a função só é descontínua num único ponto; entretanto, existem funções descontínuas em todos os pontos e que, não obstante, gozam da propriedade do valor intermediário em qualquer intervalo ([L1], p. 97; [B3], p. 79]).

5.6. Exemplo. O teorema do valor intermediário tem importantes aplicações, tanto de natureza teórica como prática. Por exemplo, ele permite provar que todo polinômio $p(x) = x^n + a_{n-1}x^{n-1}x + \ldots + a_1 x + a_0$, de grau ímpar, tem pelo menos uma raiz real. Para isso lembramos o Exerc. 10 da p. 101, segundo o qual $p(x)$ muda de sinal com x passando de uma certa vizinhança de $-\infty$ a uma vizinhança de $+\infty$. Mais precisamente, existem vizinhanças V_- de $-\infty$ e V_+ de $+\infty$, tais que $p(x)$ é negativo em V_- e positivo em V_+. Em conseqüência, existem números $a \in V_-$, $b \in V_+$, $a < b$, tais que $p(a) < 0 < p(b)$. Daqui e do teorema do valor intermediário segue-se que existe c, $a < c < b$, tal que $p(c) = 0$. (É claro que pode haver mais de um número c nessas condições; o que podemos garantir, em geral, é a existência de pelo menos um.) Em contrapartida, um polinômio de grau par, como $p(x) = x^2 + 1$, pode nunca se anular.

5.7. Teorema. *Se f é uma função contínua num intervalo $I = [a, b]$, então $f(I)$ é também um intervalo $[m, M]$ (que pode se reduzir a um ponto),* onde m e M são os valores mínimo e máximo, respectivamente, da função f.

Demonstração. Como f é contínua, ela assume valores mínimo e máximo em I, isto é, existem pontos c e d em I, tais que $f(c) = m$ e $f(d) = M$. (Observe que não sabemos se $c < d$ ou $d < c$). Pelo teorema do valor intermediário, $f(x)$ assume todos os valores entre m e M, com x variando no intervalo de extremos c e d. Portanto, a imagem desse intervalo de extremos c e d já é o intervalo $[m, M]$; logo, $f(I) = [m, M]$, pois $m \leq f(x) \leq M$ qualquer que seja $x \in I$.

5.8. Teorema. *A imagem de qualquer intervalo por uma função contínua f é um intervalo (que pode se reduzir a um ponto).*

Demonstração. (O teorema se refere a um intervalo qualquer, não apenas fechado e limitado, como no teorema anterior.) Observe que para provar que um conjunto J é um intervalo, como (a, b), $[a, b)$, $(-\infty, b]$, ou qualquer outro tipo de intervalo, basta provar que J contém qualquer intervalo $[a, b]$, com $A < a < b < B$, onde $A = \inf J$ e $B = \sup J$ (não estando excluídas as possibilidades de ser $A = -\infty$ e/ou $B = +\infty$). Provado isso, é fácil ver que $J \supset (A, B)$, pois $(A, B) = \cup[a_n, b_n]$, onde (a_n) e (b_n) são seqüências decrescente e crescente, respectivamente, $a_n \to A$ e $b_n \to B$. Isso prova que J é um dos quatro intervalos de extremos A e B, isto é, $[A, B]$, (A, B), $[A, B)$ ou $(A, B]$.

Seja I um intervalo qualquer, contido no domínio da função f; e seja $J = f(I)$. Supomos que J não se reduza a um único ponto, quando nada temos a demonstrar. Então, dados quaisquer dois pontos distintos y_1 e y_2 em J, eles serão imagens de pontos em I, digamos, x_1 e x_2, com $x_1 \neq x_2$: $y_1 = f(x_1)$ e $y_2 = f(x_2)$. Para fixar as idéias, suponhamos $x_1 < x_2$. (O leitor deve verificar que a hipótese $x_2 < x_1$ leva ao mesmo raciocínio). Pelo teorema do valor intermediário, todos os valores entre y_1 e y_2 são assumidos pela função f em valores compreendidos entre x_1 e x_2, de sorte que $J \supset f([x_1, x_2]) \supset [y_1, y_2]$. Finalmente, dado qualquer intervalo fechado $[a, b]$ com $A < a < b < B$, tomamos, no raciocínio acima, y_1, $y_2 \in J$, $A \leq y_1 < a$ e $b < y_2 \leq B$ e teremos $J \supset f([x_1, x_2]) \supset [y_1, y_2] \supset [a, b]$, como queríamos provar.

Como exemplos da situação descrita no teorema, $y = \operatorname{sen} x$ leva $(0, 2\pi)$ em $[-1, 1]$ e $[0, 3\pi/2]$ em $(-1, 1]$; $y = \operatorname{tg}(\pi x - \pi/2)$ leva $(0, 1)$ em $(-\infty, +\infty)$; $y = 1/(x^2 + 1)$ leva $[0, \infty)$ em $(0, 1]$.

Veremos, a seguir, outro resultado importante, demonstrado como conseqüência do teorema do valor intermediário.

5.9. Teorema. *Toda função f, contínua e injetiva num intervalo I, é crescente ou decrescente. Sua inversa g, definida em $J = f(I)$, também é contínua.*

Demonstração. Se f não fosse estritamente crescente ou decrescente, existiriam números x_1, x_2 e x_3 em I tais que $x_1 < x_2 < x_3$ e $f(x_1) < f(x_2) > f(x_3)$, ou $f(x_1) > f(x_2) < f(x_3)$. Na hipótese de ser $f(x_1) < f(x_2) > f(x_3)$, se $f(x_3) > f(x_1)$ (faça um gráfico para acompanhar o raciocínio), pelo teorema do valor intermediário, deveria existir um número x' entre x_1 e x_2 tal que $f(x') = f(x_3)$, contradizendo a injetividade de f; e se fosse $f(x_3) < f(x_1)$, pelo mesmo teorema, deveria existir x' entre x_2 e x_3 tal que $f(x_1) = f(x')$, novamente contradizendo a injetividade de f. O raciocínio, no caso $f(x_1) > f(x_2) < f(x_3)$, é análogo. Concluímos, então, que f é estritamente crescente ou decrescente, como queríamos provar.

Quanto à função inversa, já sabemos que ela tem o mesmo caráter de monotonicidade que a função f (Exerc. 3 da p. 81). Suponhamos, para fixar as idéias, que f seja estritamente crescente, de forma que g também é. Vamos provar que g é contínua em qualquer valor $b \in J = f(I)$. Seja $a = g(b)$, de sorte que $f(a) = b$. Se a for interior ao intervalo I (faça um gráfico para acompanhar o raciocínio), dado qualquer $\varepsilon > 0$, seja $\varepsilon' > 0$, $\varepsilon' \leq \varepsilon$, tal que $V_{\varepsilon'}(a) \subset I$. Ora, $f(V_{\varepsilon'}(a)) = (b - \delta_1, b + \delta_2) \subset J$. Seja agora δ o menor dentre δ_1 e δ_2, de sorte que $g(V_\delta(b)) \subset V_{\varepsilon'}(a) \subset V_\varepsilon(a)$, e isso prova a continuidade da função g no ponto b. Um raciocínio análogo se aplica no caso em que b é um dos extremos do intervalo J. A demonstração no caso de função estritamente decrescente g é também análoga e fica a cargo do leitor.

O teorema que acabamos de demonstrar é muito interessante, pois nos diz que as funções crescentes e as decrescentes são as únicas funções contínuas definidas em intervalos que são invertíveis. Isso nos leva, naturalmente, a perguntar: será que são essas as únicas funções (definidas em intervalos) invertíveis? A resposta é negativa, como vemos pelo seguinte contra-exemplo: seja f assim definida no intervalo $I = [0, 1]$: $f(x) = x$ se x for racional e $f(x) = 1 - x$ se x for irracional. Faça o gráfico dessa função e verifique que ela é invertível, mas não é monótona em qualquer sub-intervalo de I; em conseqüência, não é contínua em seu domínio, apenas no ponto $x = 1/2$ (Exerc. 17 adiante).

Exercícios

1. Seja f uma função localmente constante num intervalo I, isto é, qualquer que seja $a \in I$, existe uma vizinhança de a onde f é constante. Prove que f é constante em todo esse intervalo.

2. Faça a demonstração do Teorema 5.5 no caso $f(a) > f(b)$.

3. Demonstre o Teorema 5.5 pelo método de bisseção: divida I ao meio e, dos dois intervalos

resultantes, tome aquele, chamado $I_1 = [a_1, b_1]$, tal que $f(a_1) < d < f(b_1)$]; dividida I_1 ao meio e tome $I_2 = [a_2, b_2]$, tal que $f(a_2) < d < f(b_2)$]; etc.

4. Prove que uma função f num intervalo I goza da propriedade do valor intermediário se, e somente se, $f(J)$ é um intervalo, qualquer que seja o intervalo $J \subset I$. Dê exemplo de uma função f definida num intervalo I, tal que $f(I)$ é um intervalo, mas f não goza da propriedade do valor intermediário.

5. Prove que um polinômio de grau ímpar tem um número ímpar de raizes (reais), contando as multiplicidades.

6. Prove que se n é par, $p(x) = x^n + a_{n-1}x^{n-1} + \ldots + a_1 x + a_0$ assume um valor mínimo m. Em conseqüência, prove que $p(x) = a$ tem pelo menos duas soluções distintas se $a > m$ e nenhuma se $a < m$.

7. Prove que se um polinômio de grau n tiver r raizes reais, contando as multiplicidades, então $n - r$ é par.

8. Prove que todo número $a > 0$ possui raizes quadradas, uma positiva e outra negativa.

9. Prove que todo número $a > 0$ possui uma raiz n-ésima positiva; e se n for par, possuirá também uma raiz n-ésima negativa.

10. Seja f uma função contínua num intervalo, onde ela é sempre diferente de zero. Prove que f é sempre positiva ou sempre negativa.

11. Sejam f e g funções contínuas num intervalo [a, b], tais que $f(a) < g(a)$ e $f(b) > g(b)$. Prove que existe um número c entre a e b, tal que $f(c) = g(c)$.

12. Seja f uma função contínua no intervalo [0, 1], com valores nesse mesmo intervalo. Prove que existe $c \in [0, 1]$ tal que $f(c) = c$. Interprete este resultado geometricamente.

13. Nas mesmas hipóteses do exercício anterior, prove que existe $c \in [0, 1]$ tal que $f(c) = 1 - c$. Interprete este resultado geometricamente.

14. Complete a demonstração do Teorema 5.9, provando que g é contínua em b, na hipótese de que b seja uma das extremidades do intervalo J. Faça também a demonstração completa do teorema no caso em que f (e, conseqüentemente, também g) é uma função decrescente.

15. Sejam f e g funções crescentes num intervalo I, onde $f(x) \leq g(x)$. Prove que $f^{-1}(y) \geq g^{-1}(y)$ para todo $y \in f(I) \cap g(I)$.

16. Prove que a imagem de um intervalo aberto por uma função contínua injetiva é um intervalo aberto. Dê exemplos em que o intervalo-domínio é limitado, mas sua imagem é ilimitada.

17. Prove que $f(x) = x$ se x for racional e $f(x) = 1 - x$ se x for irracional é contínua em $x = 1/2$ e somente nesse ponto.

18. Considere a função f assim definida: $f(x) = -x$ se x for racional e $f(x) = 1/x$ se x for irracional. Faça o gráfico dessa função e mostre que ela é uma bijeção descontínua em todos os pontos.

Sugestões

1. Seja $a \in I$, $a \neq \sup I$. É claro, então, que I contém toda uma vizinhança direita de a, digamos, $a \leq x < a + \varepsilon$. Seja
$$A = \{x \in I: f(t) = f(a), \ a \leq t < x\}.$$
Agora é só mostrar que $\sup A = \sup I$ para ficar provado que $f(x) = f(a)$ para $a \leq x < \sup I$. O leitor termine a demonstração.

8. Suponhamos $a \neq 1$, já que o caso $a = 1$ é trivial. Se $a > 1$, $f(x) = x^2$ é tal que $f(1) = 1$ e $f(a) > a$; logo, pelo teorema do valor intermediário, existe um número entre 1 e a, designado por $\sqrt{a}$, tal que $f(\sqrt{a}) = a$. Se $a < 1$, $f(1) > a > f(a)$, e novamente existe um número $\sqrt{a}$ entre a e 1 tal que $f(\sqrt{a}) = a$. E o caso de raiz negativa?

12. Considere a função $g(x) = f(x) - x$, se já não for $f(0) = 0$ ou $f(1) = 1$.

Teorema de Borel-Lebesgue

O próximo teorema será utilizado no final do capítulo 7, na demonstração do importante critério de integrabilidade dado no Teorema 7.19, p. 160 (e no Exerc. 11 adiante). Ele é incluído aqui por ser este seu contexto próprio. Trata-se de um resultado fundamental de Topologia, de enunciado e demonstração fáceis de compreender.

Necessitamos da noção de "cobertura" de um conjunto, que introduzimos agora. Dado um conjunto C, diz-se que uma família de conjuntos $(A_j)_{j \in J}$ é uma *cobertura* de C se a união dessa família contiver C, isto é, $C \subset \cup\{A_j : j \in J\}$. Usaremos a expressão cobertura aberta quando todos os elementos da cobertura são conjuntos abertos. Por *sub-cobertura* entendemos uma sub-família que seja uma cobertura.

5.10. Teorema (de Borel-Lebesgue). *Toda cobertura aberta de um conjunto compacto admite uma sub-cobertura finita.*

Demonstração. Seja C o conjunto compacto em questão, o qual, por ser limitado, está contido num intervalo limitado $I = [a, b]$. Seja $(A_j)_{j \in J}$ uma família de conjuntos abertos cuja união contenha C. Raciocinando por absurdo, suponhamos que C não seja coberto por qualquer sub-família finita da família original. Então, dividindo I ao meio, ao menos uma das metades resultantes conterá uma parte de C que não pode ser coberta por qualquer sub-família finita da família original. Chamando $I_1 = [a_1, b_1]$ uma tal metade, dividimo-la também ao meio, obtendo um novo intervalo $I_2 = [a_2, b_2]$ contendo uma parte de C que não pode ser coberta por qualquer sub-família finita da família original. Prosseguindo indefinidamente dessa maneira, obtemos uma seqüência de intervalos fechados e encaixados $I \supset I_1 \supset I_2 \supset \ldots \supset I_n \supset \ldots$, tais que o comprimento de cada um é metade do comprimento do anterior, de sorte que $|I_n| = b_n - a_n = (b - a)/2^n = |I|/2^n$. Pelo teorema dos intervalos encaixados, existe um único elemento c pertencente a todos os I_n. Esse elemento c é aderente a C, pois qualquer vizinhança de c contém I_n com n suficientemente grande, logo, contém pontos de C; e sendo aderente a C, pertence a C, que é fechado. Então c pertence a algum A_j. Mas A_j é aberto, portanto, existe $\delta > 0$ tal que $V_\delta(c) \subset A_j$. Tomando n suficientemente grande, conseguimos satisfazer a desigualdade $|I|/2^n < \delta$, portanto, a inclusão $I_n \subset V_\delta(c) \subset A_j$. Assim chegamos a um absurdo, pois nenhum I_n pode ser coberto por um único A_j, que seria uma sub-cobertura finita da parte de C contida em I_n. Isso completa a demonstração.

Observe que a hipótese de que o conjunto C seja compacto é essencial. Por exemplo, a família de intervalos $(1/n,\ 1 - 1/n)$ é uma cobertura aberta do intervalo $(0,\ 1)$, mas não possui sub-cobertura finita desse intervalo, que não é compacto.

Continuidade uniforme

O conceito de "continuidade uniforme" que vamos introduzir agora aplica-se a uma função f que seja contínua em todo o seu domínio D. Relembremos o que isso significa: quaisquer que sejam $\varepsilon > 0$ e $a \in D$, existe $\delta > 0$ tal que

$$x \in D \text{ e } |x - a| < \delta \Rightarrow |f(x) - f(a)| < \varepsilon. \tag{5.1}$$

Mas repare: o δ que aparece nessa definição, em geral, depende do ponto a onde se considera a continuidade. Isso acontece, por exemplo, no caso da função $f(x) = 1/x$, que provamos ser contínua no Exerc. 10 da p. 89. Para um mesmo $\varepsilon > 0$, quanto mais próximo estiver o ponto a de zero, tanto menor devemos tomar o δ, como é visível num simples exame do gráfico da função (que o leitor deve esboçar), não sendo possível determinar um mesmo δ válido para todos os pontos $a \neq 0$. De fato, se tal δ existisse, deveríamos ter, com $a = 1/n$,

$$\left| f\left(\frac{1}{n}\right) - f\left(\frac{1}{n} + \frac{\delta}{2}\right) \right| < \varepsilon.$$

Mas isso é impossível, pois o primeiro membro dessa desigualdade é igual a $\delta n^2/(2 + n\delta)$, que tende a infinito com $n \to \infty$.

No entanto, se restringirmos o domínio da função a um semi-eixo $x \geq c$, com $c > 0$, aí sim, poderemos determinar, em correspondência a um dado ε, um mesmo δ para todos os valores a. Para vermos isso, basta notar que

$$|f(x) - f(a)| = \frac{|x - a|}{ax} \leq \frac{|x - a|}{c^2} < \frac{\delta}{c^2}$$

e isso será menor do que ε se $\delta < \varepsilon c^2$. Como se vê, agora o δ pode ser determinado apenas em termos de ε, independentemente do ponto a que se queira considerar. Na verdade, estamos determinando o δ referente ao ponto $a = c$, onde é maior a exigência sobre ele, e o δ assim determinado satisfará a exigência sobre esse parâmetro em todos os demais pontos $a > c$, como pode-se ver no gráfico da função.

A continuidade uniforme significa precisamente isso: que, em correspondência a qualquer $\varepsilon > 0$, é possível determinar um $\delta > 0$, válido para todo ponto $x = a$ onde se considere a continuidade. É esse o conteúdo da definição seguinte (onde, por assim dizer, y toma o lugar do valor a acima).

5.11. Definição. *Diz-se que uma função contínua f num domínio D é uniformemente contínua se, dado qualquer $\varepsilon > 0$, é possível determinar $\delta > 0$ tal que*
$$x \in D, \ y \in D, \ |x - y| < \delta \Rightarrow |f(x) - f(y)| < \varepsilon.$$

5.12. Exemplo. É fácil verificar que *toda função que tenha derivada limitada em todo um intervalo I é uniformemente contínua nesse intervalo*. De fato, se $|f'(x)| \leq K$ em I, então, pelo Teorema do Valor Médio (p. 130), familiar ao leitor de seu curso de Cálculo, dados $x, y \in I$, existe c entre x e y tal que
$$|f(x) - f(y)| = |f'(c)(x - y)| \leq K|x - y|,$$
e isso pode ser feito menor do que ε, desde que $|x - y| < \varepsilon/K$.

O exemplo já discutido, da função $f(x) = 1/x$, pode dar a impressão de que a não uniformidade da continuidade em $x > 0$ se deve ao fato de que sua derivada tende a infinito com $x \to 0$, e o exemplo anterior até parece reforçar essa impressão. Entretanto, como veremos no exemplo seguinte, não é sempre verdade que uma função deixa de ser uniformemente contínua se sua derivada não for limitada.

5.13. Exemplo. Vamos mostrar que a função $f(x) = \sqrt{x}$ é uniformemente contínua em $x > 0$, não obstante sua derivada tender a infinito com $x \to 0$.

Vimos, no Exerc. 12 da p. 89, que essa função é contínua. Aliás, a prova disso, feita na p. 90, envolve um δ que depende, não só de ε, mas também de a; isso faz parecer que a função não seja uniformemente contínua. Entretanto, a análise seguinte, mais precisa, revela o contrário.

Dado qualquer $\varepsilon > 0$, procuremos determinar $\delta > 0$ satisfazendo (5.1) para todo $a \geq 0$ e todo $x \geq 0$ tal que $|x - a| < \delta$. Observe que se $a < \delta$, então $x < a + \delta < 2\delta$ e
$$|f(x) - f(a)| = |\sqrt{x} - \sqrt{a}| \leq \sqrt{x} + \sqrt{a} < \sqrt{2\delta} + \sqrt{\delta} < 3\sqrt{\delta};$$
e se $a \geq \delta$, então
$$|f(x) - f(a)| = |\sqrt{x} - \sqrt{a}| = \frac{|x - a|}{\sqrt{x} + \sqrt{a}} \leq \frac{|x - a|}{\sqrt{a}} \leq \frac{\delta}{\sqrt{\delta}} = \sqrt{\delta}.$$

Cap. 5: Funções Globalmente Contínuas

Assim, em qualquer caso,

$$|x - a| < \delta \Rightarrow |f(x) - f(a)| < 3\sqrt{\delta},$$

de forma que basta tomar $\delta < \varepsilon^2/9$ para que fiquem satisfeitas as condições da Definição 5.11.

Vamos provar agora um resultado de importância fundamental sobre continuidade uniforme.

5.14. Teorema (de Heine). *Toda função contínua num domínio compacto D é uniformemente contínua.*

Demonstração. Se o teorema não fosse verdadeiro, existiria um certo $\varepsilon > 0$ tal que, em correspondência a qualquer $\delta > 0$ — em particular, $\delta = 1/n$ —, seria possível encontrar números $x_n \in D$ e $y_n \in D$, tais que

$$|x_n - y_n| < \frac{1}{n} \quad \text{e} \quad |f(x_n) - f(y_n)| \geq \varepsilon.$$

Como D é compacto, (x_n) possui uma subseqüência convergindo para um certo $a \in D$. Sem perda de generalidade, continuamos a designar essa subseqüência com o mesmo símbolo (x_n). Tendo em conta que $x_n - y_n \to 0$ e $x_n \to a$, vemos também que $y_n \to a$. Mas f é contínua; logo, $f(x_n) \to f(a)$ e $f(y_n) \to f(a)$, de sorte que $f(x_n) - f(y_n) \to 0$, o que contradiz a desigualdade $|f(x_n) - f(y_n)| \geq \varepsilon$. Concluímos, pois, que o teorema é verdadeiro, como queríamos provar.

Evidentemente, existem funções uniformemente contínuas em domínios não compactos. Para ver isso basta restringir uma função contínua num intervalo fechado a qualquer sub-intervalo aberto do intervalo original. Mas também não é difícil exibir funções uniformemente contínuas em domínios ilimitados. É este o caso da função $f(x) = (1 + x^2)^{-1}$ (Exerc. 1 da p. 134). É fácil ver também que uma função contínua num intervalo (a, b), que tenha limites laterais em a e b, é uniformemente contínua, pois então a função poderá ser estendida de maneira contínua a todo o intervalo. A recíproca desta proposição também é verdadeira. (Veja o Exerc. 2 adiante.)

Exercícios

1. Prove que a função $y = x^2$ não é uniformemente contínua em $x > 0$. Determine δ, em correspondência a um dado ε, para a continuidade uniforme dessa função, restrita a qualquer intervalo $0 < x < c$.

2. Prove que se f é uniformemente contínua em (a, b), então $f(a+)$ e $f(b-)$ existem e são finitos.

3. Generalize o exercício anterior, provando que se f é uniformemente contínua num domínio D, e a é ponto de acumulação de D, então existe o limite de $f(x)$ com $x \to a$.

4. Prove que toda função uniformemente contínua num domínio limitado é limitada.

5. Prove que uma condição necessária e suficiente para que uma função f com domínio D seja uniformemente contínua é que, para todo par de seqüências x_n, $y_n \in D$, com $x_n - y_n \to 0$, se tenha $f(x_n) - f(y_n) \to 0$.

6. Mostre que a função $f(x) = \text{sen}(1/x)$ não é uniformemente contínua em qualquer intervalo do tipo $(0, a]$.

7. Mostre que $f(x) = \cos x$ é uniformemente contínua em toda a reta. Faça o gráfico de $y = \cos x^2$ e mostre que essa função, definida para todo x real, ou todo $x > 0$, não é uniformemente contínua.

8. Prove que se f é uma função contínua num semi-eixo $x \geq a$, com limite L finito para $x \to +\infty$, então f é uniformemente contínua. Propriedade análoga vale também para o caso $x \leq a$ e limite finito com $x \to -\infty$.

9. Mostre que $f(x) = \text{sen}(1/x)$ é uniformemente contínua em qualquer domínio $x \geq a > 0$, mas não em $x > 0$.

10. Diz-se que uma função f satisfaz a *condição de Lipschitz* num intervalo I se existe uma constante K tal que $|f(x) - f(y)| < K|x - y|$ para todo $x, y \in I$. Mostre que toda função que satisfaz a condição de Lipschitz é uniformemente contínua, mas não reciprocamente.

11. Diz-se que uma função é *semi-contínua superiormente* num ponto x_0 (de acumulação de seu domínio D) se, dado qualquer $\varepsilon > 0$ existe $\delta > 0$ tal que $x \in D \cap V_\delta(x_0) \Rightarrow f(x) < f(x_0) + \varepsilon$; e *semi-contínua inferiormente* se $x \in D \cap V_\delta(x_0) \Rightarrow f(x) > f(x_0) - \varepsilon$. Prove que uma função semi-contínua superiormente (inferiormente) num intervalo fechado I assume valor máximo (mínimo).

12. Considere a função $f(x) = \text{sen}(1/x)$ para $x \neq 0$ e $f(0) = a$. Mostre que ela é semi-contínua superiormente (inclusive em $x = 0$) somente se $a \geq 1$; e semi-contínua inferiormente (inclusive em $x = 0$) somente se $a \leq 1$.

13. Mostre que a função $f(x) = -1/|x|$ para $x \neq 0$ e $f(0) = a$ é semi-contínua superiormente em toda a reta, qualquer que seja a, mas não inferiormente em $x = 0$; e $-f(x)$ é semi-contínua inferiormente.

Sugestões e soluções

4. Se f não fosse limitada existiria $x_n \in D$ tal que $|f(x_n)| > n$. Como D é limitado, (x_n) possui uma sub-seqüência convergindo para algum elemento $x \in \overline{D}$. Por simplicidade de notação, continuemos designando essa sub-seqüência por (x_n). Dado qualquer $\varepsilon > 0$, digamos, $\varepsilon = 1$, existe $\delta > 0$ tal que $x, y \in D$, $|x - y| < \delta \Rightarrow |f(x) - f(y)| < 1$. Ora, $x_n \in V_\delta(x)$ a partir de um certo índice N, de sorte que $n > N \Rightarrow |f(x_n) - f(x_N)| < 1$, logo $|f(x_n)| < |f(x_n) - f(x_N)| + |f(x_N)| < 1 + |f(x_N)|$, absurdo.

8. Dado qualquer $\varepsilon > 0$, seja X tal que $x, x' > X \Rightarrow |f(x) - f(x')| < \varepsilon$. Fixado $X' > X$, f é uniformemente contínua no intervalo $[a, X']$, de sorte que existe $\delta > 0$ tal que, nesse intervalo, $|x - x'| < \delta \Rightarrow |f(x) - f(x')| < \varepsilon$. Se necessário, diminua δ de forma que tenhamos $\delta < X' - X$. Nessas condições, sempre que tivermos $x, x' \geq a$ e $|x - x'| < \delta$, certamente x e x' cairão ambos no intervalo $[a, X']$ ou em $[X, +\infty)$, implicando então $|f(x) - f(x')| < \varepsilon$.

10. $f(x) = \sqrt{x}$, como vimos, é uniformemente contínua em $x > 0$, mas não satisfaz a condição de Lipschitz, como o leitor deve verificar.

120   Capítulo 5: Funções Globalmente Contínuas

11. Supondo f semi-contínua superiormente, cada ponto $x \in I$ possui uma vizinhança na qual o supremo de f é menor do que $f(x) + 1$. Pelo teorema de Borel-Lebesgue, basta um número finito dessas vizinhanças para cobrir I, o que prova que $\sup_I f$ é finito, digamos, L. Seja C o conjunto dos pontos $y \in I$ tais que $f(t) < L$ para $t < y$. Prove que $f(c) = L$, onde $c = \sup C$.

Notas históricas e complementares

O teorema do valor intermediário

Já tivemos oportunidade de mencionar (p. 46) que o objetivo principal de Bolzano, com seu trabalho de 1817 [B2], foi demonstrar o teorema do valor intermediário por meios puramente analíticos. Os três teoremas principais do trabalho de Bolzano são o já mencionado critério de Cauchy, que ele utiliza para provar a proposição que enunciaremos logo a seguir, a qual, por vez, é a base da demonstração do teorema do valor intermediário, seu terceiro teorema principal. Enunciemos a referida proposição:

Se uma propriedade M não é possuída por todos os elementos de uma grandeza variável x, mas é possuída por todos os valores menores que um certo u (e, eventualmente, maiores que um certo a, ou ainda, $x \geq a$); então, existe uma grandeza U que é a maior dentre as que possuem a propriedade M.

A demonstração que Bolzano dá do teorema do valor intermediário está muito próxima da demonstração que demos à p. 111. Para comprovar isso, o leitor deve identificar o conjunto de valores x referidos na proposição acima com um conjunto parecido com o X de nossa demonstração, precisamente o conjunto X' (que contém X) dos $x \geq a$, onde $f(x) < d$. Pois bem, a proposição de Bolzano garante que esse X' possui um supremo U, que é o c da nossa demonstração.

Cauchy, após enunciar o teorema do valor intermediário no texto de seu *Cours d'Analyse* ([C1], p. 44) oferece, como "demonstração", o que não passa de uma simples "justificativa", baseada na "visualização geométrica". De fato, supondo que b seja um valor compreendido entre $f(x_0)$ e $f(X)$, para mostrar que existe x entre x_0 e X tal que $f(x) = b$, ele simplesmente argumenta que *"a curva que tem por equação $y = f(x)$ deve encontrar uma ou várias vezes a reta que tem por equação $y = b$ no intervalo compreendido entre as ordenadas que correspondem às abscissas x_0 e X"*, apelando simplesmente para o fato de que o gráfico de f é uma curva contínua...

Todavia, uma verdadeira "demonstração analítica" é dada na "Nota III" no fim do livro (p. 460 e seguintes). Com algumas simplificações óbvias, essa demonstração se reduz ao seguinte: pretende-se provar que f se anula entre a e b, supondo que $f(a)$ e $f(b)$ tenham sinais contrários, digamos, $f(a) < 0 < f(b)$. Divide-se ao meio o intervalo $[a, b]$, obtendo-se dois intervalos, $[a, c]$ e $[c, b]$, num dos quais a função novamente muda de sinal de um extremo a outro. (Se $f(c) = 0$ a demonstração termina.) Divide-se novamente ao meio tal intervalo, e assim por diante, indefinidamente (caso, nesse processo, não se ache um c tal que $f(c) = 0$, onde terminaria a demonstração). O resultado são duas seqüências, digamos, $f(a_n) < 0 < f(b_n)$. Como a_n e b_n tendem para um mesmo limite a — assim argumenta Cauchy — e f é contínua, então $f(a) = 0$.

O leitor pode reconhecer facilmente as falhas dessa demonstração, na época em que foi composta, por falta de uma teoria dos números reais; e pode também, sem dificuldade, torná-la rigorosa.

Como já observamos, o teorema do valor intermediário é evidente, quando interpretado geometricamente. E por isso mesmo era aceito e usado no século XVIII, sem questionamento. As duas argumentações de Cauchy, mencionadas acima — a "justificativa" e a "demonstração analítica" — refletem muito bem a utilização do teorema no cálculo aproximado de raizes de polinômios. (Veja [G3], p. 69 e seguintes.) E revelam também a familiaridade que Cauchy certamente possuia com os trabalhos desses matemáticos do século anterior.

Weierstrass e os fundamentos da Análise

Karl Weierstrass (1815–1897) estudou direito por quatro anos na Universidade de Bonn, passando em seguida para a Matemática. Abandonou os estudos antes de se doutorar, tornando-se professor do ensino secundário (Gymnasium) em Braunsberg, de 1841 a 1854. Durante todo esse tempo, isolado do mundo científico, trabalhou intensamente e produziu importantes trabalhos de pesquisa que o tornaram conhecido de alguns dos mais eminentes matemáticos da época. Um desses trabalhos, publicado em 1854, tanto impressionou Richelot, professor em Königsberg, que este conseguiu persuadir sua Universidade a conferir a Weierstrass um título honorário de doutor. O próprio Richelot foi pessoalmente à pequena cidade de Braunsberg para a apresentação do título a Weierstrass, saudando-o como "o mestre de todos nós". Weierstrass deixou Braunsberg e passou por vários postos do ensino superior, terminando professor titular da Universidade de Berlim, de onde sua fama se espalhou por toda a Europa. Tornou-se um professor muito procurado, que mais transmitia suas idéias através dos cursos que ministrava do que por trabalhos publicados; e dessa maneira exerceu grande influência sobre dezenas de matemáticos que freqüentavam suas preleções.

A partir de 1856 Weierstrass ministrou diversos cursos sobre teoria das funções, às vezes o mesmo curso repetidas vezes, e vários de seus alunos, que mais tarde se tornariam matemáticos famosos, fizeram notas desses cursos, como A. Hurwitz, M. Pasch e H. A. Schwarz. E muitas das idéias e resultados obtidos por Weierstrass estão contidos nessas notas ou simplesmente foram divulgados por esses seus alunos, por cartas ou em seus próprios trabalhos científicos. Nas Notas dos cursos de Weierstrass aparecem as primeiras noções topológicas, em particular a definição de "vizinhança" de um ponto, a definição de continuidade em termos de desigualdade envolvendo ε e δ, e os resultados sobre funções contínuas em intervalos fechados que discutimos neste capítulo. Em particular, o chamado "Teorema de Bolzano-Weierstrass" está entre esses resultados, o qual Weierstrass formulou originalmente para conjuntos infinitos e limitados, e não para seqüências, como vimos no capítulo 2 (p. 36). O teorema diz que *todo conjunto numérico infinito e limitado possui ao menos um ponto de acumulação*. O leitor não terá dificuldades em provar o teorema nesta versão com os mesmos argumentos usados na demonstração da outra versão dada na p. 41.

Weierstrass, através de seus cursos, exerceu decisiva influência na modernização da Análise. Ao leitor interessado recomendamos os excelentes trabalhos de P. Dugac (Cap. VI de [D2], e [D4]).

O teorema de Borel-Lebesgue

Em sua tese de doutorado (1894), Émile Borel (1871–1956) faz um estudo de certas funções analíticas, onde utiliza o seguinte lema: *dada uma família infinita de intervalos cuja soma dos comprimentos é inferior ao comprimento de um dado intervalo I, existe ao menos um ponto (e, de fato, uma infinidade de pontos) de I que não pertence a qualquer intervalo da família dada.* ([B4], vol. 1, p. 281).

Borel observa que "pode-se considerar esse lema como praticamente evidente; todavia, dada sua importância, darei dele uma demonstração baseada num teorema interessante por si mesmo; existem demonstrações mais simples". Em seguida, enuncia e demonstra o teorema que demos à p. 115 como Teorema 5.10, porém, apenas no caso de um intervalo fechado e

122 Capítulo 5: Funções Globalmente Contínuas

limitado, coberto por uma família enumerável de intervalos abertos.

Numa nota publicada no Comptes Rendus em 1905 ([B4], vol. 3, pp. 1249–50), o próprio Borel conta que seu teorema fora generalizado por Henri Lebesgue (1875–1941) (Veja [L1], p. 112) e tece comentários sobre uma outra demonstração de René Baire (1874–1932), cujas semelhanças com a que Heine (1821–1881) dá ao teorema da continuidade uniforme (Teorema 5.14, p. 118; originalmente em [H2], p. 188) explicaria, segundo Borel, por que certos autores dão a seu teorema o nome de "Teorema de Heine–Borel".

O Teorema de Borel-Lebesgue, para quem o vê pela primeira vez num primeiro curso de Análise como o presente, pode parecer mal situado no contexto de um estudo de funções. Mas essa impressão é apenas aparente, pois trata-se, na verdade, de uma proposição de importância fundamental nesse estudo, principalmente nas partes mais avançadas da disciplina.

Capítulo 6

O CÁLCULO DIFERENCIAL

Derivada e diferencial

O leitor já se familiarizou, em seu primeiro curso de Cálculo, com a noção de derivada, cuja definição recordamos agora. Diz-se que uma função f, definida num intervalo aberto I, é derivável em $x_0 \in I$ se existe e é finito o limite da *razão incremental*

$$\frac{f(x) - f(x_0)}{x - x_0} \qquad (6.1)$$

com $x \to x_0$. Para indicar esse limite usam-se as notações $f'(x_0)$, $(Df)(x_0)$ e $\dfrac{df}{dx}(x_0)$, esta última sendo o quociente de diferenciais, como explicaremos logo adiante. Em Mecânica, onde freqüentemente se consideram funções do tempo t, como $s(t)$, $x(t)$ etc., é comum a notação da derivada com a letra encimada por um ponto, como $\dot{s}(t)$, $\dot{s}$, $\dot{x}(t)$, $\dot{x}$ etc.

Pondo $x = x_0 + h$, podemos escrever a derivada das seguintes maneiras:

$$f'(x_0) = \lim_{x \to x_0} \frac{f(x) - f(x_0)}{x - x_0} = \lim_{h \to 0} \frac{f(x_0 + h) - f(x_0)}{h}.$$

Essa é a derivada no sentido ordinário, o ponto x_0 sendo *interior* ao domínio da função. As noções de *derivadas laterais, à direita* e *à esquerda*, são introduzidas de maneira análoga:

$$f'(x_0+) = \lim_{h \to 0+} \frac{f(x_0 + h) - f(x_0)}{h}, \quad f'(x_0-) = \lim_{h \to 0-} \frac{f(x_0 + h) - f(x_0)}{h}.$$

Essas definições se aplicam mesmo que x_0 seja extremo esquerdo ou direito, respectivamente, de um intervalo onde f seja definida. Como exemplo considere a função $f(x) = (\sqrt{x})^3$, que está definida somente para $x \geq 0$, portanto não é derivável no sentido ordinário em $x = 0$. No entanto, existe e é zero sua derivada à direita nesse ponto, pois $f(h) - f(0) = h\sqrt{h}$.

A derivada de uma função f é, por sua vez, uma função do ponto onde é calculada. Podemos, pois, considerar sua derivada, que é chamada a *derivada segunda* de f e indicada com as notações f'', $D^2 f$, $d^2 f/dx^2$, $\ddot{s}(t)$, $\ddot{x}(t)$. De um modo geral, podemos considerar a *derivada de ordem n* ou *derivada n-ésima*, definida recursivamente como a derivada da derivada de ordem $n - 1$ e indicada com as notações $f^{(n)}$, $D^{(n)} f$, $d^n f/dx^n$. Uma função com derivadas contínuas

124   Cap. 6: O Cálculo Diferencial

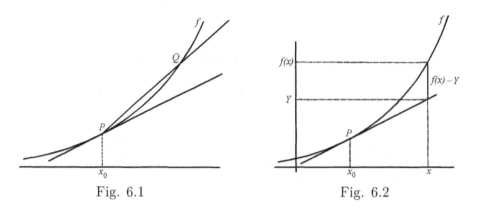

Fig. 6.1 Fig. 6.2

até a ordem n é chamada *função de classe* C^n.

O leitor deve notar que muitos dos resultados envolvendo derivadas ordinárias permanecem válidos para as derivadas laterais, com pequenas e óbvias modificações. É fácil ver também que *uma função f é derivável em x_0, no sentido ordinário, se e somente se suas derivadas laterais nesse ponto existem e são iguais.* (Exerc. 1 adiante.)

No pressuposto de que a função f seja derivável, a diferença

$$\frac{f(x) - f(x_0)}{x - x_0} - f'(x_0) = \eta$$

tende a zero com $x \to x_0$, de sorte que

$$f(x) = f(x_0) + [f'(x_0) + \eta](x - x_0)$$

tende a $f(x_0)$ com $x \to x_0$. Isso prova o teorema que enunciamos a seguir.

6.1. Teorema. *Toda função derivável num ponto x_0 é contínua nesse ponto.*

Voltemos à razão incremental (6.1), que representa o declive da reta secante PQ, onde $P = (x_0, f(x_0))$ e $Q = (x, f(x))$, como ilustra a Fig. 6.1. Quando $x \to x_0$, o ponto Q se aproxima do ponto P e $f'(x_0)$ é o valor limite do declive da reta secante. Isso sugere a definição de *reta tangente* à curva $y = f(x)$ no ponto P como aquela que passa por esse ponto e tem declive $f'(x_0)$. Sua equação, em coordenadas (x, Y), é então dada por

$$Y - f(x_0) = f'(x_0)(X - x_0), \quad \text{ou} \quad Y = f(x_0) + f'(x_0)(x - x_0). \tag{6.2}$$

É interessante examinar a natureza do contato dessa reta com a curva $y = f(x)$. Para isso, observamos que a diferença de ordenadas da curva e da reta, correspondentes à mesma abscissa x, isto é, $f(x) - Y$, tende a zero com $x \to x_0$. Mas não é só isso; também tende a zero o quociente dessa diferença por $x - x_0$, isto é,

$$\frac{f(x) - Y}{x - x_0} = \frac{f(x) - f(x_0)}{x - x_0} - f'(x_0) = \eta$$

que tende a zero com $x \to x_0$. Vemos assim que a diferença de ordenadas $f(x) - Y$, ou *distância* entre a curva e a reta tangente ao longo de uma paralela ao eixo Oy (Fig. 6.2), tende a zero "mais depressa" que $x - x_0$. Em vista disso dizemos que o contato da curva com a reta tangente no ponto P considerado é de *ordem superior à primeira*. (Veja a noção de "ordem de grandeza" no capítulo 8, pp. 178-80.)

Outro modo de introduzir a reta tangente consiste em definir essa reta como sendo, dentre as retas do feixe pelo ponto P, aquela que tem com a curva um contato de ordem superior à primeira. Sendo a função derivável, é fácil ver que essa condição de fato determina a reta tangente univocamente como sendo aquela de equação (6.2). De fato, o referido feixe de retas é dado por

$$Y = f(x_0) + m(x - x_0), \tag{6.3}$$

onde m é um parâmetro variável (Fig. 6.3). A condição de que essa reta tenha com a curva contato de ordem superior à primeira,

$$\frac{f(x) - Y}{x - x_0} = \frac{f(x) - f(x_0)}{x - x_0} - m \to 0 \tag{6.4}$$

implica $m = f'(x_0)$.

Diz-se que a função f é *diferenciável* em $x = x_0$ se existe uma reta do feixe (6.3) que tenha com a curva $y = f(x)$ contato de ordem superior à primeira no ponto $P = (x_0, f(x_0))$. É imediato, por (6.4), que isso implica f derivável em $x = x_0$. Portanto, derivabilidade e diferenciabilidade são aqui conceitos equivalentes (o que, todavia, não é verdade em várias dimensões).

A *diferencial* da função f no ponto x_0 é definida como sendo o produto $dy = f'(x_0)\Delta x$, onde $\Delta x = x - x_0$. De acordo com essa definição, a diferencial da função identidade, $x \mapsto x$, é Δx, isto é, $dx = \Delta x$, de sorte que, em geral, $dy = f'(x_0)dx$. Daqui segue também que a derivada é o quociente das diferenciais: $f'(x_0) = dy/dx$. Mais precisamente, $f'(x_0) = (df/dx)(x_0)$, onde $df = dy = f'(x_0)dx$.

126   Cap. 6: O Cálculo Diferencial

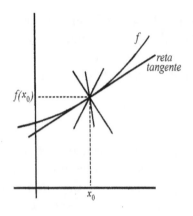

Fig. 6.3

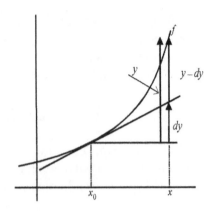

Fig. 6.4

Pondo $\Delta y = f(x) - f(x_0)$, é fácil ver que $\Delta y - dy = Y - f(x)$, de sorte que essa diferença $\Delta y - dy$ é *de ordem superior à primeira* com $x \to x_0$ (Fig. 6.4), significando isso que Δy aproxima dy, tanto melhor quanto mais próximo estiver x de x_0.

É imediato provar que se f e g são deriváveis num ponto x, o mesmo é verdade de $f + g$ e $[f(x) + g(x)]' = f'(x) + g'(x)$. É igualmente imediato verificar que $(\alpha f)' = \alpha f'$, onde α é uma constante. As derivadas do produto e do quociente exigem mais trabalho e são consideradas a seguir.

6.2. Teorema. *Se f e g são deriváveis num ponto x, então o mesmo é verdade de fg e $(f(x)g(x))' = f(x)g'(x) + f'(x)g(x)$. Se, ainda, $g(x) \neq 0$, então*

$$\left(\frac{f(x)}{g(x)}\right)' = \frac{g(x)f'(x) - f(x)g'(x)}{g(x)^2}.$$

Demonstração. No caso do produto, a razão incremental se escreve:

$$\frac{f(x+h)g(x+h) - f(x)g(x)}{h}$$

$$= \frac{f(x+h)g(x+h) - f(x+h)g(x)}{h} + \frac{f(x+h)g(x) - f(x)g(x)}{h}$$

$$= f(x+h)\frac{g(x+h) - g(x)}{h} + \frac{f(x+h) - f(x)}{h} g(x).$$

Agora é só fazer $h \to 0$ para obtermos o resultado desejado.

Quanto ao quociente, o caso $1/g$ nos leva a considerar a razão incremental

$$\frac{1}{h}\left(\frac{1}{g(x+h)} - \frac{1}{g(x)}\right) = -\frac{g(x+h) - g(x)}{h} \frac{1}{g(x+h)g(x)},$$

cujo limite, com $h \to 0$, produz o resultado desejado.

6.3. Teorema (regra da cadeia). *Consideremos uma função composta $f \circ g$ (p. 80), definida num intervalo I, de sorte que $g(I) \subset D_f$. Suponhamos que g seja derivável num ponto $x \in I$ e f derivável em $y = g(x)$. Então a função composta $f(g(x))$ é derivável no ponto x e $[f(g(x))]' = f'(g(x))g'(x)$.*

Demonstração. Como f é derivável no ponto y,

$$\frac{f(y+k) - f(y)}{k} = f'(y) + \eta(k),$$

onde $\eta(k) \to 0$ com $k \to 0$. Pondo $\eta(0) = 0$, podemos escrever essa equação na forma

$$f(y+k) - f(y) = k[f'(y) + \eta(k)],$$

que é agora verdadeira mesmo para $k = 0$.

Seja $k = g(x+h) - g(x)$. Então,

$$\frac{f(g(x+h)) - f(g(x))}{h} = \frac{f(y+k) - f(y)}{h} = \frac{[f'(y) + \eta(k)]k}{h}$$

$$= [f'(g(x)) + \eta(k)] \frac{g(x+h) - g(x)}{h}.$$

Da continuidade de g no ponto x, é claro que $k \to 0$ com $h \to 0$. Assim, basta fazer h tender a zero para obtermos o resultado desejado.

Dos resultados até aqui obtidos seguem facilmente as regras de devação que o leitor já conhece dos cursos de Cálculo: a derivada de uma constante é zero, $(x^n)' = nx^{n-1}$ para n inteiro qualquer, e também as conhecidas regras de derivação de polinômios e funções racionais. (Veja, p. ex., [A1], cap. 4.)

Derivada da função inversa

Vimos, no Teorema 5.9 (p. 113), que as únicas funções contínuas em intervalos que também são invertíveis são as funções crescentes e as decrescentes. Estamos interessados em funções deriváveis e invertíveis, portanto, contínuas, crescentes ou decrescentes. O teorema seguinte é um resultado de grande importância prática no cálculo de derivadas de certas funções em termos das derivadas de suas inversas, como o leitor já deve saber de seu curso de Cálculo.

6.4. Teorema (derivada da função inversa). *Seja $y = f(x)$ uma função derivável num intervalo aberto $I = (a, b)$, com $f'(x)$ sempre positiva ou sempre*

negativa nesse intervalo. Então sua inversa $x = g(y)$ é derivável no intervalo $J = f(I)$ e
$$g'(y) = \frac{1}{f'(x)} = \frac{1}{f'(g(y))}.$$

Demonstração. Sejam $y_0 \in J$, $y \in J$, $x_0 = g(y_0)$ e $x = g(y)$. Então
$$\frac{g(y) - g(y_0)}{y - y_0} = \frac{x - x_0}{f(x) - f(x_0)} = \left[\frac{f(x) - f(x_0)}{x - x_0}\right]^{-1}$$

Observe que J é um intervalo aberto (Exerc. 16 da p. 114), de forma que podemos fazer y variar em toda uma vizinhança de y_0, com o que x estará variando em toda uma vizinhança de x_0; e fazendo $y \to y_0$, x tenderá a x_0, pois g é contínua, como vimos no Teorema 5.9 (p. 113). Assim obtemos o resultado desejado.

Exercícios

1. Prove que uma função f é derivável no sentido ordinário num ponto $x = x_0$ se e somente se existem e são iguais suas derivadas laterais nesse ponto.

2. Estabeleça, diretamente da definição de derivada, as seguintes regras de derivação: $(x^n)' = nx^{n-1}$; $(1/x)' = -1/x^2$; $(\sqrt{x})' = 1/2\sqrt{x}$.

3. Prove que f é derivável em $x = a$ se, e somente se, qualquer que seja a seqüência (x_n), $x_n \to a \Rightarrow \dfrac{f(x_n) - f(a)}{x_n - a}$ converge.

4. Prove que se f é uma função monótona num intervalo, suas derivadas laterais num ponto a, quando existem, são não negativas se f for não decrescente e não positivas se f for não crescente.

5. Mostre que a função $f(x) = x \operatorname{sen}(1/x)$ se $x \neq 0$ e $f(0) = 0$ não é derivável em $x = 0$. Faça um gráfico e interprete esse resultado geometricamente. (Veja [A1], Exerc. 43 da Seç. 4.6.)

6. Dê exemplo de uma função f que não tenha derivada num ponto $x = a$, e de uma seqüência $x_n \to a$ tal que $\dfrac{f(x_n) - f(a)}{x_n - a}$ converge.

7. Mostre que a função $f(x) = x^2 \operatorname{sen}(1/x)$ se $x \neq 0$ e $f(0) = 0$, é derivável em todos os pontos, inclusive em $x = 0$, mas $f'(x)$ é descontínua nesse ponto. Faça um gráfico e interprete esse resultado geometricamente. (Veja [A1], Exerc. 44 da Seç. 4.6.) Observe, em particular, que em qualquer vizinhança da origem, a tangente à curva nesse ponto atravessa a curva infinitas vezes.

8. Sejam f uma função derivável em $x = a$, x_n e y_n seqüências que convergem para a, $x_n < a < y_n$. Prove que $f'(a) = \lim \dfrac{f(x_n) - f(y_n)}{x_n - y_n}$. Dê um contra-exemplo mostrando que esse limite pode existir sem que f seja derivável em $x = a$.

9. Dê exemplo de uma função derivável num ponto $x = a$ e de duas seqüências x_n e y_n, com $a < x_n < y_n$, de forma que não exista o limite do quociente $[f(x_n) - f(y_n)]/(x_n - y_n)$.

10. Supondo que f e g sejam funções de classe C^n num mesmo domínio, prove que fg também é de classe C^n e que vale a seguinte *Fórmula de Leibniz*:

$$(fg)^{(n)} = \sum_{r=0}^{n} \binom{n}{r} f^{(n-r)} g^{(r)}.$$

Sugestões

6. Tome a função do exercício anterior e $a = 0$.

8. Observe que

$$\frac{f(x_n) - f(y_n)}{x_n - y_n} = \frac{f(x_n) - f(a)}{x_n - a} \alpha_n + \frac{f(a) - f(y_n)}{a - y_n} \beta_n,$$

onde

$$\alpha_n = \frac{x_n - a}{x_n - y_n} > 0, \quad \beta_n = \frac{a - y_n}{x_n - y_n} > 0, \quad \alpha_n + \beta_n = 1.$$

Além disso,

$$\frac{f(x_n) - f(a)}{x_n - a} = f'(a) + \varepsilon_n \quad \text{e} \quad \frac{f(a) - f(y_n)}{a - y_n} = f'(a) + \varepsilon'_n,$$

onde $\varepsilon_n \to 0$ e $\varepsilon'_n \to 0$.

9. $f(x) = x^2 \cos(\pi/x)$, $x_n = 1/n$, $y_n = 1/(n+1)$.

Máximos e mínimos locais

Seja f uma função com domínio D. Diz-se que um ponto $a \in D$ é de *máximo local* de f se existe $\delta > 0$ tal que $x \in V_\delta(a) \cap D \Rightarrow f(x) \leq f(a)$; a é ponto de *mínimo local* se existe $\delta > 0$ tal que $x \in V_\delta(a) \cap D \Rightarrow f(x) \geq f(a)$. Máximo e mínimo locais são ditos *estritos* quando ocorrem as desigualdades estritas $f(x) < f(a)$ e $f(x) > f(a)$, respectivamente.

Como se vê, máximo e mínimo locais são máximo e mínimo da função restrita a uma vizinhança conveniente de um ponto. Quando usamos esse qualificativo "local", usamos também o qualificativo "absoluto" para designar o máximo e o mínimo da função em todo o seu domínio D, daí designarmos *máximo* e *mínimo absolutos* ao máximo e mínimo da função em D. É claro que quando fazemos considerações de natureza local, envolvendo máximo ou mínimo, como no teorema seguinte, o caráter local desses conceitos é suficiente.

6.5. Teorema. *Se f é uma função derivável num ponto $x = c$, onde ela assume valor máximo ou mínimo, então $f'(c) = 0$.*

Demonstração. No caso de máximo, notamos que, para $|h|$ suficientemente pequeno, $f(c+h) - f(c) \leq 0$, de sorte que a razão incremental

$$\frac{f(c+h) - f(c)}{h}$$

é ≤ 0 se $h > 0$ e ≥ 0 se $h < 0$. Em conseqüência, o limite dessa razão com $h \to 0$ só pode ser zero, donde $f'(c) = 0$. O raciocínio é análogo no caso em que c é ponto de mínimo.

A recíproca desse teorema não é verdadeira: pode muito bem acontecer que $f'(a)$ seja zero sem que $x = c$ seja ponto de máximo ou de mínimo; é esse o caso da função $y = x^3$, a qual tem derivada nula em $x = 0$, sem que esse ponto seja de máximo ou de mínimo. Outro ponto que se deve notar, no caso em que a função tenha por domínio um intervalo, é que a derivada não é necessariamente zero em pontos de máximo ou de mínimo que sejam extremos do intervalo. Assim, $f(x) = x \cos x$, no intervalo $[0, \pi/4]$, tem mínimo em $x = 0$ e máximo em $x = \pi/4$, mas sua derivada não se anula nesses pontos, sendo positiva em todo o intervalo. (Faça o gráfico dessa função.)

Pelo teorema anterior, vemos que os pontos de máximo e de mínimo de uma função definida num intervalo fechado e derivável nos pontos internos, devem ser procurados entre os pontos onde sua derivada se anula — os chamados *pontos críticos* da função — e nos extremos do intervalo.

Teorema do valor médio

O teorema que trataremos a seguir é uma conseqüência simples do anterior. Tem evidente conteúdo geométrico e demonstração fácil; e com ele demonstraremos o chamado teorema do valor médio, que, pelas suas várias conseqüências, é o resultado central do Cálculo Diferencial.

6.6. Teorema (de Rolle). *Se f é uma função contínua num intervalo $[a, b]$, derivável nos pontos internos, com $f(a) = f(b)$, então sua derivada se anula em algum ponto interno, isto é, $f'(c) = 0$ para algum $c \in (a, b)$.*

Demonstração. Pode ser que f seja constante, em cujo caso f' se anula em todos os pontos internos. Se não for constante, terá que assumir valores maiores ou menores do que $f(a) = f(b)$. Por outro lado, sendo contínua num intervalo fechado, f assume um valor máximo e um valor mínimo. Então, se f assumir valores maiores do que $f(a)$, ela assumirá seu máximo num ponto interno c; e se assumir valores menores do que $f(a)$, assumirá seu mínimo num ponto interno c. Em qualquer caso, $f'(c) = 0$ pelo teorema anterior.

6.7. Teorema do valor médio (de Lagrange). *Se f é uma função contínua num intervalo $[a, b]$ e derivável nos pontos internos, então existe um ponto interno $c \in (a, b)$ tal que*

$$f(b) - f(a) = f'(c)(b - a). \qquad (6.5)$$

Demonstração. Basta aplicar o Teorema de Rolle à função

$$F(x) = f(x) - f(a) - \frac{f(b) - f(a)}{b - a}(x - a),$$

que se anula em $x = a$ e $x = b$.

É claro que a fórmula (6.5) pode ser escrita

$$\frac{f(b) - f(a)}{b - a} = f'(c).$$

Geometricamente, isso significa que *existe um número c entre a e b, tal que a reta tangente à curva* $y = f(x)$ *no ponto* $(c, f(c))$ *é paralela à reta que passa pelos pontos* $(a, f(a))$ e $(b, f(b))$.

Observe que a fórmula (6.5) é válida com a e b substituidos por dois números quaisquer x_1 e x_2 do intervalo $[a, b]$, não importa qual desses dois números é o menor, isto é,

$$f(x_1) - f(x_2) = f'(c)(x_1 - x_2), \qquad (6.6)$$

onde c é um número conveniente entre x_1 e x_2.

O teorema do valor médio tem importantes conseqüências. Ele nos permite saber, por exemplo, se uma função é crescente ou decrescente, conforme sua derivada seja positiva ou negativa, respectivamente. Assim, se uma função tem derivada positiva em todo um intervalo (a, b), de (6.6) obtemos

$$x_1 < x_2 \Rightarrow f(x_1) < f(x_2),$$

donde f é função crescente; e se a derivada for negativa em (a, b),

$$x_1 < x_2 \Rightarrow f(x_1) > f(x_2)$$

e f é decrescente.

O conhecimento do sinal da derivada num único ponto não permite conclusões tão fortes como as anteriores (Veja o Exemplo 6.10 adiante); mas alguma coisa podemos deduzir sobre o comportamento da função numa vizinhança desse ponto, como veremos no teorema e corolário seguintes.

6.8. Teorema. *Seja f uma função definida num intervalo $[a, b]$ e derivável em $x = a$, com $f'(a+) > 0$. Então existe $\delta > 0$ tal que $a < x < a + \delta \Rightarrow f(a) < f(x)$. Essa desigualdade se torna $f(a) > f(x)$ se $f'(a+) < 0$; e resultados análogos são válidos numa vizinhança de b se soubermos que $f'(b-)$ é positiva ou negativa.*

132   Cap. 6: O Cálculo Diferencial

Demonstração. Basta notar que

$$\lim_{x \to a+} \frac{f(x) - f(a)}{x - a} = f'(a+) > 0.$$

Então, pelo Teorema 4.8 (p. 84), existe $\delta > 0$ tal que

$$a < x < a + \delta \Rightarrow \frac{f(x) - f(a)}{x - a} > 0,$$

donde segue o resultado desejado, pois $x - a > 0$.

Os demais casos contemplados no teorema são análogos e ficam a cargo do leitor.

6.9. Corolário. *Seja f uma função derivável em $x = a$, com $f'(a) \neq 0$. Então existe $\delta > 0$ tal que*

$$f'(a) > 0 \Rightarrow f(x) < f(a) < f(y) \text{ para } a - \delta < x < a < y < a + \delta;$$

e

$$f'(a) < 0 \Rightarrow f(x) > f(a) > f(y) \text{ para } a - \delta < x < a < y < a + \delta;$$

A demonstração desse corolário é imediata, bastando observar que $f'(a)$ é ao mesmo tempo, $f'(a+)$ e $f'(a-)$.

6.10. Exemplo. O leitor deve ser acautelado de que o corolário anterior não significa que uma função f seja crescente ou decrescente numa vizinhança $V_\delta(a)$ se $f'(a)$ é maior ou menor do que zero, respectivamente. Assim, a função (Fig. 6.5)

Fig. 6.5

$$f(x) = \frac{x}{2} + x^2 \operatorname{sen} \frac{1}{x} \text{ se } x \neq 0 \text{ e } f(0) = 0$$

é tal que $f'(0) = 1/2$. No entanto, em qualquer vizinhança de zero existe uma infinidade de intervalos onde a derivada

$$f'(x) = \frac{1}{2} + 2x \operatorname{sen} \frac{1}{x} - \cos \frac{1}{x}$$

é, ora positiva, ora negativa; e nesses intervalos f é crescente e decrescente, respectivamente. No entanto, o corolário garante que existe $\delta > 0$ tal que $-\delta < x < 0 < y < \delta \Rightarrow f(x) < 0 < f(y)$.

O Teorema 6.8 permite estabelecer a propriedade do valor intermediário para funções derivadas, como veremos a seguir.

6.11. Teorema. *Seja f uma função derivável em todo um intervalo $[a, b]$, com $f'(a+) \neq f'(b-)$. Então, dado qualquer número m entre $f'(a+)$ e $f'(b-)$, existe $c \in (a, b)$ tal que $f'(c) = m$. Em outras palavras, $f'(x)$ assume todos os valores entre $f'(a+)$ e $f'(b-)$, com x variando em (a, b).*

Demonstração. Suponhamos, para fixar as idéias, que $m = 0$ e que $f'(a+) < f'(b-)$, portanto $f'(a+) < 0 < f'(b-)$. Sendo f contínua, ela assume valor mínimo em algum ponto c, que, pelo teorema anterior, não pode ser a nem b, pois $f'(a+) < 0$ e $f'(b-) > 0$. Então c é ponto interno, logo $f'(c) = 0$, como queríamos provar.

O caso mais geral, $f'(a+) < m < f'(b-)$ reduz-se ao anterior com a consideração da função $g(x) = f(x) - mx$, que agora satisfaz $g'(a+) < 0 < g'(b-)$, portanto $g'(x)$ se anula em algum ponto c, donde $f'(c) = m$. O caso $f'(a+) > f'(b-)$ é análogo e fica a cargo do leitor.

Observe, pelo teorema que acabamos de demonstrar, que a derivada de uma função pode não ser contínua, no entanto possui a propriedade do valor intermediário. Por exemplo, como vimos no Exerc. 7 da p. 128, a função

$$f(x) = x^2 \operatorname{sen} \frac{1}{x} \text{ se } x \neq 0 \text{ e } f(0) = 0$$

tem derivada

$$f'(0) = 0 \text{ e } f'(x) = 2x \operatorname{sen} \frac{1}{x} - \cos \frac{1}{x} \text{ se } x \neq 0,$$

que é descontínua em $x = 0$, pois enquanto o primeiro termo desse último segundo membro tende a zero com $x \to 0$, $\cos(1/x)$ oscila infinitas vezes entre $+1$ e -1 em qualquer vizinhança de $x = 0$.

O teorema assegura, em particular, que toda função f, que seja a derivada de outra função em todo um intervalo, não pode ter descontinuidades de primeira espécie em nenhum ponto desse intervalo (Exerc. 13 adiante). (Observe que não é esse o caso da função $f(x) = |x|$, cuja derivada, $f'(x) = 1$ se $x > 0$ e $f'(x) = -1$ se $x < 0$, tem descontinuidade de primeira espécie em $x = 0$, mas não está definida nesse ponto, isto é, f não é derivável em todo um intervalo contendo $x = 0$.)

O teorema do valor médio tem uma generalização simples e útil, que daremos a seguir.

134 Capítulo 6: O Cálculo Diferencial

6.12. Teorema do valor médio generalizado (de Cauchy). *Sejam f e g funções contínuas num intervalo $[a,\ b]$ e deriváveis nos pontos internos. Além disso, suponhamos que $g'(x) \neq 0$ e $g(b) - g(a) \neq 0$. Então, existe $c \in (a,\ b)$ tal que*

$$\frac{f(b) - f(a)}{g(b) - g(a)} = \frac{f'(c)}{g'(c)}. \tag{6.7}$$

Demonstração. Consideremos a função auxiliar,

$$F(x) = f(x) - f(a) - Q[g(x) - g(a)],$$

onde Q é o primeiro membro de (6.7). Como é fácil verificar, $F(a) = F(b) = 0$; portanto, pelo Teorema de Rolle, existe $c \in (a,\ b)$ tal que $F'(c) = 0$, isto é, $f'(c) - Qg'(c) = 0$, donde a relação (6.7).

Exercícios

1. Prove que se f é uma função contínua num intervalo $[a,\ b]$, com derivada limitada em $(a,\ b)$, então f satisfaz a condição de Lipschitz (p. 119). (Observe que essa conclusão é válida, em particular, se f' for contínua em $[a,\ b]$.)

2. Seja f uma função com derivada crescente (decrescente) em todo um intervalo. Prove que qualquer tangente ao gráfico de f só toca esse gráfico no ponto de tangência.

3. Seja f uma função com $f(0) = 0$ e f' crescente em $(0, \infty)$. Prove que a função $g(x) = f(x)/x$ também é crescente em $(0, \infty)$ e faça uma interpretação geométrica.

4. Faça o gráfico da função $f(x) = |x|^3 \operatorname{sen}^2(1/x)$ se $x \neq 0$ e $f(0) = 0$. Verifique que $f'(0) = 0$ e que f' é contínua em toda a reta. (Esse exemplo mostra que uma função pode ter ponto de mínimo — no caso, $x = 0$ — sem ser decrescente logo à esquerda e crescente logo à direita desse ponto.)

5. Seja f uma função contínua num ponto a, derivável numa vizinhança $V'_\delta(a)$, tal que $f'(x)$ tenha limite finito com $x \to a$. Prove que f é derivável em $x = a$ e que $f'(a) = \lim_{x \to a} f'(x)$. (Observe que a derivada f' pode existir em toda uma vizinhança de $x = a$ e ser descontínua nesse ponto. É esse o caso da função $f(x) = x^2 \operatorname{sen}(1/x)$ se $x \neq 0$ e $f(0) = 0$ no ponto $x = 0$.)

6. Seja f uma função tal que $f(x)$ e $f'(x)$ tenham limites finitos com $x \to \infty$. Prove que o limite de f' é zero. Mostre, por um contra-exemplo, que f pode ter limite sem que f' o tenha. Interprete isso geometricamente.

7. Complete a demonstração do Teorema 6.8, enunciando e provando inclusive a parte referente ao extremo direito do intervalo $[a,\ b]$.

8. Prove que um ponto crítico $x = a$ de uma função f é de mínimo se a derivada f' é negativa logo à esquerda e positiva logo à direita de $x = a$, isto é, se existe $\delta > 0$ tal que $a - \delta < x < a < y < a + \delta \Rightarrow f'(x) < 0 < f'(y)$. Enuncie e prove propriedade análoga para o caso de máximo.

9. Prove que se $f'(a) = 0$ e $f''(a) < 0$, então $x = a$ é ponto de máximo; e é de mínimo se $f''(a) > 0$. Prove também que num ponto crítico de máximo, $f''(a) \leq 0$; e num ponto crítico de mínimo, $f''(a) \geq 0$.

Capítulo 6: O Cálculo Diferencial 135

10. Seja f uma função definida num intervalo $[a, b]$. Prove que se $x = a$ for ponto de máximo, então $f'(a+) \leq 0$, desde que essa derivada exista. Enuncie e demonstre propriedade análoga no caso de mínimo; e também propriedades análogas no extremo $x = b$.

11. Prove que se a derivada de uma função f tem limite L com $x \to \infty$, então $L = \lim_{x \to \infty} \dfrac{f(x)}{x}$.

12. Complete a demonstração do Teorema 6.11, no caso $f'(a+) > f'(b-)$.

13. Prove que se $g = f'$ em todo um intervalo $[a, b]$, então g não pode ter descontinuidade de primeira espécie no interior desse intervalo.

14. As expressões

$$\frac{f(a+h) - f(a-h)}{2h} \quad \text{e} \quad \frac{f(a+h) + f(a-h) - 2f(a)}{h^2},$$

para valores pequenos de h, são freqüentemente usadas, em Cálculo Numérico, como aproximações de $f'(a)$ e $f''(a)$ respectivamente. Prove que, se f é derivável em $x = a$, a primeira dessas expressões efetivamente tende a $f'(a)$ com $h \to 0$; e a segunda tende a $f''(a)$, desde que esta derivada exista. Observe que o limite da primeira expressão pode existir sem que $f'(a)$ exista; e a função $f(x) = x \operatorname{sen}(1/x)$ se $x \neq 0$ e $f(0) = 0$ ilustra essa situação com $a = 0$. Analogamente, $f''(a)$ pode não existir, mesmo que o limite da segunda expressão exista; $f(x) = x^2$ se $x \geq 0$ e $f(x) = -x^2$ se $x \leq 0$ ilustra essa situação com $a = 0$.

15. Diz-se que uma função f num intervalo I é *convexa* se, quaisquer que sejam $a, b \in I$, com $a < b$, o gráfico de f entre os pontos $A = (a, f(a))$ e $B = (b, f(b))$ está abaixo do segmento AB, isto é,

$$a < x < b \Rightarrow f(x) \leq f(a) + \frac{f(b) - f(a)}{b - a}(x - a). \tag{6.8}$$

ou

$$a < x < b \Rightarrow f(x) \leq f(b) + \frac{f(b) - f(a)}{b - a}(x - b). \tag{6.9}$$

Mostre que essas condições equivalem a

$$f(ta + (1-t)b) \leq tf(a) + (1-t)f(b) \tag{6.10}$$

para todo $t \in (0, 1)$. Faça um gráfico e interprete as condições (6.8) a (6.10) geometricamente. Quando a desigualdade é estrita nessas condições, dizemos que a função é *estritamente convexa*.

16. Prove que toda função convexa (ou estritamente convexa) num intervalo aberto I é contínua nesse intervalo. Dê exemplo de uma função convexa num intervalo fechado, que seja descontínua nos extremos desse intervalo.

17. Mostre que toda função convexa num intervalo I satisfaz a condição

$$f(\frac{a+b}{2}) \leq \frac{1}{2}[f(a) + f(b)], \tag{6.11}$$

quaisquer que sejam $a, b \in I$. Prove que se f é contínua no intervalo I e satisfaz a condição (6.11), f é convexa. Enuncie e demonstre propriedade análoga para função estritamente convexa.

18. Prove que se f é convexa (estritamente convexa) e derivável num intervalo I, então f' é não decrescente (crescente). Em conseqüência, se f possui derivada segunda nesse intervalo, $f'' \geq 0$. Dê exemplo de uma função estritamente convexa num intervalo aberto I, sem que $f''(x)$ seja positiva para todo $x \in I$.

136 Cap. 6: O Cálculo Diferencial

19. Prove que se f é convexa num intervalo I e derivável num ponto $c \in I$, então o gráfico de f está acima de sua tangente em $C = (c, f(c))$. (Se f for estritamente convexa, seu gráfico só encontra essa tangente em C.)
20. Prove que se $f'' \geq 0$ (> 0) num intervalo I, f é convexa (estritamente convexa) em I.
21. Substituindo as desigualdades em (6.8) a (6.10) por $\geq$ e $>$, definimos *função côncava* e *função estritamente côncava*, respectivamente. Enuncie e demonstre, para funções côncavas, resultados análogos aos anteriores, já estabelecidos para funções convexas.

Sugestões

2. Supondo que a tangente no ponto $(a, f(a))$ passe pelo ponto $(b, f(b))$, com $a < b$,

$$f'(a) = \frac{f(b) - f(a)}{b - a} = f'(c),$$

onde $a < c < b$.

3. Pelo teorema do valor médio, $g(x) = f'(c)$, $0 < c < x$. Por outro lado,

$$g'(x) > 0 \Leftrightarrow xf'(x) - f(x) > 0 \Leftrightarrow g(x) < f'(x).$$

6. $f(x+1) - f(x) = f'(c)$, $x < c < x+1$. $f(x) = (1/x)\operatorname{sen} x^2$ é um contra-exemplo.
9. Aplique o Corolário 6.9 à função f'.
11. $\dfrac{f(x) - f(a)}{x - a} = f'(c)$, $a < c < x$. Dado qualquer $\varepsilon > 0$, existe a tal que $a < c \Rightarrow |f'(c) - L| < \varepsilon$. Observe que

$$\begin{aligned}\frac{f(x)}{x} &= \left[\frac{f(x) - f(a)}{x - a} + \frac{f(a)}{x - a}\right]\frac{x - a}{x} \\ &= [(L + \varepsilon_1) + \varepsilon_2](1 + \varepsilon_3) = L + \varepsilon_1 + \varepsilon_4,\end{aligned}$$

onde $|\varepsilon_1| < \varepsilon$; e ε_4 pode ser feito, em valor absoluto, menor do que ε, para x suficientemente grande.

14. No cálculo do limite da segunda expressão use o teorema do valor médio Generalizado.
15. Observe que as expressões dos segundos membros de (6.8) e (6.9) são iguais e fornecem a ordenada da reta AB correspondente à abscissa x.
17. A condição (6.10) equivale a $f(\alpha a + \beta b) \leq \alpha f(a) + \beta f(b)$, para todo par de números positivos α, β, com $\alpha + \beta = 1$. Provemos que se j e k são inteiros positivos tais que $j + k = 2^n$, então

$$f\left(\frac{ja + kb}{2^n}\right) \leq \frac{j}{2^n}f(a) + \frac{k}{2^n}f(b).$$

Por (6.11) isto é verdade para $n = 1$. Raciocinando por indução, suponhamos a proposição verdadeira para um certo n e provemo-la para $n+1$. Para isso, sejam j e k números positivos tais que $j + k = 2^{n+1}$. Vamos supor $j > k$, de sorte que $j = 2^n + i$, onde $i + k = 2^n$. Então,

$$\begin{aligned}f\left(\frac{ja + kb}{2^{n+1}}\right) &= f\left(\frac{1}{2}\frac{ja + kb}{2^n}\right) = f\left(\frac{1}{2}[a + \frac{ia + kb}{2^n}]\right) \leq \frac{1}{2}f(a) + \frac{1}{2}f\left(\frac{ia + kb}{2^n}\right) \\ &\leq \frac{1}{2}f(a) + \frac{if(a) + kf(b)}{2^{n+1}} = \frac{jf(a) + kf(b)}{2^{n+1}}.\end{aligned}$$

Complete a demonstração.

18. Dados x e y, com $x < y$, sejam z e ω tais que $x < z < \omega < y$. Então, (6.8) e (6.9) permitem escrever (faça um gráfico)

$$\frac{f(z) - f(x)}{z - x} \leq \frac{f(y) - f(x)}{y - x} \leq \frac{f(w) - f(y)}{w - y}.$$

Faça $z \to x$ e $\omega \to y$.

20. Sejam $a, b \in I$, $a < b$. Pelo teorema do valor médio, existe $c \in (a, b)$ e d entre c e x ($x \neq c$) tais que
$$\frac{f(b) - f(a)}{b - a} = f'(c) \quad \text{e} \quad f'(c) - f'(x) = f''(d)(c - x).$$

Em conseqüência,

$$g(x) = f(a) + \frac{f(b) - f(a)}{b - a}(x - a) - f(x) = f(a) + f'(c)(x - a) - f(x),$$

é tal que $g'(x) = f''(d)(c - x) \geq 0$ para todo $x \in (a, c)$. Isso mostra que g é não decrescente em $[a, c]$. Analogamente prova-se que g é não decrescente em $[c, b]$.

Notas históricas e complementares

As origens do Cálculo

As idéias do Cálculo surgiram aos poucos, nas obras de vários matemáticos do século XVII. Foram amadurecendo gradualmente, adquirindo forma mais acabada nos trabalhos de Newton e Leibniz. Esses dois sábios vieram mais tarde, na segunda metade do século, e realizaram, independentemente um do outro, o trabalho de sistematização das idéias e métodos, centrados no chamado "Teorema Fundamental", de que falaremos mais tarde, no final do capítulo 8.

Isaac Newton (1642-1727) nasceu na aldeia de Woolsthorpe, na Inglaterra. Enquanto menino e jovem Newton não manifestou nada de excepcional em seus estudos. Seu exame de ingresso na Universidade de Cambridge até revelou deficiência em seus conhecimentos de Geometria. Ao terminar os estudos de graduação, a Universidade fechou-se devido a uma epidemia de peste que grassava por toda parte. Assim, Newton passou os anos de 1665 e 1666 recolhido em sua aldeia natal. Mais tarde ele contaria que foram nesses dois anos ("biennium mirabilissimum") que se sentiu no auge de sua criatividade, tendo-se dedicado à Matemática e à Filosofia ("Natural Philosophy", ou seja, "Ciências Naturais") mais do que em qualquer outra época desde então. Foi nesse período que Newton teve as grandes idéias que o celebrizaram, em teoria da Gravitação, em Ótica e no Cálculo.

Dotado de uma personalidade complexa, Newton sempre relutou em publicar, ou mesmo divulgar entre seus pares suas descobertas científicas, aparentemente por receio de críticas. Segundo De Morgan, "durante toda a sua vida ele foi dominado por um temor mórbido de oposição". Em 1669 Newton foi designado professor em Cambridge, na cátedra até então ocupada por seu mestre, Isaac Barrow. Seu livro *Princípios Matemáticos de Filosofia Natural* (conhecido como *Principia*, do título em latim), certamente a maior obra científica de todos os tempos, só foi publicada em 1687, por insistência de alguns amigos e colegas, dentre eles o astrônomo Edmond Halley, que pagou os custos de publicação.

O primeiro documento de Newton sobre o Cálculo é um manuscrito de 1666, que teve circulação muito limitada, tanto na época em que foi composto, como após sua morte. Só muito recentemente é que foi publicado, como parte da edição das mais de 5.000 páginas de manuscritos deixados por Newton. (Veja [E], p. 191).

138   Capítulo 6: O Cálculo Diferencial

Gottfried Wilhelm Leibniz (1646-1716) nasceu e criou-se num ambiente acadêmico; seu pai e seu avô materno eram professores universitários. Desde cedo manifestou grande interesse pelo estudo. Passava longas horas na biblioteca do pai e aos 12 anos de idade já lia correntemente o latim e impressionava por sua vasta erudição.

Leibniz era dotado de extraordinária versatilidade. Inicialmente estudou direito e humanidades, doutorando-se em Filosofia aos 21 anos. Logo em seguida entrou para o serviço diplomático, e em 1672 seguiu em missão para Paris, onde viveu durante quatro anos, até 1676. Foi esse um período muito fértil de sua vida intelectual, durante o qual se dedicou seriamente ao estudo da Matemática e concebeu sua própria versão do Cálculo. Em 1776 retornou à Alemanha, onde se tornou bibliotecário e conselheiro real em Hanover.

Leibniz foi um gênio universal. Sua obra toca praticamente todos os campos do conhecimento, dominando a vida intelectual e exercendo influência marcante no pensamento filosófico de seu tempo e a partir de então. Quando em Paris dedicou-se à construção de uma máquina de calcular, observando que "não é digno e próprio que o intelecto se ocupe com um trabalho de cálculo que pode ser efetuado por máquinas". Durante toda sua vida se empenhou na procura de uma linguagem ou "lógica simbólica", que pudesse padronizar e mecanizar os cálculos numéricos e os processos do raciocínio suscetíveis de tal mecanização. O que hoje em dia se passa na Informática com a utilização da lógica simbólica e linguagens formais é, em certo sentido, uma concretização das antevisões de Leibniz. E, como procuraremos mostrar adiante, foi a feliz escolha da notação apropriada o fator mais decisivo do sucesso de seu Cálculo sobre o de Newton.

O cálculo fluxional de Newton

Vamos dar uma pequena mostra do método de Newton, descrevendo como ele resolveu o problema da determinação da tangente a uma curva dada por uma equação $f(x, y) = 0$. O leitor encontrará uma descrição detalhada do método de Newton no capítulo 8 de [E] no capítulo 2 de [G5], ou em outros livros congêneres.

Newton considerava as variáveis x e y como *fluentes*, ou seja, grandezas que "fluem" com o passar do tempo. Isso equivale a considerá-las funções do tempo. Assim, o deslocamento de um ponto P sobre a curva pode ser descrito em termos dos deslocamentos de suas projeções sobre os eixos; e a velocidade de P é a composição das velocidades de x e y, designadas pelos símbolos $\dot{x}$ e $\dot{y}$, chamados as *fluxões* de x e y, respectivamente. Durante um incremento "infinitamente pequeno" de tempo, designado po "o", os deslocamentos x e y sofrem incrementos "infinitesimais" $\dot{x}o$ e $\dot{y}o$ respectivamente. Assim devemos ter, não somente $f(x, y) = 0$, mas também $f(x + \dot{x}o, y + \dot{y}o) = 0$.

Vejamos como isso funciona num exemplo concreto dado pelo próprio Newton. Dada a relação entre fluentes, $f(x, y)$, encontrar a relação entre as fluxões (ou seja, em linguagem de hoje, achar o declive da reta tangente no ponto P). O exemplo ilustrativo é o da equação

$$f(x,\ y) = x^3 - ax^2 + axy - y^3 = 0.$$

Expandindo $f(x + \dot{x}o, y + \dot{y}o) = 0$, eliminando os termos que perfazem $f(x, y)$ e dividindo tudo pelo infinitésimo 0, obtemos

$$3x^2\dot{x} - 2ax\dot{x} + a\dot{x}y - 3y^2\dot{y} + \ldots = 0,$$

onde os três pontos representam os termos que ainda contém 0 como fator. Esses são desprezados por Newton por serem "infinitamente pequenos". O resultado é

$$\frac{\dot{y}}{\dot{x}} = \frac{3x^2 - 2ax + ay}{3y^2 - ax},$$

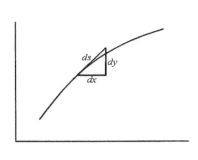 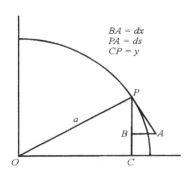

Fig. 6.6   Fig. 6.7

que, em notação moderna, é simplesmente $dy/dx = -f_x/f_y$.

O cálculo formal de Leibniz

Faremos agora uma descrição sucinta de alguns aspectos do cálculo de Leibniz, remetendo o leitor interessado ao capítulo 9 de [E] ou ao capítulo 2 de [G5] para uma explanação mais detalhada.

Quando de sua estada em Paris (no período de 1672 a 1676), Leibniz entrou em contato com Christiaan Huygens (629-1695), nessa época um dos cientistas mais renomados da Europa. Esse relacionamento muito o estimulou para dedicar-se com afinco a seus estudos e pesquisas em Matemática. Em particular, Huygens aconselhou-o a ler uma publicação de Pascal sobre certos problemas geométricos. E foi na leitura dessa publicacão que Leibniz encontrou inspiração para uma de suas idéias fundamentais na criação do Cálculo, a de "triângulo característico".

Dada uma curva qualquer, o *triângulo característico* num ponto genérico P da curva é o triângulo retângulo formado pelos elementos infinitesimais dx, dy e ds, como indica a Fig. 6.6. Leibniz explorou a semehança desse triângulo com outros triângulos para obter, com relativa facilidade, resultados importantes de quadratura. Por exemplo, consideremos o triângulo característico no caso de um quadrante de circulo de raio a. Com referência à Fig. 6.7, a semelhança dos triângulos PAB e OPC permite escrever $y\,ds = a\,dx$. Como $2\pi y\,ds$ é a área infinitesimal de uma zona do hemisfério é prontamente dada (em notação de hoje) por

$$\int 2\pi y ds = 2\pi a \int dx = 2\pi a^2.$$

Uma outra idéia importante no Cálculo de Leibniz é um fato muito simples ligado a séries numéricas. Dadas duas séries

$$a_0, a_1, a_2, a_3, \ldots \quad \text{e} \quad d_1, d_2, d_3, \ldots,$$

onde $d_j = a_j - a_{j-1}$, é claro que $a_j - a_0 = d_1 + d_2 + \ldots + d_j$. Em palavras, a série dos $d's$ é construída fazendo as diferenças dos elementos consecutivos da série dos $a's$; e esta é obtida a partir das somas dos elementos da série dos $d's$. Ora, adição e subtração são operações inversas uma da outra. Leibniz transpôs essas idéias para o domínio geométrico de curvas no plano, o que lhe permitiu identificar a invertibilidade das operações de quadratura (integração) e diferenciação, ou seja, o Teorema Fundamental do Cálculo. (veja [E], capítulo 9 ou [G5], capítulo 2, onde se encontra também outros aspectos importantes do trabalho de Leibniz).

140   Capítulo 6: O Cálculo Diferencial

O cálculo de Leibniz, na sua origem, é mais complicado que o de Newton. Seu formalismo, porém, é sua grande virtude. Os símbolos "d" para a diferencial e "$\int$" para a integral foram introduzidos pelo próprio Leibniz em 1675. As notações "dx", "dy", "ds" para elementos "infinitesimais" têm a grande conveniência de "sugerir" os próprios resultados. Por exemplo, no caso de uma função composta y de z e x, a regra da cadeia assume a forma que "era de se esperar":

$$\frac{dy}{dx} = \frac{dy}{dz} \cdot \frac{dz}{dy} \ .$$

No caso da integral, essa regra nos conduz naturalmente à "integração por substituição":

$$\int f(z)dz = \int f(z(x))z'(x)dx.$$

A regra $d(yz) = ydz + zdy$ segue facilmente de

$$d(yz) = (y + dy)(z + dz) - yz,$$

desprezando o termo $dy\,dz$. Analogamente,

$$d\left(\frac{y}{z}\right) = \frac{y + dy}{z + dz} - \frac{y}{z} = \frac{zdy - ydz}{z^2} \ ,$$

onde zdz é desprezado.

Newton e Leibniz

Os trabalhos de Newton sobre o Cálculo são anteriores aos de Leibniz, mas as publicações de Leibniz sobre o mesmo assunto são anteriores às de Newton, tendo ocorrido em 1684 e 1686, no periódico *Acta Eruditorium*, fundado pelo próprio Leibniz. Devido a isso, e à suspeita de que em suas visitas à Inglaterra, em 1673 e 1676, Leibniz teria sabido das descobertas de Newton, vários seguidores deste acusaram Leibniz de plagiar Newton. Hoje não há a maior dúvida da falsidade dessas alegações, mas na época elas tiveram um efeito bastante negativo no desenvolvimento da Matemática na Inglaterra.

No continente europeu, Leibniz teve seguidores entusiastas e competentes, como os Bernoulli (os irmãos Jacques e Jean; Daniel e Nicolaus, filhos de Jean), Euler, d'Alembert e muitos outros, o que deu notável impulso ao desenvolvimento do Cálculo. Além disso, outro fator decisivo para esse desenvolvimento foi a própria notação criada por Leibniz, muito mais adequada na descoberta e na maneira de exprimir os resultados que a de Newton. Na Inglaterra, ao contrário, devido à atitude dos próprios matemáticos ingleses, que se recusavam a seguir a escola de Leibniz, e também à menor qualificação deles, houve uma verdadeira paralisia do desenvolvimento, com conseqüências negativas para a matemática inglesa durante todo o século XVIII.

O problema dos fundamentos

Como vimos acima, o raciocínio de Newton envolve passagens em que ele divide os dois membros de uma equação pelo infinitésimo o (evidentemente, supondo-o diferente de zero), depois despreza termos com o fator o (evidentemente, supondo esse infinitésimo igual a zero). O mesmo tipo de procedimento estava sempre presente no Cálculo de Leibniz, cujos "infinitésimos" eram denotados dx, dy, dz, etc.: e que às vezes eram cancelados como fatores diferentes de zero, outras vezes eram desprezados como equivalentes a zero. É claro que essas eram operações contraditórias, mas que iriam dominar o Cálculo por muito tempo, até que surgissem trabalhos decisivos para a fundamentação lógica da disciplina no começo do século

XIX.

Newton, e seus seguidores tinham consciência dessas dificuldades e tentaram resolvê-las. Na teoria de Newton, as fluxões $\dot{x}$ e $\dot{y}$ não denotavam velocidades, mas quantidades indeterminadas, pois não havia lei específica da dependência temporal das fluentes x e y. O que importava era a razão dos deslocamentos infinitesimais $\dot{y}o$ e $\dot{x}o$, que resultava na razão de fluxões $\dot{y}/\dot{x}$. Essa razão era explicada como razão "primeira" ou "ultima". Por "razão última" entendia-se a razão atingida por $\dot{y}o/\dot{x}o$ no momento em que numerador e denominador atingiam o valor nulo com o próprio anulamento do intervalo de tempo o; e "razão primeira" significava o valor primeiro dessa razão no exato momento em que numerador e denominador começam a existir a partir do valor zero.

Como já mencionamos antes (pp. 103–4), Berkeley foi um dos principais críticos das incoerências do novo Cálculo. Naturalmente, ele também sabia dos sucessos dos novos métodos; e até tentou explicar esse sucesso em termos de erros sucessivos que se anulavam mutuamente. (Veja [E], pp. 294-295.) As críticas de Berkeley foram bem acatadas e até estimularam os esforços para resolver o problema dos fundamentos. D'Alembert, que também era um espírito bastante crítico, tentou explicar as dificuldades apontadas por Berkeley em termos da idéia de limite, naturalmente já presente, tacitamente, nas "razões primeira e última" de Newton. Ele expôs seu pensamento no verbete "Diferencial", publicado no volume 4 da famosa *Encyclopédie*, editada por ele mesmo e Diderot. (Veja [E], p. 295). Suas explicações são equivalentes à idéia de limite que adotamos hoje em dia, embora ainda mais próxima da noção intuitiva de limite como costuma ser apresentada em cursos introdutórios de Cálculo (como em [A1], Seçs. 3.4 e 3.5) do que da forma precisa em termos de ε e δ.

Capítulo 7

A INTEGRAL DE RIEMANN

Introdução

O conceito de integral é mais antigo que o de derivada. Enquanto este surgiu no século XVII, a idéia de integral, como área de uma figura plana ou volume de um sólido, surge e alcança um razoável desenvolvimento com Arquimedes (285–212 a.C.) na antiguidade. Naquela época, entretanto, a Matemática era muito geométrica, não havia simbologia desenvolvida, portanto, faltavam recursos para o natural desabrochar de um "cálculo integral" sistematizado.

A situação, no século XVII, era bem diferente. Já no século anterior a simbologia se desenvolvera bastante, sobretudo com François Viéte (1540–1603). Depois, com os trabalhos de René Descartes (1596–1650), Pierre de Fermat (1601–1665) e outros seus contemporâneos, a moderna notação da Geometria Analítica se difundia e tornava possível o surgimento de métodos sistemáticos e unificados de tratamento do cálculo de áreas e volumes. Foi por isso que o Cálculo Integral, como ele é hoje conhecido, pode se desabrochar e desenvolver.

Esse desenvolvimento teve, no início, forte motivação geométrica. Os problemas que se punham eram os de calcular áreas, volumes e comprimentos de arcos. Depois de todo o desenvolvimento das técnicas do Cálculo, ocorrido até o início do século XIX, e com a procura de uma rigorosa fundamentação da Análise, é que os matemáticos acabaram descobrindo a possibilidade de definir a integral em termos puramente numéricos. Assim, o problema original se inverteu: enquanto, de início, o cálculo de áreas levava à integral, agora definimos primeiro a integral, em termos numéricos, para depois definir área em termos da integral.

Somas inferiores e superiores. Funções integráveis

Em todas as considerações que faremos a seguir, a menos que o contrário seja dito explicitamente, as funções consideradas serão sempre definidas e limitadas num intervalo $I = [a, b]$. Uma *partição* P desse intervalo é um conjunto finito de pontos, dado por

$$P = \{x_0, x_1, \ldots, x_n\}, \quad \text{com } a = x_0 < x_1 < \ldots < x_n = b. \tag{7.1}$$

Sempre que escrevermos $P = \{x_0, x_1, \ldots, x_n\}$ para indicar uma partição de um intervalo $[a, b]$, entenderemos que $a = x_0 < x_1 < \ldots < x_n = b$.

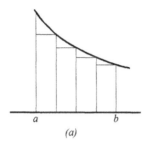 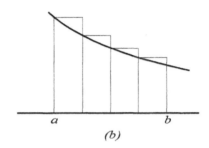

Fig. 7.1

Diz-se que uma partição P' é um *refinamento* de P, ou que P' *refina* P, se $P \subset P'$, isto é, todos os pontos de P estão em P'.

Com referência à partição P de (7.1), o intervalo $[x_{i-1}, \ x_i]$ é chamado o *i-ésimo* sub-intervalo de P. Sejam m_i e M_i o ínfimo e o supremo, respectivamente, de f no i-ésimo sub-intervalo, isto é,

$$m_i = \inf\{f(x): \ x_{i-1} \leq x \leq x_i\} \ \text{ e } \ M_i = \sup\{f(x): \ x_{i-1} \leq x \leq x_i\};$$

e seja $\omega_i = M_i - m_i$ a *oscilação* (definida no Exerc. 12 da p. 82) da função f nesse sub-intervalo. Definimos a *soma inferior* da função f, referente à partição P, denotada por $s(f, \ P)$, como sendo

$$s(f, \ P) = \sum_{i=1}^{n} m_i(x_i - x_{i-1}). \tag{7.2}$$

Analogamente, a *soma superior* de f, referente à mesma partição P, é dada por

$$S(f, \ P) = \sum_{i=1}^{n} M_i(x_i - x_{i-1}). \tag{7.3}$$

Sejam m e M o ínfimo e o supremo de f, respectivamente, no intervalo I. Como $m \leq m_i \leq M_i \leq M$, é claro então que

$$m(b - a) \leq s(f, \ P) \leq S(f, \ P) \leq M(b - a). \tag{7.4}$$

Quando f é uma função contínua e positiva em todo o intervalo I, cada soma inferior é um valor aproximado por falta do que devemos entender por área da figura geométrica delimitada pelo gráfico de f, pelo eixo dos x e pelas retas $x = a$ e $x = b$ (Fig. 7.1a). Analogamente, cada soma superior é um valor aproximado por excesso da mesma área (Fig. 7.1b). Mostraremos, brevemente, no caso da função f ser contínua, não necessariamente positiva, que o supremo do conjunto das somas inferiores é igual ao ínfimo do conjunto das somas superiores; e esse valor comum, supremo e ínfimo, é usado para definir a integral da função f no intervalo I. Veremos que essa idéia se estende a funções de uma classe mais ampla que a das funções contínuas — a classe das *funções integráveis*.

7.1. Teorema. *Seja* $P = \{x_0, x_1, \ldots, x_n\}$ *uma partição qualquer do intervalo* $[a, b]$ *e* P' *um refinamento de* P. *Então*,

$$s(f, P) \leq s(f, P') \quad e \quad S(f, P') \leq S(f, P),$$

isto é, refinando-se uma partição, a soma inferior só pode aumentar e a superior só pode diminuir.

Demonstração. Suponhamos primeiro que $P' = P \cup \{x'\}$, isto é, P' contém um só ponto a mais que P. O ponto x' é interior, digamos, ao i-ésimo sub-intervalo de P. Sejam M_i' e M_i'' os supremos de f nos sub-intervalos $[x_{i-1}, x']$ e $[x', x_i]$, respectivamente. É fácil ver que $S(f, P')$ contém todos os termos da somatória em (7.3), exceto aquele correspondente ao i-ésimo sub-intervalo, o qual é substituido por $M_i'(x' - x_{i-1}) + M_i''(x_i - x')$. Como

$$x_i - x_{i-1} = (x' - x_{i-1}) + (x_i - x') \quad e \quad M_i' \leq M_i, \ M_i'' \leq M_i$$

(Veja o Exerc. 10 da p. 5), obtemos:

$$S(f, P) - S(f, P') = M_i(x_i - x_{i-1}) - M_i'(x' - x_{i-1}) - M_i''(x_i - x')$$
$$= (M_i - M_i')(x' - x_{i-1}) + (M_i - M_i'')(x_i - x') \geq 0.$$

Isso prova o enunciado referente às somas superiores no caso em que P' possui um só ponto a mais que P. O caso em que P' possui vários pontos a mais do que P é tratado com o mesmo argumento, aplicado repetidamente, um ponto de cada vez.

O procedimento no caso das somas inferiores é análogo e fica a cargo do leitor. (Exerc. 1 adiante.)

7.2. Teorema. *Toda soma inferior é menor ou igual a toda soma superior.*

Demonstração. Dadas duas partições quaisquer do intervalo I, digamos, P e P', desejamos provar que $s(f, P) \leq S(f, P')$. Para isso consideramos a partição $P'' = P \cup P'$. Evidentemente, $P \subset P''$ e $P' \subset P''$, de sorte que, pelo teorema anterior e pela desigualdade do meio em (7.4) aplicada à partição P'',

$$s(f, P) \leq s(f, P'') \leq S(f, P'') \leq S(f, P'),$$

donde $s(f, P) \leq S(f, P')$, como queríamos provar.

Vemos, por (7.4), que o conjunto das somas inferiores é limitado superiormente por $M(b-a)$, de forma que tem supremo finito. Este supremo é chamado a *integral inferior* da função f. Analogamente, o conjunto das somas superiores é limitado inferiormente por $m(b-a)$; logo, tem ínfimo finito, chamado a *integral superior* de f. Essas integrais inferior e superior são indicadas, respectivamente, com os símbolos $\underline{\int_a^b} f$ e $\overline{\int_a^b} f$. O Teorema 7.2 nos permite concluir que (Veja o Exerc. 11 da p. 5)

$$\underline{\int_a^b} f \leq \overline{\int_a^b} f. \tag{7.5}$$

Diz-se que a função f é *integrável* quando essas duas integrais são iguais. Neste caso, o valor comum das integrais inferior e superior é chamado a *integral* da função f, a qual é então indicada com o símbolo $\int_a^b f$ ou $\int_a^b f(x)dx$. Esta última notação será justificada mais tarde, com a introdução das "somas de Riemann", introduzidas na p. 156. A variável x que aí aparece é a *variável de integração*; e os números a e b são os *limites de integração*, inferior e superior respectivamente.

Sendo $f \geq 0$ uma função integrável em $[a, b]$, definimos a *área da figura geométrica* identificada com o conjunto

$$A = \{(x, y): 0 \leq y \leq f(x)), a \leq x \leq b\}$$

como sendo a integral de f no intervalo $[a, b]$ (Fig. 7.2).

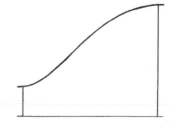

Fig. 7.2

7.3. Lema. *Qualquer que seja $c \in (a, b)$, valem as relações*:

$$\underline{\int_a^b} f = \underline{\int_a^c} f + \underline{\int_c^b} f \quad e \quad \overline{\int_a^b} f = \overline{\int_a^c} f + \overline{\int_c^b} f. \tag{7.6}$$

Demonstração. Sejam $I = [a, b]$, $J = [a, c]$ e $K = [c, b]$. Observe que, no cálculo da integral inferior de f no intervalo I, podemos nos restringir às partições de I que incluem o ponto c, pois se uma dada partição de I não contém c e nela incluímos esse ponto, a soma inferior só pode aumentar, de sorte que as partições que não contém o ponto c são mesmo supérfluas no cálculo do supremo das somas inferiores referentes a partições de I, ou seja, no cálculo da integral inferior. Ora, cada uma dessas partições P de I é a união de uma partição P' de J com uma partição P'' de K; e vice-versa, toda união de uma partição P' de J com uma partição P'' de K resulta numa partição P de I que inclui o ponto c. Assim, se designarmos com A o conjunto das somas inferiores de f referentes a essas partições P, com A' e A'' os conjuntos das somas inferiores de f referentes às partições de J e K, respectivamente, teremos: $A = A' + A''$. Tomando o supremo desse conjunto, obtemos (Veja o Exerc. 13 da p. 6) a primeira igualdade em (7.6). A segunda igualdade segue por um raciocínio inteiramente análogo.

7.4. Teorema. *A função f é integrável no intervalo $[a, b]$ se, e somente se, f é integrável em $[a, c]$ e $[c, b]$, onde $a < c < b$. Além disso,*

$$\int_a^b f = \int_a^c f + \int_c^b f. \tag{7.7}$$

Demonstração. Subtraindo membro a membro as duas igualdades em (7.6) resulta

$$\overline{\int}_a^b f - \underline{\int}_a^b f = \left(\overline{\int}_a^c f - \underline{\int}_a^c f\right) + \left(\overline{\int}_c^b f - \underline{\int}_c^b f\right).$$

Como cada parênteses nessa igualdade é não negativo, o primeiro membro é zero se, e somente se, os dois parênteses são nulos. Isso prova a primeira parte do teorema. A igualdade (7.7) segue de qualquer das duas em (7.6).

Introduzindo as definições

$$\int_a^a f = 0 \quad \text{e} \quad \int_b^a f = -\int_a^b f,$$

é fácil ver que a propriedade (7.7) permanece válida, qualquer que seja a ordem dos pontos a, b e c, podendo mesmo haver coincidência entre dois deles, desde que f seja integrável no máximo intervalo tendo como extremos dois dos pontos a, b e c. É fácil ver também que a igualdade (7.7) se estende a um número qualquer de pontos $x_1, \ldots, x_n$ de $[a, b]$, isto é,

$$\int_a^b f = \int_a^{x_1} f + \int_{x_1}^{x_2} f + \ldots + \int_{x_n}^b f. \tag{7.8}$$

Valem também igualdades semelhantes a essa para as integrais inferiores e as superiores, caso f não seja integrável.

Veremos, em seguida, que a alteração dos valores de uma função em um número finito de pontos não altera suas integrais inferior e superior; portanto, não altera o valor da integral da função, caso ela seja integrável.

7.5. Teorema. *Sejam f e g funções que só diferem em um número finito de pontos de $[a, b]$. Então, as integrais inferiores de f e g são idênticas, o mesmo ocorrendo com as integrais superiores.*

Isso significa, em particular, que podemos alterar os valores de uma função integrável f em um número finito de pontos, sem que isso altere a integrabilidade e o valor da integral de f.

Demonstração. Vamos supor, inicialmente, que f e g só diferem no ponto $x = a$. Então, dada qualquer partição P, as somas inferiores de f e g só diferem no primeiro sub-intervalo $[a, x_1]$ dessa partição. Mais precisamente, sendo m_f e m_g os ínfimos de f e g, respectivamente, no sub-intervalo $[a, x_1]$, K uma cota superior de f e g, e $\delta = x_1 - a$, teremos:

$$s(f, P) - s(g, P) = (m_f - m_g)(x_1 - a) \leq 2K\delta,$$

donde

$$s(f, P) \leq s(g, P) + 2K\delta \leq \underline{\int_a^b} g + 2K\delta.$$

Como δ pode ser feito arbitrariamente pequeno, pela inclusão de pontos na partição P arbitrariamente próximos de a, podemos construir uma seqüência de partições P_n, com $\delta = 1/n$, tal que

$$s(f, P) \leq s(f, P_n) \leq s(g, P_n) + 2K/n \leq \underline{\int_a^b} g + 2K/n.$$

Como isso é verdade qualquer que seja a partição P, concluímos que $\underline{\int_a^b} f \leq \underline{\int_a^b} g$. De modo inteiramente análogo, prova-se que $\underline{\int_a^b} g \leq \underline{\int_a^b} f$. Portanto, vale a igualdade $\underline{\int_a^b} f = \underline{\int_a^b} g$, como queríamos demonstrar.

O caso em que f e g só diferem no ponto $x = b$ é inteiramente análogo ao caso anterior; e se as funções f e g só diferem num ponto $c \in (a, b)$, a primeira das relações (7.6) e os resultados já provados permitem concluir que $\underline{\int_a^b} f = \underline{\int_a^b} g$, pois

$$\underline{\int_a^b} f = \underline{\int_a^c} f + \underline{\int_c^b} f = \underline{\int_a^c} g + \underline{\int_c^b} g = \underline{\int_a^b} g.$$

O caso em que f e g diferem em um número finito de pontos reduz-se, recursivamente, aos casos já provados.

A demonstração da igualdade das integrais superiores é inteiramente análoga e fica a cargo do leitor. (Exerc. 4 adiante.)

Chama-se *função escada* a toda função ϕ que assume valores constantes no interior dos sub-intervalos $[x_{i-1}, x_i]$ de uma certa partição $P = \{x_0, x_1, \ldots, x_n\}$ de $[a, b]$, não importando que valores f assume nos pontos da partição. Usando a identidade (7.8) com $f = \phi$, no caso das integrais inferiores e integrais superiores separadamente, e aplicando o teorema anterior, é fácil provar que toda função escada é integrável. (Exerc. 5 adiante.)

Exercícios

1. Complete a demonstração do Teorema 7.1 referente às somas inferiores.
2. Seja f uma função constante e igual a M num intervalo $[a, b]$. Prove que f é integrável e que sua integral é $M(b-a)$, mostrando que esse é o valor de toda soma superior e de toda soma inferior. Interprete esse resultado geometricamente.
3. Prove que a função de Dirichlet, $f(x) = 1$ se x é racional e $f(x) = -1$ se x é irracional, não é integrável em qualquer intervalo $[a, b]$, mostrando que toda soma superior é $b - a$ e toda soma inferior é $-(b - a)$.
4. Complete a demonstração do Teorema 7.5, referente às integrais superiores.
5. Seja ϕ uma função escada referente a uma partição $P = \{x_0, x_1, \ldots, x_n\}$ de $[a, b]$, com $\phi(x) = e_i$ para $x \in (x_{i-1}, x_i)$. Prove que ϕ é integrável e que $\int_a^b \phi = \sum e_i(x_i - x_{i-1})$. Faça um gráfico de ϕ e interprete essa integral em termos de áreas. Prove então que se ϕ e ψ são funções escada, $\phi \leq \psi \Rightarrow \int_a^b \phi \leq \int_a^b \psi$.
6. Prove que toda soma inferior de uma função f é a integral de uma função escada $\phi \leq f$; e toda soma superior é a integral de uma função escada $\psi \geq f$. Prove então que $\underline{\int_a^b} f = \sup \int_a^b \phi$ e $\overline{\int_a^b} f = \inf \int_a^b \psi$, onde ϕ percorre o conjunto das funções escada tais que $\phi \leq f$ e ψ o conjunto das funções escada tais que $f \leq \psi$.
7. Mostre que uma função f é constante se uma de suas somas inferiores for igual a uma de suas somas superiores.
8. Mostre que, em qualquer intervalo $[a, b]$, as somas inferiores da função f introduzida no Exerc. 6. da p. 89 são nulas. Prove que essa função é integrável e que sua integral é zero. *Sugestão*: Pelo Teorema 7.5 podemos modificar f em um número finito de pontos, sem que isso mude sua integral superior. Ora, em $[a, b]$ só há um número finito de pontos onde f é igual a $1/2, 1/3, \ldots, 1/n$. Faça $f(x) = 0$ nesses pontos, com o que o supremo de f em qualquer sub-intervalo de $[a, b]$ é $< 1/n$.
9. Considere a mesma função referida no exercício anterior, porém definida como sendo igual a 1 nos valores irracionais de x. Mostre que ainda aqui as somas inferiores são todas nulas, embora f nunca se anule. Mostre que essa função não é integrável.
10. Seja f uma função contínua num intervalo $[a, b]$, cujas somas inferiores (ou superiores) são todas iguais. Mostre que f é constante.

Critérios de integrabilidade

7.6. Lema. *Uma condição necessária e suficiente para que uma função f seja integrável no intervalo $[a, b]$ é que, dado qualquer $\varepsilon > 0$, existam partições*

P' e P'' de $[a, b]$ tais que

$$S(f, P') - s(f, P'') < \varepsilon. \qquad (7.9)$$

Demonstração. Para provar que a condição é necessária, supomos que a função f seja integrável. Então, dado $\varepsilon > 0$, existem partições P' e P'', tais que

$$S(f, P') < \int_a^b f + \frac{\varepsilon}{2} \quad \text{e} \quad s(f, P'') > \int_a^b f - \frac{\varepsilon}{2}.$$

Agora é só subtrair a segunda desigualdade da primeira para obtermos a desigualdade (7.9). A prova de que a condição é suficiente é mais fácil e fica por conta do leitor. (Exerc. 1 adiante.)

7.7. Teorema. *Uma condição necessária e suficiente para que uma função f seja integrável no intervalo $[a, b]$ é que, dado qualquer $\varepsilon > 0$, exista uma partição P de $[a, b]$ tal que*

$$S(f, P) - s(f, P) = \sum_{i=1}^n (M_i - m_i)(x_i - x_{i-1}) < \varepsilon.$$

Sendo $\omega_i = M_i - m_i$ a oscilação de f no sub-intervalo $[x_{i-1}, x_i]$, e pondo $\Delta x_i = x_i - x_{i-1}$, podemos escrever a condição anterior assim:

$$S(f, P) - s(f, P) = \sum_{i=1}^n (M_i - m_i)(x_i - x_{i-1}) = \sum_{i=1}^n \omega_i \Delta x_i < \varepsilon. \qquad (7.10)$$

Além disso, essa desigualdade permanece válida se substituirmos P por qualquer outra partição que seja refinamento de P.

Demonstração. Para provar que a condição é suficiente basta tomar $P' = P'' = P$ no lema anterior. Para provar que ela é necessária, aplicamos o lema e tomamos $P = P' \cup P''$. Finalmente, se substituirmos P por qualquer refinamento de P, a diferença $S(f, P) - s(f, P)$ só pode diminuir, donde segue a última parte do teorema.

Este último teorema será repetidamente usado para estabelecer a integrabilidade de certas funções. Muitas vezes utilizaremos a condição (7.10) provando simplesmente que a diferença de somas superior e inferior que nela aparece é menor do que $C\varepsilon$, onde C é uma constante. Observe que isso é suficiente para estabelecer a integrabilidade da função f, pois o que importa é provar que tal diferença pode ser feita arbitrariamente pequena; para mostrar que a referida diferença pode ser feita menor do que ε basta substituir o ε original por ε/C.

7.8. Teorema. *Toda função contínua num intervalo $I = [a,\ b]$ é integrável.*

Demonstração. Como f é uniformemente contínua, dado qualquer $\varepsilon > 0$, existe $\delta > 0$ tal que

$$x',\ x'' \in I,\ |x' - x''| < \delta \Rightarrow |f(x') - f(x'')| < \varepsilon.$$

Seja $P = \{x_0,\ x_1, \ldots,\ x_n\}$ uma partição de I cujos sub-intervalos $[x_{i-1},\ x_i]$ tenham comprimento menor do que δ. Nesse sub-intervalo a função assume valor máximo M_i num ponto x'_i e mínimo m_i num ponto x''_i, de sorte que

$$0 \leq M_i - m_i = \omega_i = f(x'_i) - f(x''_i) < \varepsilon.$$

Em conseqüência,

$$S(f,\ P) - s(f,\ P) = \sum_{i=1}^{n} \omega_i (x_i - x_{i-1}) < \varepsilon \sum_{i=1}^{n} (x_i - x_{i-1}) = \varepsilon(b - a).$$

Daqui e do Teorema 7.7 segue-se que f é integrável.

7.9. Teorema. *Toda função monótona num intervalo $[a,\ b]$ é integrável.*

Demonstração. Seja f a função. Para fixar as idéias, suponhamos que ela seja não decrescente. Dado qualquer $\varepsilon > 0$, seja $P = \{x_0,\ x_1, \ldots,\ x_n\}$ uma partição de $[a,\ b]$ cujos sub-intervalos $[x_{i-1},\ x_i]$ tenham comprimento $\Delta x_i < \varepsilon$. Nesse sub-intervalo f assume valor máximo M_i em x_i e mínimo m_i em x_{i-1}, de sorte que

$$\begin{aligned} S(f,\ P) - s(f,\ P) &= \sum_{i=1}^{n} [f(x_i) - f(x_{i-1})] \Delta x_i \\ &\leq \varepsilon \sum_{i=1}^{n} [f(x_i) - f(x_{i-1})] = \varepsilon[f(b) - f(a)]. \end{aligned}$$

Daqui e da condição (7.10) segue a integrabilidade de f. O caso em que f é não crescente fica a cargo do leitor. (Exerc. 2 adiante).

Os dois últimos teoremas mostram que a classe das funções integráveis contém propriamente a das funções contínuas. É natural perguntar: quão descontínua pode ser uma função integrável? No Exemplo 4.28 (p. 97) exibimos uma função monótona – portanto, integrável em qualquer intervalo limitado –

cujo conjunto de pontos de descontinuidade é denso. Esse exemplo faz pensar: será que existem funções integráveis que sejam descontínuas em todos os pontos de seus domínios? A resposta é negativa, pois o conjunto dos pontos de continuidade de uma função integrável é denso (Exerc. 8 adiante). Veremos, no Teorema 7.19 (p. 160), uma caracterização precisa das funções integráveis.

Exercícios

1. Termine a demonstração do Lema 7.6, provando que a condição é suficiente.
2. Prove o Teorema 7.9 no caso em que f é não crescente.
3. Verifique que a função de Cantor (p. 100) é integrável.
4. Diz-se que uma função f é *seccionalmente contínua* se existe uma partição $P = \{x_0, x_1, \ldots, x_n\}$ tal que f é contínua em cada sub-intervalo (x_{i-1}, x_i), possuindo limites laterais finitos nos pontos da partição. Prove que uma tal função é integrável.
5. Prove que uma função f é integrável se, dado qualquer $\varepsilon > 0$, existem funções escada ϕ e ψ, com $\phi \leq f \leq \psi$ e $\psi - \phi < \varepsilon$.
6. Seja f uma função limitada num intervalo $[a, b]$ e integrável em $[a, c]$ para todo $c \in (a, b)$. Prove que f é integrável em $[a, b]$.
7. Prove que se f é uma função integrável num intervalo $[a, b]$, então f é contínua em algum ponto de (a, b).
8. Prove que se f é uma função integrável num intervalo $[a, b]$, então o conjunto dos pontos onde f é contínua é denso em $[a, b]$.

Sugestões

7. Existe uma partição P de $[a, b]$ satisfazendo a condição de integrabilidade (7.10) com $\varepsilon = (b-a)/2$. Isso implica que $\omega_i < 1/2$ em algum sub-intervalo $[x_{i-1}, x_i]$ de P. Chamemos esse sub-intervalo de $I_1 = [a_1, b_1]$. Se necessário reduzimos seu tamanho para que ele tenha comprimento $< (b-a)/2$ e esteja contido em (a, b). O mesmo raciocínio aplicado a $[a_1, b_1]$ (agora com $\varepsilon = (b_1 - a_1)/2^2$) produz um seu sub-intervalo $I_2 = [a_2, b_2]$ onde a oscilação de f seja $< 1/2^2$. Podemos supor I_2 de comprimento $< (b-a)/2^2$. Continuando assim, indefinidamente, construímos uma seqüência de intervalos encaixados $I_1 \supset I_2 \supset \ldots \supset I_n \supset \ldots$, tal que I_n tenha comprimento $< (b-a)/2^n$ e em I_n a oscilação de f seja $< 1/2^n$. Agora é só provar que f é contínua em $c = \cap I_n \in (a, b)$.
8. Basta mostrar que em qualquer sub-intervalo $[c, d]$ de $[a, b]$ existe um ponto onde f é contínua.

Propriedades da integral

7.10. Teorema. *Se f e g são funções integráveis em $[a, b]$, o mesmo é verdade de $f + g$. Além disso,*

$$\int_a^b (f + g) = \int_a^b f + \int_a^b g. \tag{7.11}$$

152   Cap. 7: A Integral de Riemann

Demonstração. Dada qualquer partição P do intervalo $[a, b]$, é fácil ver, tendo em conta o Exerc. 11 da p. 82, que

$$\overline{\int}_a^b (f+g) \leq S(f+g,\ P) \leq S(f,\ P) + S(g,\ P) \tag{7.12}$$

e

$$\underline{\int}_a^b (f+g) \geq s(f+g,\ P) \geq s(f,\ P) + s(g,\ P). \tag{7.13}$$

Vamos supor que P seja a união de quaisquer duas outras partições P' e P'', isto é, $P = P' \cup P''$. Então $S(f,\ P) \leq S(f,\ P')$ e $S(g,\ P) \leq S(g,\ P'')$; daqui e de (7.12) obtemos

$$\overline{\int}_a^b (f+g) \leq S(f,\ P') + S(g,\ P'').$$

Como P' e P'' são partições arbitrárias, temos que (Veja o Exerc. 12 da p. 6)

$$\overline{\int}_a^b (f+g) \leq \overline{\int}_a^b f + \overline{\int}_a^b g = \int_a^b f + \int_a^b g, \tag{7.14}$$

esta última igualdade sendo devida ao fato de que f e g são integráveis.

Um raciocínio análogo com (7.13) nos conduz a

$$\underline{\int}_a^b (f+g) \geq \underline{\int}_a^b f + \underline{\int}_a^b g = \int_a^b f + \int_a^b g. \tag{7.15}$$

Dessas duas últimas desigualdades segue que o primeiro membro de (7.14) é menor ou igual ao primeiro membro de (7.15); mas este último é menor ou igual ao primeiro membro de (7.14), um resultado geral para qualquer função limitada, como $f+g$. Então esses dois membros são iguais e $f+g$ é integrável, além do que vale também a igualdade (7.11), como queríamos demonstrar.

7.11. Teorema. *Se f é uma função integrável em $[a,\ b]$ e c é uma constante qualquer, cf é integrável no mesmo intervalo e $\int_a^b cf = c\int_a^b f$.*

Demonstração. Vamos supor $c \neq 0$, já que o caso $c = 0$ é trivial. Dado qualquer $\varepsilon > 0$, seja P uma partição do intervalo $[a,\ b]$ tal que

$$S(f,\ P) - s(f,\ P) < \varepsilon/|c|.$$

Tendo em conta o Exerc. 14 da p. 6, é fácil ver que $S(cf,\ P)$ é igual a $cS(f,\ P)$ ou a $cs(f,\ P)$, conforme seja $c > 0$ ou $c < 0$ respectivamente; e analogamente para $s(cf,\ P)$. Então,

$$S(cf,\ P) - s(cf,\ P) = |c|[S(f,\ P) - s(f,\ P)] < \varepsilon,$$

que é a condição de integrabilidade (7.10), o que prova que cf é integrável. Finalmente, em qualquer dos casos possíveis, $S(cf, P) = cS(f, P)$ ou $S(cf, P) = cs(f, P)$, donde $\int_a^b cf = c \int_a^b f$, e isto conclui a demonstração.

Dos dois últimos teoremas segue-se que se f e g são duas funções integráveis em $[a, b]$, e α e β são constantes quaisquer, então $\alpha f + \beta g$ é integrável no mesmo intervalo e $\int_a^b (\alpha f + \beta g) = \alpha \int_a^b f + \beta \int_a^b g$. Em particular, $f - g$ é integrável e

$$\int_a^b (f - g) = \int_a^b f - \int_a^b g.$$

7.12. Teorema. *Se f é uma função integrável em $I = [a, b]$, o mesmo é verdade de f^2.*

Demonstração. Vamos supor inicialmente que $f(x) \geq 0$ para todo $x \in I$. Dado qualquer $\varepsilon > 0$, existe uma partição $P = \{x_0, x_1, \ldots, x_n\}$ do intervalo I, tal que

$$S(f, P) - s(f, P) = \sum_{i=1}^{n} (M_i - m_i)\Delta x_i < \varepsilon.$$

Seja M o supremo de f no intervalo I, de forma que $M_i + m_i \leq 2M$. Então,

$$S(f^2, P) - s(f^2, P) = \sum_{i=1}^{n} (M_i^2 - m_i^2)\Delta x_i$$

$$= \sum_{i=1}^{n} (M_i + m_i)(M_i - m_i)\Delta x_i \leq 2M \sum_{i=1}^{n} (M_i - m_i)\Delta x_i \leq 2M\varepsilon.$$

Vemos assim que f^2 satisfaz a condição de integrabilidade (7.10), logo é integrável.

Na hipótese de f não ser sempre ≥ 0, $m = \inf f < 0$ e $(f - m)^2$ é integrável, pois $f(x) - m$ é integrável e ≥ 0. Como $f^2 = (f - m)^2 + 2mf - m^2$, vemos que f^2 é integrável, como queríamos provar.

7.13. Teorema. *Se f e g são funções integráveis em $[a, b]$, então fg também é integrável no mesmo intervalo.*

Demonstração. Isso é conseqüência imediata de

$$fg = \frac{1}{2}[(f + g)^2 - f^2 - g^2].$$

7.14. Teorema. *Se f e g são funções integráveis num intervalo $[a, b]$, então, a) $f \geq 0 \Rightarrow \int_a^b f \geq 0$; b) $f \geq g \Rightarrow \int_a^b f \geq \int_a^b g$.*

154 Capítulo 7: A Integral de Riemann

Demonstração. Sendo $f \geq 0$, é claro que $s(f,\ P) \geq 0$ para toda partição P, o que é suficiente para estabelecer a parte a). Desta segue a parte b), bastando observar que $f - g \geq 0$.

7.15. Teorema. *Se $f \geq 0$ é uma função contínua num intervalo $[a,\ b]$, com $f(c) > 0$ em algum ponto $c \in [a,\ b]$, então $\int_a^b f > 0$.*

Demonstração. Suponhamos que c seja ponto interno. Sabemos, da continuidade, que $f(x)$ permanece maior do que $f(c)/2$ em toda uma vizinhança $V_\delta(c)$ de c, que podemos supor toda contida no intervalo $[a,\ b]$. Em conseqüência,

$$\int_a^b f \geq \int_{c-\delta}^{c+\delta} f \geq \int_{c-\delta}^{c+\delta} \frac{f(c)}{2} = 2\delta \frac{f(c)}{2} = \delta f(c) > 0.$$

Os casos em que $c = a$ ou $c = b$ não oferecem maior dificuldade e ficam a cargo do leitor. (Exerc. 5 adiante.)

7.16. Teorema. *Se f é integrável em $[a,\ b]$, o mesmo é verdade de $|f|$ e*

$$\left| \int_a^b f \right| \leq \int_a^b |f|. \tag{7.16}$$

Demonstração. A integrabilidade de $|f|$ segue da desigualdade

$$\Big| |f(x)| - |f(y)| \Big| \leq |f(x) - f(y)|,$$

que é válida para todo $x,\ y \in [a,\ b]$. Em conseqüência (Veja o Exerc. 12 da p. 82), a oscilação de $|f|$ em qualquer sub-intervalo de uma partição P de $[a,\ b]$ será menor ou igual à oscilação de f no mesmo sub-intervalo, de sorte que

$$S(|f|,\ P) - s(|f|,\ P) \leq \sum_{i=1}^n \omega_i \Delta x_i = S(f,\ P) - s(f,\ P).$$

Daqui e do Teorema 7.7 (p. 149) segue a integrabilidade de $|f|$.

Quanto à desigualdade (7.16), observe que $f \leq |f|$ e $-f \leq |f|$, de sorte que $\int_a^b f \leq \int_a^b |f|$ e $-\int_a^b f = \int_a^b (-f) \leq \int_a^b |f|$. Essas duas últimas desigualdades equivalem a (7.16), o que completa a demonstração do teorema.

A desigualdade (7.16) pressupõe $a < b$; mas é claro que ela vale também se $b < a$, desde que troquemos o sinal de seu segundo membro, escrevendo $-\int_a^b |f|$ em lugar de $\int_a^b |f|$.

A integrabilidade de $|f|$ não implica que f seja integrável. Já vimos, no Exerc. 3 da p. 148, que a função de Dirichlet, que é igual a 1 se x é racional e a -1 se x é irracional, não é integrável em qualquer intervalo $[a,\ b]$. No entanto, o módulo dessa função, que é identicamente igual a 1, é integrável e sua integral é $b - a$.

Exercícios

1. Estabeleça o Teorema 7.13 diretamente da condição de integrabilidade (7.10).
2. Seja f uma função integrável num intervalo $[a,\ b]$, onde $f(x) \geq c > 0$. Prove que $1/f$ é integrável.
3. Prove que se f e g são integráveis num intervalo $[a,\ b]$, o mesmo é verdade das funções $\max\{f,\ g\}$ e $\min\{f,\ g\}$.
4. A *parte positiva* f^+ e a *parte negativa* f^- de uma função f são assim definidas: $f^+(x) = f(x)$ se $f(x) \geq 0$ e $f^+(x) = 0$ se $f(x) < 0$; $f^-(x) = -f(x)$ se $f(x) < 0$ e $f^-(x) = 0$ se $f(x) \geq 0$. (Faça figuras interpretativas de f^+ e f^-.) Mostre que $f^+ = (f + |f|)/2$ e $f^- = (|f| - f)/2$; e que, portanto, essas funções são integráveis, se f for integrável.
5. Prove o Teorema 7.15 nos casos em que $c = a$ e $c = b$.
6. Seja f uma função integrável em $[a,\ b]$. Prove que $|\int_a^b f| \leq C(b-a)$, onde C é uma cota superior de $|f|$. Observe que, quaisquer que sejam c e d em $[a,\ b]$, $\int_c^d |f| \leq C|c - d|$, seja c maior ou menor do que d.
7. Seja f é uma função contínua, tal que $\int_a^b |f| = 0$. Prove que $f \equiv 0$.
8. Já vimos (Exerc. 8 da p. 148) que uma função não negativa pode ter integral nula num intervalo $[a,\ b]$, embora seja positiva num conjunto denso. Prove, todavia, que uma função f, que seja integrável e positiva em todo um intervalo $[a,\ b]$, tem, necessariamente, integral positiva.
9. Seja $f \geq 0$ uma função contínua em $[a,\ b]$ e $M = \max f$. Prove que

$$\lim_{p \to \infty} \left(\int_a^b f^p \right)^{1/p} = M.$$

10. (lema fundamental do Cálculo das Variações) Seja f uma função contínua em $[a,\ b]$, tal que $\int_a^b fg = 0$ para toda função contínua g que se anule nos extremos do intervalo. Prove que $f \equiv 0$.

Sugestões

1. Observe que

$$|f(x)g(x) - f(y)g(y)| = |[f(x) - f(y)]g(x) + [g(x) - g(y)]f(y)|$$
$$\leq C[|f(x) - f(y)| + |g(x) - g(y)|],$$

onde C é uma cota superior para f e g. Dado qualquer $\varepsilon > 0$, prove que existe uma partição P de $[a,\ b]$, para a qual vale a desigualdade (7.10) para a função fg.

2. Observe que

$$\left| \frac{1}{f(x)} - \frac{1}{f(y)} \right| \leq \frac{|f(x) - f(y)|}{c^2}.$$

156   Cap. 7: A Integral de Riemann

8. Veja o Exerc. 7 da p. 151.

9. Se o máximo de f ocorre num ponto $c \in (a, b)$, dado qualquer ε, existe $\delta > 0$ tal que $x \in V_\delta(c) \Rightarrow M - \varepsilon \leq f(x) \leq M$. Observe que

$$2\delta(M - \varepsilon)^p \leq \int_{c-\delta}^{c+\delta} f^p \leq \int_a^b f^p \leq (b-a)M^p.$$

10. Supondo $f(c) > 0$ para algum $c \in (a, b)$, existe uma vizinhança $V_\delta(c)$ onde $f(x) > 0$. Seja g uma função contínua que se anule fora de $V_\delta(c)$ e que seja positiva nessa vizinhança; por exemplo, $g(x) = x - (c - \delta)$ em $c - \delta \leq x \leq c$ e $g(x) = c + \delta - x$ em $c \leq x \leq c + \delta$. Faça o gráfico de g.

Somas de Riemann

Veremos agora como a integral de uma função num intervalo $[a, b]$ pode ser interpretada como limite de uma soma, chamada soma de Riemann. Para isso seja $P = \{x_0, x_1, \ldots, x_n\}$ uma partição de $[a, b]$ e $C = \{\xi_1, \xi_2, \ldots, \xi_n\}$ um conjunto de n pontos tais que $\xi_i \in [x_{i-1}, x_i]$. A *soma de Riemann* da função f referente à partição P e aos pontos ξ_i de C é definida pela expressão

$$\sigma(f, P, C) = \sum_{i=1}^n f(\xi_i)(x_i - x_{i-1}) = \sum_{i=1}^n f(\xi_i)\Delta x_i.$$

Para simplificar, escreveremos $\sigma(f, P)$ invés de $\sigma(f, P, C)$.

Mostraremos, no caso em que f é integrável, que essa soma tende à integral da função quando o maior dos comprimentos Δx_i tende a zero, independentemente da maneira como os pontos ξ_i são escolhidos nos sub-intervalos $[x_{i-1}, x_i]$. Para isso vamos definir *norma* da partição P ao maior dos números Δx_i, i variando de 1 a n. Indicaremos a norma de P com o símbolo $|P|$.

7.17. Lema (de Darboux). *Sejam I e J, respectivamente, as integrais inferior e superior de f num intervalo $[a, b]$. Essas integrais são os limites de $s(f, P)$ e $S(f, P)$, respectivamente, com $|P| \to 0$. Em outras palavras, dado qualquer $\varepsilon > 0$, existe $\delta > 0$ tal que*

$$|P| < \delta \Rightarrow I - \varepsilon < s(f, P) \leq I \leq J \leq S(f, P) < J + \varepsilon. \qquad (7.17)$$

Demonstração. Comecemos por demonstrar que quando incluímos um ponto x' numa partição P de $[a, b]$, obtemos uma nova partição P', tal que

$$S(f, P) - S(f, P') \leq 2C|P|, \qquad (7.18)$$

onde C é o supremo de $|f(x)|$ em $[a, b]$. Observe que o ponto x' cairá no interior de um sub-intervalo de P, digamos, o i-ésimo deles. Sejam M'_i e M''_i os supremos de f nos sub-intervalos $[x_{i-1},\ x']$ e $[x',\ x_i]$, respectivamente. Como na demonstração do Teorema 7.1 (p. 144), é fácil ver que

$$S(f,\ P) - S(f,\ P') = M_i(x_i - x_{i-1}) - M'_i(x' - x_{i-1}) - M''_i(x_i - x')$$

$$= (M_i - M'_i)(x' - x_{i-1}) + (M_i - M''_i)(x_i - x').$$

Esta última expressão é majorada por

$$2C(x' - x_{i-1}) + 2C(x_i - x') = 2C(x_i - x_{i-1}) \leq 2C|P|$$

e isso completa a demonstração de (7.18).

Se P' é um refinamento de P que contém n pontos a mais do que P, podemos passar de P a P' introduzindo $(n-1)$ partições intermediárias, $P_1,\ P_2, \ldots, P_{n-1}$, a primeira obtida de P pelo acréscimo de um ponto, a segunda obtida da primeira pelo acréscimo de mais um ponto, e assim por diante até chegar a P' obtida de P_{n-1} pelo acréscimo do n-ésimo ponto. Agora é só observar que

$$S(f,\ P) - S(f,\ P') = S(f,\ P) - S(f,\ P_1)$$

$$+ S(f,\ P_1) - S(f,\ P_2) + \ldots + S(f,\ P_{(n-1)}) - S(f,\ P'),$$

para obtermos:

$$S(f,\ P) - S(f,\ P') \leq 2nC|P|. \tag{7.19}$$

Passemos agora à demonstração do lema propriamente. Dado $\varepsilon > 0$, existe uma partição $P_0 = \{x_0,\ x_1, \ldots,\ x_n\}$, tal que

$$S(f,\ P_0) < J + \varepsilon/2. \tag{7.20}$$

Seja $\delta > 0$ um número a ser determinado; e seja P uma partição qualquer com $|P| < \delta$. A partição $P' = P_0 \cup P$ é obtida de P pelo acréscimo de no máximo $n-1$ pontos, ou seja, $x_1,\ x_2, \ldots,\ x_{n-1}$. Em conseqüência, vale (7.19) com $n-1$ em lugar de n, donde

$$S(f,\ P) - S(f,\ P') \leq 2(n-1)C\delta.$$

Portanto, tomando $\delta < \varepsilon/4(n-1)C$, teremos

$$S(f,\ P) < S(f,\ P') + \varepsilon/2 \leq S(f,\ P_0) + \varepsilon/2.$$

Daqui e de (7.20) obtemos a desigualdade da direita em (7.17).

A demonstração de que $I - \varepsilon < s(f,\ P)$ é inteiramente análoga e fica a cargo do leitor. (Exerc. 1 adiante.)

Cap. 7: A Integral de Riemann

7.18. Teorema. *Se f é uma função integrável no intervalo $[a, b]$, sua integral nesse intervalo é o limite das somas de Riemann $\sigma(f, P)$ com $|P|$ tendendo a zero, isto é,*

$$\int_a^b f(x)dx = \lim_{|P|\to 0} \sum_{i=1}^n f(\xi_i)\Delta x_i, \qquad (7.21)$$

independentemente da escolha dos ξ_i nos sub-intervalos $[x_{i-1}, x_i]$.

Demonstração. Qualquer que seja $\xi_i \in [x_{i-1}, x_i]$, valem as desigualdades $m_i \leq f(\xi_i) \leq M_i$, de sorte que

$$s(f, P) \leq \sigma(f, P) \leq S(f, P);$$

Pelo lema anterior, combinado com o fato de que f é integrável, $s(f, P)$ e $S(f, P)$ têm o mesmo limite $I = J = \int_a^b f$ com $|P| \to 0$; então, pelo teorema da função intercalada (Exerc. 9 da p. 89), $\sigma(f, P)$ também tem o mesmo limite, ou seja, vale a igualdade (7.21), como queríamos provar.

Este último teorema justifica a notação $\int_a^b f(x)dx$ para a integral de uma função, concebida como a soma das áreas de uma "infinidade de retângulos infinitesimais" de altura $f(x)$ e base "infinitamente pequena" dx (Fig. 7.3).

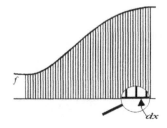

Exercícios

Fig. 7.3

1. Termine a demonstração do Lema 7.17, provando a desigualdade referente à soma inferior em (7.17).

2. Estabeleça o **primeiro critério de integrabilidade de Riemann**, que diz: *uma condição necessária e suficiente para que uma função limitada f num intervalo $[a, b]$ seja integrável é que $\lim_{|P|\to 0} \sum_{i=1}^n \omega_i \Delta x_i = 0$, isto é, dado qualquer $\varepsilon > 0$, exista $\delta > 0$ tal que, sendo P uma partição de $[a, b]$,*

$$|P| < \delta \Rightarrow S(f, P) - s(f, P) = \sum_{i=1}^n \omega_i \Delta x_i < \varepsilon. \qquad (7.22)$$

(Observe a diferença entre este critério e o do Teorema 7.7 (p. 149): aqui a última desigualdade em (7.22) vale para toda partição P com $|P| < \delta$, enquanto em (7.10) basta que a desigualdade se verifique para alguma partição P.)

3. Prove que o critério anterior é equivalente ao seguinte (**segundo critério de integrabilidade de Riemann**): *uma condição necessária e suficiente para que uma função limitada f com domínio $I = [a, b]$ seja integrável é que, quaisquer que sejam $\varepsilon > 0$ e $\sigma > 0$, exista $\delta > 0$ tal que, para toda partição P de I com $|P| < \delta$, a soma s dos comprimentos dos*

sub-intervalos de P onde a oscilação de f supera σ seja menor do que ε, isto é, $s < \varepsilon$.

Solução: Com a mesma notação anterior, é claro que

$$\sigma s \leq \sum_{i=1}^{m} \omega_i \Delta x_i.$$

Portanto, supondo válida a condição do $1^{\underline{o}}$ critério, dados ε e σ, existe $\delta > 0$ tal que $|P| < \delta$ implica a somatória anterior ser menor do que $\sigma\varepsilon$, portanto $s < \varepsilon$.

Para provar a recíproca, dado $\varepsilon > 0$, tomamos $\sigma = \varepsilon$ e determinamos δ satisfazendo a condição do $2^{\underline{o}}$ critério. Sendo ω a oscilação de f em I, vemos que

$$\sum_{i=1}^{n} \omega_i \Delta x_i \leq \omega\varepsilon + \sigma(b-a) = (\omega + b - a)\varepsilon.$$

Isto estabelece a condição do $1^{\underline{o}}$ critério.

4. Seja f uma função integrável num intervalo $[a, b]$. Mostre que

$$\int_a^b f(x)dx = \lim \frac{b-a}{n} \sum_{i=1}^{n} f(a + i[b-a]/n).$$

5. Calcule as seguintes integrais como limites de somas de Riemann:

$$a) \int_a^b x\,dx = \frac{b^2 - a^2}{2}; \quad b) \int_a^b x^2 dx = \frac{b^3 - a^3}{3}.$$

6. Considerando as integrais de zero a 1 de $(1+x^2)^{-1}$ e $(1+x)^{-1}$ como limites de somas de Riemann, mostre que

$$\lim \sum_{i=1}^{n} \frac{n}{n^2 + i^2} = \frac{\pi}{4} \quad \text{e} \quad \lim \sum_{i=1}^{n} \frac{1}{n+i} = \log 2.$$

7. Com procedimento análogo ao do exercício anterior, mostre que:

$$a) \lim \sum_{i=1}^{n} \frac{i}{n^2 + i^2} = \log \sqrt{2}; \quad b) \lim \frac{1}{\sqrt{n}} \sum_{i=1}^{n} \frac{1}{\sqrt{i}} = 2.$$

8. Seja f uma função integrável em $[-a, a]$. Prove que $\int_{-a}^{a} f(x)dx = 2\int_0^a f(x)dx$ se f for par [isto é, $f(-x) = f(x)$] e $\int_{-a}^{a} f(x)dx = 0$ se f for ímpar (isto é, $f(-x) = -f(x)$).

Conjuntos de medida zero e integrabilidade

O objetivo desta seção é o de caracterizar as funções integráveis em termos de uma noção nova e simples de compreender, a de "conjunto de medida zero". Mas, antes de introduzi-la, devemos fazer uma pequena digressão, apenas para mostrar que *a união de uma família enumerável de conjuntos enumeráveis é enumerável*.

Para isso, seja $(A_1, A_2, \ldots)$ a referida família. Vamos fazer a demonstração no caso em que essa família seja efetivamente infinita, o mesmo acontecendo com cada A_i, esses conjuntos sendo dois a dois disjuntos. Assim,

$$A_1 = \{a_{11}, a_{12}, a_{13}, \ldots, a_{1n}, \ldots\}$$
$$A_2 = \{a_{21}, a_{22}, a_{23}, \ldots, a_{2n}, \ldots\}$$
$$\ldots\ldots\ldots\ldots\ldots\ldots\ldots\ldots\ldots\ldots\ldots\ldots$$
$$A_n = \{a_{n1}, a_{n2}, a_{n3}, \ldots, a_{nn}, \ldots\}$$
$$\ldots\ldots\ldots\ldots\ldots\ldots\ldots\ldots\ldots\ldots\ldots\ldots$$

onde $a_{ij} \neq a_{i'j'}$, desde que $(i, j) \neq (i', j')$. Consideremos, em seguida, o conjunto

$$A = \{a_{11}, a_{12}, a_{21}, a_{13}, a_{22}, a_{31}, a_{14}, a_{23}, a_{32}, a_{41}, \ldots\},$$

cujo critério de formação é óbvio: colocamos, em ordem crescente dos índices n, as diagonais $a_{1n}, a_{2,n-1}, \ldots, a_{n1}$. Isso torna evidente que A é a união dos A_i e que essa união é enumerável, como queríamos provar.

Diz-se que um conjunto C é de *medida zero* se, dado qualquer $\varepsilon > 0$, C pode ser coberto por uma família enumerável de intervalos abertos, cuja soma dos comprimentos seja $\leq \varepsilon$. Por exemplo, *todo conjunto enumerável é de medida zero*. De fato, sendo

$$A = \{a_1, a_2, a_n, \ldots\}$$

esse conjunto, dado qualquer $\varepsilon > 0$, cobrimos o elemento genérico a_i com o intervalo $J_i = (a_i - \varepsilon/2^{i+1}, a_i + \varepsilon/2^{i+1})$ de comprimento $\varepsilon/2^i$. É claro que essa família de intervalos J_i é uma cobertura de A; e a soma dos comprimentos dos J_i é $\sum_{i=1}^{\infty} \varepsilon/2^i = \varepsilon$; logo, A é de medida zero.

Notemos ainda que *toda união enumerável de conjuntos de medida zero é de medida zero*. De fato, seja $A = \cup_{i=1}^{\infty} A_i$ essa união, onde cada A_i é de medida zero. Dado qualquer $\varepsilon > 0$, A_i pode ser coberto por uma família enumerável de intervalos abertos $(J_{ij})_{j=1}^{\infty}$ cuja soma dos comprimentos seja menor do que $\varepsilon/2^i$. Então o conjunto A pode ser coberto pela família de intervalos $J_{ij} : i = 1, 2, \ldots; j = 1, 2, \ldots$, cuja soma dos comprimentos é menor do que $\sum_{i=1}^{\infty} \varepsilon/2^i = \varepsilon$, donde o resultado desejado.

Estamos agora em condições de provar o resultado central desta seção.

7.19. Teorema. *Uma condição necessária e suficiente para que uma função f, definida e limitada num intervalo $I = [a, b]$, seja integrável, é que seus pontos de descontinuidade formem um conjunto de medida zero.*

Demonstração. Vamos primeiro provar que a condição é necessária, supondo, pois, que f seja integrável. Seja D o conjunto dos pontos de descontinuidade de f em I, e seja D_k o conjunto dos pontos de I onde a oscilação de f é $> 1/k$ (Veja a definição de "oscilação num ponto" no Exerc. 2 da p. 101), isto é,

$$D_k = \{x \in I : \omega(f, x) > 1/k\}, \quad k = 1, 2, \ldots$$

É claro que $D_k \subset D$ para todo k; e se $x \in D$, $\omega(f, x)$ será maior do que algum $1/k$, de sorte que $x \in D_k$. Isso prova que $D = \cup_{k=1}^{\infty} D_k$.

Racionando por absurdo, suponhamos que D não seja de medida zero. Então, algum D_k também não será de medida zero. Em conseqüência, existe um número $\delta > 0$ tal que qualquer cobertura enumerável de D_k por intervalos abertos J_i é tal que $\sum_{i=1}^{\infty} |J_i| \geq \delta$; e, a fortiori, a soma dos comprimentos Δx_i dos sub-intervalos $[x_{i-1}, x_i]$, de qualquer partição $P = \{x_o, x_1, \ldots, x_n\}$ de I, que contenham algum ponto de D_k, será $\geq \delta$. Portanto, a somatória que aparece em (7.10) (p. 149) é tal que (onde $\sum'$ é a somatória estendida somente aos Δx_i que contém pontos de D_k)

$$\sum_{i=1}^{n} \omega_i \Delta x_i \geq \frac{1}{k} \sum{'} \Delta x_i \geq \frac{\delta}{k}.$$

Pelo Teorema 7.7, isto contradiz a integrabilidade de f.

Para provar que a condição é suficiente, seja D o conjunto dos pontos de descontinuidade da função f no intervalo I. Como esse conjunto é de medida zero, dado qualquer $\varepsilon > 0$, existe uma família enumerável de intervalos abertos J_i, cuja soma dos comprimentos é menor do que ε e cuja união contém D. Os pontos $x \in I$ que estão fora desses intervalos J_i são pontos onde f é contínua; logo, cada um deles pode ser coberto por um intervalo aberto K_x tal que a oscilação de f no fecho de K_x é $\leq \varepsilon$. A totalidade dos intervalos J_i e K_x é uma família de intervalos abertos cuja união contém I; portanto, pelo Teorema de Borel-Lebesgue (p. 115), essa família possui uma sub-família finita F cuja união contém I. Por exemplo, F pode ser

$$J_3, J_8, J_{11}, J_{47}, K_x, K_y, K_z$$

como ilustra a Fig. 7.4. Em seguida formamos uma partição de P de I,

$$P = \{x_0, x_1, \ldots, x_n\},$$

com o procedimento descrito a seguir. Tomamos $x_0 = a$ e observamos que F possui um ou mais intervalos contendo x_0. Tomamos x_1 igual ao extremo direito de um desses intervalos, caso tal extremo seja interior a I, senão pomos

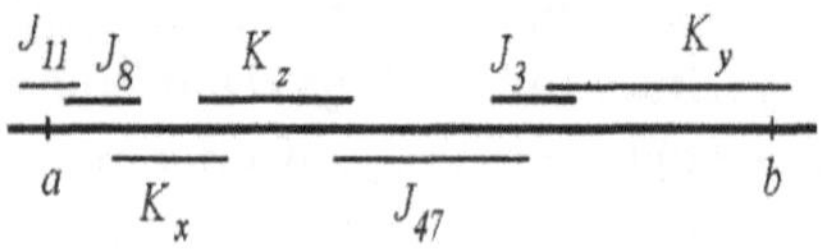

162 Capítulo 7: A Integral de Riemann

Fig. 7.4

$x_1 = b$ e encerramos a construção de P. Em seguida observamos que F possui um ou mais intervalos contendo x_1. Tomamos x_2 igual ao extremo direito de um desses intervalos, caso tal extremo seja interior a I, senão pomos $x_2 = b$ e encerramos a construção de P. E assim prosseguimos até terminar com $x_n = b$.

Com esse procedimento, cada sub-intervalo da partição P, $[x_{i-1}, x_i]$, está contido no fecho de algum dos intervalos de F, o que nos permitirá estabelecer a integrabilidade de f com a condição (7.10) do Teorema 7.7 (p. 149). Para isso separamos as parcelas da somatória $\sum_{i=1}^{n} \omega_i \Delta x_i$ que aparece em (7.10) em duas partes: uma referente aos intervalos do tipo J_i, que será pequena por ser pequena a soma dos comprimentos desses intervalos; a outra referente aos intervalos do tipo K_x, que será pequena por ser pequena a oscilação de f nesse intervalo. Mais precisamente, como f é limitada por uma constante M, a soma das parcelas correspondentes aos intervalos do tipo J_i, designada por $\sum_J$, é

$$\sum_J \omega_i \Delta x_i = \sum_J (M_i - m_i) \Delta x_i \leq 2M \sum_J \Delta x_i \leq 2M\varepsilon;$$

e a soma das parcelas correspondentes aos intervalos do tipo K_x, designada por $\sum_K$, é

$$\sum_K \omega_i \Delta x_i \leq \varepsilon \sum_K \Delta x_i \leq \varepsilon(b-a).$$

Então, $\sum_{i=1}^{n} \omega_i \Delta x_i = \sum_J \omega_i \Delta x_i + \sum_K \omega_i \Delta x_i \leq (2M + b - a)\varepsilon$, o que nos permite concluir, pelo Teorema 7.7, que f é integrável. Isso completa a demonstração do teorema.

O teorema que acabamos de provar mostra que uma função integrável é contínua em "quase" todos os pontos de seu domínio, o significado preciso desse "quase" sendo este: a função é contínua em todos os pontos de seu domínio, exceto num conjunto de medida zero.

7.20. Exemplo. A função considerada no Exerc. 6 da p. 105 é integrável, como já tivemos oportunidade de verificar diretamente no Exerc. 8 da p. 148. Pelo teorema anterior, a verificação é imediata, pois f satisfaz a condição desse teorema. Observe que toda soma inferior dessa função, referente a qualquer intervalo $[a, b]$, é zero, donde segue que sua integral é zero. Já a função do Exerc.

9 da p. 148 não é integrável, pois é descontínua em todo o intervalo $[a,\ b]$.

Notas históricas e complementares
Cauchy e a integral

Já tivemos oportunidade de observar (p. 104), que no século XVIII a derivada era interpretada mais como um operador algébrico que transformava umas em outras as expressões analíticas que representavam as funções. De maneira análoga, a *integral definida*, embora sabidamente a área sob o gráfico de uma função, era interpretada como a diferença de valores de uma mesma primitiva da função. Assim, calcular uma integral definida significava essencialmente achar uma primitiva, ou seja, *transfomar algebricamente* a expressão analítica de uma função em outra. Como se vê, a ênfase era posta na idéia de função dada por uma expressão analítica. Mas esses conceitos do século XVIII — não só o de derivada e integral, como os de função e continuidade — eram insuficientes para lidar com os novos problemas que surgiam já no final do século; e como dissemos nas pp. 105 e 106, isso ficou bem evidenciado na obra de Fourier, que teve forte influência nas mudanças que ocorreriam no início do século XIX.

Cauchy foi o primeiro a introduzir a integral analiticamente. Em seu "Résumée" de 1823 [C2] ele define a integral como limite de somas do tipo

$$\sum_{i=1}^{n} f(x_{i-1})(x_i - x_{i-1}).$$

E com essa definição demonstra que toda função contínua num intervalo limitado é integrável (embora em sua demonstração proceda desapercebidamente como se a função fosse uniformemente contínua). E demonstra também, como veremos no capítulo seguinte, que toda função contínua f possui primitiva.

Como se vê, a integral assim definida dispensa com a restrita concepção de que f tenha uma expressão analítica. Basta que a função f seja contínua para que exista F tal que $F'(x) = f(x)$; F é a *integral definida* de f num intervalo $[a,\ x]$, como veremos no capítulo seguinte. Mas, ao que tudo indica, essa concepção geral de função não estava nas considerações de Cauchy. (Veja [L1], p. 4).

Dirichlet e a série de Fourier

Vários matemáticos, a começar pelo próprio Fourier, tentaram, sem sucesso, demonstrar a possibilidade de desenvolver uma função arbitrária f em série de Fourier, isto é, dada uma função com domínio $[-\pi,\ \pi]$, provar que

$$f(x) = \frac{a_0}{2} + \sum_{n=1}^{\infty}(a_n \cos nx + b_n \operatorname{sen} nx),$$

onde $a_n = \dfrac{1}{\pi}\displaystyle\int_{-\pi}^{\pi} f(x)\cos x dx$ e $b_n = \dfrac{1}{\pi}\displaystyle\int_{-\pi}^{\pi} f(x)\operatorname{sen} x dx$. Mas o primeiro a dar uma demonstração satisfatória, no espírito dos novos métodos da Análise, foi Dirichlet.

Peter Gustav Lejeune-Dirichlet (1805–1859) passou os anos de 1822 a 1825 em Paris, onde relacionou-se intimamente com Fourier. Dessa época resultou seu memorável trabalho de 1829 [D3] sobre as séries de Fourier. Voltando para a Alemanha, Dirichlet foi professor em Breslau, em 1827; depois em Berlim, de 1828 a 1835, terminando como sucessor de Gauss em Göttingen, a partir da morte deste em 1855.

O referido trabalho de Dirichlet é um marco significativo na evolução da Análise Matemática no século XIX. Aí ele dá a primeira demonstração rigorosa de que a serie de Fourier de uma função f converge, em cada ponto x, para a média aritmética dos limites laterais de f nesse ponto, de sorte que, sendo f contínua em x, a convergência da série é para o valor $f(x)$. Nessa demonstração ele faz a hipótese de que f seja seccionalmente contínua, aparentemente apenas para garantir sua integrabilidade segundo a definição de Cauchy, bem como a existência dos coeficientes de Fourier; e supõe ainda que f seja seccionalmente monótona, isto é, que tenha apenas um número finito de máximos e mínimos. Para uma idéia do métodos de demonstração de Dirichlet remetemos o leitor à p. 26 de [A5].

Dirichlet conclui observando que sua demonstração pode ser estendida a funções mais gerais, satisfazendo a propriedade segundo a qual quaisquer que sejam a e b no intervalo $(-\pi, \pi)$, existem r e s compreendidos entre a e b tais que a função seja contínua em $[r, s]$. (Em linguagem moderna, isso equivale a dizer que o interior do fecho do conjunto dos pontos de descontinuidade é vazio; em inglês tais conjuntos chamam-se "nowhere dense". Veja [B3], p. 36). Segundo Dirichlet, essa condição é necessária para assegurar a integrabilidade de f e a existência dos coeficientes de Fourier, observando que existem funções que não satisfazem tal condição, dando como exemplo a função que é igual a um número c quando a variável é racional, e igual a outro número d quando a variável é irracional. Essa é a origem da conhecida "função de Dirichlet", que introduzimos no Exerc. 1 da p. 81. Por fim, ele nota que a demonstração da convergência da série de Fourier nesse caso mais geral, "com toda a clareza que se pode desejar, exige alguns detalhes ligados aos princípios fundamentais da análise infinitesimal e que serão expostos em outra nota, onde me ocuparei também de outras propriedades notáveis da série (de Fourier)".

Embora prometesse, Dirichlet não publicou essa "outra nota". É verdade que em 1837 aparece um outro seu trabalho sobre o mesmo tema, porém sem acrescentar qualquer coisa de essencial. (Veja [B5], p. 196.) Mas é nesse trabalho que aparece a definição de função (reproduzida na p. 197 de [B5]) que se consagrou até os nossos dias.

Até hoje desconhecemos o tipo de generalização da integral que Dirichlet tinha em mente. (Veja [H1], p. 14.) O trabalho de Dirichlet seria completado por Riemann um quarto de século mais tarde.

Riemann e a integral

Georg Friedrich Bernhard Riemann (1826–1866) estudou em Göttingen, onde obteve seu doutorado com uma tese sobre funções de variáveis complexas (Veja [B1], p. 495), após o que começou a se preparar para a "Habilitação" (que lhe daria direito a dar aulas na universidade como "Privatdozent"), e para isso tinha de apresentar uma tese. Ele submeteu três trabalhos diferentes, um sobre as séries trigonométricas, outro sobre os fundamentos da Geometria e um terceiro em Física Matemática. A comissão de exame, presidida por Gauss, escolheu ouvi-lo sobre os fundamentos da Geometria. Diz-se que Gauss saiu do exame elogiando o trabalho de Riemann, o que dá a medida do novo talento, já que Gauss não era muito dado a elogios. Esse trabalho de Riemann, diga-se de passagem, é aquele que lançava os fundamentos de uma nova disciplina, a Geometria Riemanniana.

Riemann foi aluno de Dirichlet, num curso sobre teoria dos números em Berlim, e por ele nutria grande admiração. Em 1852 Dirichlet esteve visitando Göttingen, quando novamente Riemann dele se aproximou. Desta vez, engajado que estava na preparação de seu trabalho [R1] sobre as séries trigonométricas, teve, nesse assunto, a influência direta e o estímulo de Dirichlet. Ao que parece, foi nesse mesmo ano que Riemann concluiu o referido trabalho, cuja publicação (por Dedekind), todavia, só ocorreu em 1867, após sua morte.

O ponto de partida de Riemann é a questão não resolvida por Dirichlet em 1829: o que

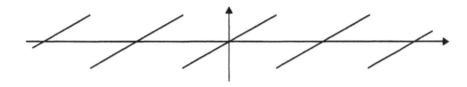

Fig. 7.5

significa dizer que uma função é integrável? Ao contrário de Cauchy, que se restringiu, em suas considerações, a funções que são contínuas, ou, no máximo, seccionalmente contínuas, Riemann não faz outra hipótese sobre a função a ser integrada além da exigência de que suas "somas de Riemann" convirjam. E estabelece, a partir daí, critérios de integrabilidade que caracterizam completamente a classe das funções integráveis (Exercs. 2 e 3, p. 158). Notável, em particular, é o exemplo que ele dá de uma função integrável, não obstante ser descontínua num conjunto denso de pontos! Isso sequer tinha sido imaginado antes.

Descreveremos a seguir a função exibida por Riemann. Sejam $p(x)$ o inteiro mais próximo de x e (x) a função que é zero se x é metade de um inteiro e $(x) = x - p(x)$ em caso contrário (Fig. 7.5). A função de Riemann é dada pela série

$$f(x) = (x) + \frac{(2x)}{2^2} + \frac{(3x)}{3^2} + \ldots = \sum_{m=1}^{\infty} \frac{(mx)}{m^2}. \qquad (7.23)$$

Observe que os gráficos de $(2x)$, $(3x)$, ... são análogos ao gráfico de (x), porém com inclinações $2, 3, \ldots$, de forma que seus pontos de descontinuidade são cada vez menos espaçados. Como se vê, os termos da série (7.23) vão contribuindo mais e mais descontinuidades, de forma que a soma resulta numa função cujos pontos de descontinuidade formam um conjunto denso na reta. O fator $1/m^2$ é introduzido para assegurar a convergência da série.

Vejamos isso em detalhes, restringindo nossas considerações a valores positivos de x. Observemos inicialmente que os pontos de descontinuidade de (nx) são os pontos x_{nk} tais que $nx_{nk} = (2k+1)/2$, isto é, $x_{nk} = (2k+1)/2n$. Como é fácil ver, variando n e k, obtemos todas as descontinuidades de todos os termos de (7.22). E para evitar repetições, devemos excluir os elementos x_{nk} quando $2k+1$ e n não forem primos entre si. Logo, os pontos de descontinuidade dos diferentes termos de (7.22) são dados pelo conjunto dos x_{nk}, com $2k+1$ e n primos entre si. Observe que a condição para que x_{nk} seja descontinuidade de (mx) é que $mx_{nk} = [(2k+1)/2]m/n$ seja metade de um número ímpar. Como $2k+1$ é primo com n, isso acontecerá se, e somente se, m/n for um inteiro ímpar, ou seja, $m = (2j+1)n$.

Estamos agora em condições de calcular o limite de (mx) com $x \to x_{nk}$ pela direita e pela esquerda. Quando m não for da forma $(2j+1)n$, (mx) é contínua em x_{nk}, portanto o limite é (mx_{nk}), pela direita ou pela esquerda; e quando $m = (2j+1)n$, $(x_{nk}) = 0$, de forma que

$$\lim_{x \to x_{nk\pm}} \frac{(mx)}{m^2} = \mp \frac{1}{2m^2} = \frac{(mx_{nk})}{2m^2} \mp \frac{1}{2m^2} = \frac{(mx_{nk})}{2m^2} \mp \frac{1}{2(2j+1)^2 n^2}.$$

Em consequência, trocando a operação de tomar o limite com a operação de soma (justificável pela "convergência uniforme", como veremos no capítulo 9),

$$\lim_{x \to x_{nk\pm}} f(x) = f(x_{nk}) \mp \sum_{j=0}^{\infty} \frac{1}{2(2j+1)^2 n^2} = f(x_{nk}) \mp \frac{1}{16\pi^2 n^2}.$$

166 Cap. 7: A Integral de Riemann

(Veja a soma dessa última série em [A6], p. 52.) Isso prova que a oscilação de f em x_{nk} é $\omega(f, x_{nx}) = 1/\pi^2 n^2$ (como segue do Exerc. 3 da p. 101). Portanto, dado $\sigma > 0$, em qualquer intervalo limitado só existe um número finito de pontos x_{nk} onde $\omega(f, x_{nk}) > \sigma$. Riemann serviu-se deste fato e de seu 2º critério de integrabilidade (enunciado no Exerc. 3 da p. 158) para concluir que f é integrável.

As demonstrações dadas por Riemann em seu trabalho contém várias lacunas; muitas passagens só podem ser justificadas à luz de resultados sobre continuidade e convergência uniformes, e na época de Riemann esses conceitos ainda não tinham sido definitivamente identificados e incorporados à Matemática. Aliás, isto é motivo para admirarmos ainda mais as realizações de Riemann. Essas lacunas foram logo preenchidas por outros matemáticos, dentre eles Gaston Darboux (1842–1917), a quem devemos a apresentação rigorosa da integral que fizemos no presente capítulo. (Veja [H1], p. 27.)

Finalmente, devemos observar que, como outros trabalhos de Riemann, o que ora nos ocupa teve grande influência no desenvolvimento posterior da Matemática, neste caso a Análise. Ficava agora mais claro do que em 1829, com Dirichlet, a importância do conceito geral de função como lei arbitrária de correspondência. O 2º critério de integrabilidade e a função integrável que Riemann construiu, estimularam o desenvolvimento dos conceitos e teorias sobre "conteúdo" e "mensurabilidade" de conjuntos. O Teorema 7.19 (p. 160), por exemplo, nada mais é do que a formulação do 2º critério de integrabilidade de Riemann em linguagem moderna. No final do capítulo 9 voltaremos a falar da influência de Riemann na teoria da convergência das séries de funções.

Capítulo 8

O TEOREMA FUNDAMENTAL E APLICAÇÕES DO CÁLCULO

A ligação entre derivada e integral é objeto do chamado *teorema fundamental do Cálculo*, que estudaremos neste capítulo, juntamente com suas conseqüências e várias aplicações do cálculo. Para isso a integral $\int_a^b f(x)dx$ será considerada como função de seu limite superior de integração. Observe que a variável x que figura nessa integral desaparece com a integração, por isso é completamente neutra, isto é, tanto pode ser x, como t ou outro símbolo qualquer; o valor da integral é o mesmo, não importa que símbolo usemos como variável de integração. Nas considerações que faremos a seguir, x designará o limite superior do intervalo de integração, razão pela qual usaremos a letra t como variável de integração, escrevendo

$$\int_a^x f(t)dt \text{ em vez de } \int_a^x f(x)dx.$$

Isso evita confusão entre os dois símbolos x, que têm, na segunda integral, significados diferentes. É bom que se diga, entretanto, que a segunda notação é também usada na literatura, devendo-se então distinguir um do outro os dois símbolos x que aí aparecem.

O primeiro teorema que provaremos neste capítulo, o chamado "Teorema da Média", será logo usado na demonstração dos teoremas seguintes.

8.1. Teorema da média. *Sejam f uma função integrável num intervalo $[a, b]$, e m e M o ínfimo e o supremo de f, respectivamente. Então,*

$$m(b-a) \leq \int_a^b f(x)dx \leq M(b-a), \tag{8.1}$$

de sorte que existe um número $L \in [m, M]$, tal que

$$\int_a^b f(x)dx = L(b-a). \tag{8.2}$$

E se f for contínua, existe $c \in [a, b]$ tal que $f(c) = L$, de sorte que

$$\int_a^b f(x)dx = f(c)(b-a). \tag{8.3}$$

168 Capítulo 8: O Teorema Fundamental e Aplicações

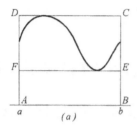 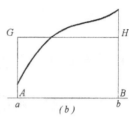

Fig. 8.1

Demonstração. As desigualdades (8.1) são conseqüência imediata das desigualdades (7.4) da p. 143. (8.2) é evidente. E se f for contínua, m e M serão o mínimo e o máximo, respectivamente, de f em $[a, b]$; logo, pelo teorema do valor intermediário, L será igual a um certo $f(c)$, o que prova (8.3).

Observe que as igualdades (8.2) e (8.3) permanecem válidas mesmo que b seja menor do que a, pois isso implica mudança de sinais nos dois membros das igualdades.

Em se tratando de uma função $f \geq 0$, (8.1) a (8.3) têm interpretações geométricas simples e interessantes: como a integral representa a área sob o gráfico de f, (8.1) significa que essa área está compreendida entre as áreas de dois retângulos $ABCD$ e $ABEF$, de mesma base $b - a$ e alturas m e M, respectivamente (Fig. 8.1a); e (8.2) e (8.3) expressam o fato de que a área sob o gráfico de f é igual à área de um retângulo $ABGH$, de base $b - a$ e altura L ou $f(c)$ (Fig.8.1b).

8.2. Teorema. *Seja f uma função integrável num intervalo $[a, b]$. Então, a função F, definida por*

$$F(x) = \int_a^x f(t)dt. \qquad (8.4)$$

é contínua nesse intervalo.

Demonstração. Supondo primeiro que x seja ponto interno ao intervalo $[a, b]$, comecemos com a identidade

$$F(x+h) - F(x) = \int_a^{x+h} f(t)dt - \int_a^x f(t)dt = \int_x^{x+h} f(t)dt.$$

Seja C uma cota superior de $|f|$. Então, aplicando o Teorema da Média e a desigualdade (7.16), p. 154, obtemos

$$|F(x+h) - F(x)| = \left| \int_x^{x+h} f(t)dt \right| \leq C|h|.$$

Ora, isto pode ser feito menor do que qualquer $\varepsilon > 0$, desde que $|h| < \varepsilon/C$, o que prova a continuidade de F em x.

Se $x = a$, devemos tomar $h > 0$ e o raciocínio é o mesmo; obtemos, evidentemente, continuidade à direita em $x = a$. Se $x = b$, continuamos tomando $h > 0$, porém agora consideramos a diferença $F(b) - F(b - h)$, com a qual seguimos o mesmo raciocínio, obtendo continuidade à esquerda.

O teorema que acabamos de estabelecer mostra que a operação de integração tende a regularizar a função sobre a qual ela opera. Uma função apenas integrável pode não ser contínua, pode até ser descontínua num conjunto denso em $[a, b]$ como já vimos no capítulo 7; no entanto, sua integral (8.1) é contínua.

8.3. Teorema fundamental do Cálculo. *Sendo f integrável em $[a, b]$, a função definida em (8.4) é derivável em todo ponto $x \in [a, b]$ onde f seja contínua; nesses pontos, $F'(x) = f(x)$.*

Demonstração. Suponhamos primeiro que x seja ponto interno ao intervalo $[a, b]$. Tomando $|h|$ suficientemente pequeno para que $x + h$ ainda esteja no intervalo $[a, b]$, pelo teorema da média podemos escrever

$$F(x+h) - F(x) = \int_x^{x+h} f(t)dt = Lh, \qquad (8.5)$$

onde L é um número compreendido entre o ínfimo e o supremo de f no intervalo de extremos x e $x + h$. Dividindo essa expressão por h e fazendo $h \to 0$ obtemos o resultado desejado, pois f é contínua no ponto x, logo $L \to f(x)$ com $h \to 0$.

Os casos em que x coincide com a ou com b não oferecem maior dificuldade e ficam a cargo do leitor; é claro que $F'(a)$ e $F'(b)$ serão derivadas à direita e à esquerda, respectivamente.

Observe também que o resultado do teorema, $F'(x) = f(x)$, permanece válido mesmo que $x < a$ em (8.4), desde que f seja integrável em $[x, a]$ e contínua no ponto x. De fato, a fórmula (8.5) continúa válida; conseqüentemente, também o raciocínio que dela decorre. Assim, vemos também que

$$\frac{d}{dx}\int_a^x f(t)dt = f(x) \quad \text{e} \quad \frac{d}{dx}\int_x^a f(t)dt = -f(x),$$

desde que f seja integrável no intervalo indicado e contínua no ponto x.

Primitivas de funções contínuas

Diz-se que uma função F é *primitiva* de outra função f se $F' = f$ em seu domínio comum, que supomos seja um intervalo. O teorema fundamental nos

170 Cap. 8: O Teorema Fundamental e Aplicações

assegura que toda função contínua num intervalo $[a, b]$ possui primitiva, dada por (8.4). Por outro lado, do teorema do valor médio segue que *se a derivada de uma função é zero em todo um intervalo, então essa função é uma constante*. Em conseqüência, *se duas funções F e G têm a mesma derivada em todo um intervalo, então elas diferem por uma constante C nesse intervalo*, isto é,

$$G'(x) = F'(x) \Rightarrow G(x) = F(x) + C,$$

Vemos assim que basta conhecer uma primitiva F de f para que todas as primitivas sejam conhecidas, já que a primitiva mais geral é da forma $G(x) = F(x) + C$. Sendo f contínua, uma primitiva particular é dada por (8.4), e sua primitiva geral é

$$G(x) = \int_a^x f(t)dt + C. \qquad (8.6)$$

Desta expressão obtemos a importante fórmula,

$$G(b) - G(a) = \int_a^b f(t)dt, \qquad (8.7)$$

segundo a qual, para calcularmos a integral de uma função contínua f no intervalo $[a, b]$ basta achar uma sua primitiva qualquer G e calcular a diferença $G(b) - G(a)$.

A integral que aparece em (8.7) é chamada *integral definida* de f no intervalo $[a, b]$. A designação é apropriada, pois o resultado da integração é efetivamente um número bem definido.

Já a expressão *integral indefinida* é reservada para a integral em (8.4), devido ao fato de que ela é considerada como quantidade variável, função da variável x. Mais do que isso, quando f é contínua, (8.4) fornece todas as primitivas de f como vemos por (8.6). Em vista disso, o limite inferior de integração em (8.4) tanto pode ser a ou outra constante qualquer, que sua derivada será sempre f. Ora, a arbitrariedade desse limite inferior de integração costuma ser interpretada como a arbitrariedade da constante C em (8.6). Tanto assim que (8.6) costuma também ser escrita na forma

$$G(x) = \int^x f(t)dt,$$

sem indicação do limite inferior de integração, cuja arbitrariedade significa, como já dissemos, a presença da constante arbitrária C em (8.6). A notação mais simplificada ainda, $G(x) = \int f(x)dx$, também é freqüentemente usada para indicar a primitiva genérica de f.

É interessante notar que (8.7) não é apenas conseqüência do teorema fundamental, mas equivalente a ele, desde que f seja contínua. De fato, basta substituir b por x em (8.7) e derivar, para obtermos o teorema fundamental na forma $F'(x) = f(x)$, F dada por (8.4). Portanto, na hipótese de que f seja contínua em todo seu domínio de definição, que supomos seja um intervalo, o teorema fundamental na forma (8.7) é muito útil, pois permite calcular a integral conhecendo uma primitiva G de f, sem necessidade de construir essa integral como limite de somas inferiores, superiores, ou somas de Riemann.

No entanto, é preciso ter em conta que nem sempre temos à nossa disposição uma primitiva G de uma dada função f. Neste caso a única saida é a função (8.4), construida com auxílio da integral, definida esta em termos de limite de somas, como já vimos. Exemplo típico disto é a função logarítmica; à pergunta "qual é uma primitiva de $f(x) = 1/x$?", a resposta natural é

$$F(x) = \int_1^x \frac{1}{t} dt \text{ em } x > 0.$$

Neste caso, esta integral é a maneira mais adequada de definirmos o logaritmo de x. Exemplos como esse existem quase tantos quantas as funções contínuas que possamos exibir, pois são pouquissimas as funções integráveis em termos de "funções elementares", como polinômios, funções racionais, algébricas, trigonométricas, exponenciais e logarítmicas.

Integração por partes e substituição

Os chamados métodos de integração por partes e por substituição, muito úteis no cálculo de primitivas de funções dadas, como se aprendem nos cursos de Cálculo, têm tambem grande importância como instrumentos muitas vezes decisivos na obtenção de novos resultados da teoria. Os próximos dois teoremas tratam desse assunto.

8.4 Teorema. *Se f' e g' são funções integráveis num intervalo, então, nesse intervalo,*

$$\int f(x)g'(x)dx = f(x)g(x) - \int f'(x)g(x)dx.$$

A demonstração é imediata, notando que $fg' = (fg)' - f'g$.

8.5. Teorema. *Se g é uma função definida num intervalo $[a, b]$, com derivada integrável e f é uma função contínua num domínio D, que contenha o intervalo de extremos $g(a)$ e $g(b)$, e se F é uma primitiva de f, então $F(g(t))$ é uma primitiva de $f(g(t))g'(t)$ e*

$$\int_{g(a)}^{g(b)} f(x)dx = \int_a^b f(g(t))g'(t)dt.$$

Cap. 8: O Teorema Fundamental e Aplicações

Demonstração. Pela regra de derivação em cadeia,

$$\frac{d}{dt}F(g(t)) = F'(g(t))g'(t) = f(g(t))g'(t),$$

o que verifica a primeira afirmação. Como a integral definida é a diferença de valores de qualquer primitiva calculada nos extremos de integração, podemos então escrever:

$$\int_{g(a)}^{g(b)} f(x)dx = F(g(b)) - F(g(a)) = \int_a^b f(g(t))g'(t)dt,$$

o que completa a demonstração.

Exercícios

1. Prove o seguinte "teorema generalizado da média": *Sejam f e g funções integráveis num intervalo $[a, b]$, a função g mantendo-se ≥ 0 ou ≤ 0 em todo o intervalo, e tal que $\int_a^b g(x)dx \neq 0$. Então,*

$$\int_a^b f(x)g(x)dx = L \int_a^b g(x)dx,$$

   onde L é um número conveniente, compreendido entre o ínfimo e o supremo da função f; e se f for contínua, $L = f(c)$ para algum c conveniente em $[a, b]$.

2. Prove a seguinte proposição, conhecida como "segundo teorema da média": *Seja f uma função monótona com derivada integrável num intervalo $[a, b]$; e seja g uma função integrável nesse mesmo intervalo. Então existe $c \in [a, b]$ tal que*

$$\int_a^b f(x)g(x)dx = f(a)\int_a^c g(x)dx + f(b)\int_c^b g(x)dx.$$

3. Mostre que se f é integrável num intervalo $[a, b]$, e $\int_a^b f \neq 0$ então existe $c \in (a, b)$ tal que

$$\int_a^c f(x)dx = \int_c^b f(x)dx.$$

4. Seja f uma função com derivadas contínuas até uma certa ordem N num intervalo $[a, b]$ e seja

$$I_n(x) = \int_a^x \frac{(x-t)^n}{n!} f^{(n+1)}(t)dt, \ \ 0 \leq n < N.$$

   Mostre que

$$I_n(x) = -\frac{(x-a)^n}{n!}f^{(n)}(a) + I_{n-1}(x), \ \ 1 \leq n < N.$$

5. Uma função f, definida em toda a reta, diz-se periódica de período p se $f(x+p) = f(x)$ para todo x. Mostre que se f é uma tal função, integrável em $[0, p]$, então $\int_a^{a+p} f(t)dt = \int_0^p f(t)dt$ e $\int_a^x f(t)dt = \int_{a+p}^{x+p} f(t)dt$, quaisquer que sejam a e x.

6. Supondo f periódica de período p e integrável em $[0, p]$, mostre que $g(x) = \int_a^x f(t)dt$ pode não ser periódica, mas existe c tal que $g(x) - cx$ é periódica de período p. Determine c e interprete esse resultado geometricamente.

7. Seja g uma função derivável num intervalo I; e seja f contínua nos intervalos de extremos a e $g(x)$, $x \in I$. Mostre que $h(x) = \int_a^{g(x)} f(t)dt$ é derivável em $x \in I$ e $h'(x) = f(g(x))g'(x)$. Calcule a derivada de $h(x) = \int_0^{\operatorname{sen} x} \cos \sqrt{t}\, dt$.

8. Sejam g e h função deriváveis num intervalo I; e f continua no intervalo de extremos $g(x)$ e $h(x)$ $x \in I$. Mostre que $F(x) = \int_{g(x)}^{h(x)} f(t)dt$ é derivável em I e $F'(x) = f(h(x))h'(x) - f(g(x))g'(x)$. Calcule a derivada de $F(x) = \int_{\operatorname{sen} x}^{x^3} e^{-t^2} dt$.

Sugestões

1. Supondo $g \geq 0$, sejam m e M o ínfimo e o supremo de f. Então,
$$mg(x) \leq f(x)g(x) \leq Mg(x).$$

2. Com $G(x) = \int_a^x g(t)dt$,
$$\int_a^b f(x)g(x)dx = \int_a^b f(x)G'(x)dx = f(b)G(b) - \int_a^b f'(x)G(x)dx.$$
Agora é só aplicar o teorema generalizado da média a esta última integral; logo,
$$\int_\alpha^b f(x)g(x)dx = f(b)G(b) - G(c)[f(b) - f(a)] = \text{etc.}$$

3. Aplique o teorema do valor intermediário a $h(x) = \int_a^x f(x)dx - \int_x^b f(x)dx$.

A função logarítmica

Como dissemos, há pouco, um modo natural de definir a função logarítmica, como faremos aqui, consiste em pôr

$$\log x = \int_1^x \frac{1}{t} dt, \quad x > 0. \tag{8.8}$$

O logaritmo assim definido é chamado *logaritmo natural*, indicado com o símbolo "log" ou "ln". É claro, dessa definição, que

$$\log 1 = 0; \quad \log x > 0 \text{ se } x > 1; \quad \text{e} \quad \log x < 0 \text{ se } x < 1.$$

Como as funções $\log ax$ e $\log x$ têm a mesma derivada, concluímos que elas diferem por uma constante, isto é,

$$\log ax = \log x + C,$$

onde C é uma constante. Fazendo $x = 1$, vemos que $C = \log a$; portanto, pondo $x = b$, obtemos a conhecida propriedade sobre o logaritmo do produto:

$$\log ab = \log a + \log b.$$

174   Cap. 8: O Teorema Fundamental e Aplicações

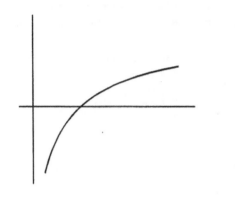

Fig. 8.2   Fig. 8.3

De $0 = \log 1 = \log(a.1/a) = \log a + \log(1/a)$, obtemos

$$\log \frac{1}{a} = -\log a.$$

Combinando esta propriedade com a anterior, obtemos a propriedade sobre o logaritmo do quociente:

$$\log \frac{a}{b} = \log(a.\frac{1}{b}) = \log a + \log \frac{1}{b} = \log a - \log b.$$

A propriedade $\log a^n = n \log a$, válida para $n = 0, \pm 1, \pm 2, \ldots$ segue facilmente das propriedades do produto e do quociente.

Log x é uma função crescente em todo o seu domínio, pois sua derivada é sempre positiva; e é fácil ver que

$$\lim_{x \to +\infty} \log x = +\infty \quad \text{e} \quad \lim_{x \to 0} \log x = -\infty. \tag{8.9}$$

A primeira dessas relações traduz a divergência da integral em (8.8), conseqüência da divergência da série harmônica $\sum 1/n$ e do critério da integral para séries. Pode também ser deduzida da propriedade $\log a^n = n \log a$; com $a > 1$ isto tende a infinito com $n \to \infty$, e $\log x > \log a^n$ se $x > a^n$. Quanto ao segundo limite em (8.9), basta observar que

$$\log x = -\log \frac{1}{x} \to -\infty \quad \text{com} \quad x \to 0.$$

Vemos que $\log x$ leva o semi-eixo $(0, \infty)$ em todo o eixo real. Seu gráfico, ilustrado na Fig. 8.2, segue dessas suas diversas propriedades descritas.

A função exponencial e o número e

Definimos agora a *função exponencial* como sendo a inversa da função logarítmica. Designemo-la inicialmente com o símbolo $E(x)$. Trata-se de uma função definida em todo o eixo real, com imagem o semi-eixo $(0, \infty)$. Ela é dada por

$$y = E(x) \Leftrightarrow x = \log y.$$

Definimos o número e como sendo aquele cujo logarítmo é 1, ou, o que é o mesmo, $e = E(1)$. Veremos, oportunamente (Exerc. 4 da p. 183), que esse número é o mesmo número e considerado no capítulo 2 (p. 27) e que tem valor aproximado $e \approx 2,718$ por falta, correto nas três casas decimais (p. 195). Por ora nos limitamos a verificar que esse número está compreendido entre 2 e 4. Para isso notamos primeiro que $\log 2$ é inferior à área do quadrado ABCD (Fig. 8.3), que é igual a 1: $\log 2 < 1 = \log e$. Analiticamente,

$$1 < x < 2 \Rightarrow 1/x < 1, \text{donde} \int_1^2 \frac{dx}{x} < 1 = \int_1^e \frac{dx}{x}$$

ou seja, $\log 2 < \log e$. Como log é função crescente, $2 < e$.

Para provar que $e < 4$, usamos procedimento análogo, aproximando o valor $\log 4 = \int_1^4 (1/x)dx$ pelo valor por falta dado pela área hachurada na Fig. 8.3, que é igual a $1/2 + 1/3 + 1/4 = 13/12 > 1$. Isto prova que $\log 4 > 1 = \log e$, portanto, $4 > e$.

Vamos introduzir agora a noção de "exponenciação e^x". Começamos observando que $\log e^n = n \log e = n$, logo,

$$E(n) = e^n, \quad n = 0, \pm 1, \pm 2, \ldots$$

É por causa desta propriedade que indicamos $E(x)$ com o símbolo e^x para todo x real. Desta maneira estamos definindo e^x para todo x real, como sendo a inversa da função logarítmica:

$$e^x = E(x) \Leftrightarrow x = \log e^x. \tag{8.10}$$

Em palavras, isto significa que, *dado o número real x, e^x é o número N, indicado com o símbolo e^x, cujo logaritmo é x*. Reescrevendo (8.10) com N em lugar de $E(x)$, obtemos a forma mais familiar da relação entre $\log x$ e e^x:

$$e^x = N \Leftrightarrow x = \log N,$$

ou seja, *o logaritmo de um número $N > 0$ é o expoente a que se deve elevar a base e para se obter o número N*.

176 *Cap. 8: O Teorema Fundamental e Aplicações*

Como o logaritmo e a exponencial são funções inversas uma da outra, temos que
$$\log e^x = x \text{ para todo } x \text{ real}; \quad e^{\log x} = x \text{ para todo } x > 0.$$

A derivada de $y = e^x$ segue prontamente da de $\log x$, pela regra da derivada da função inversa:
$$De^x = \frac{1}{D(\log y)} = \frac{1}{1/y} = y = e^x.$$

O gráfico da função e^x é obtido facilmente do gráfico de $\log x$ por simples reflexão na reta $y = x$ (Fig. 8.4).

Vamos estabelecer a propriedade
$$e^{x+y} = e^x e^y, \tag{8.11}$$

onde x e y são números reais quaisquer. Pondo $a = e^x$ e $b = e^y$, teremos $x = \log a$ e $y = \log b$, de sorte que

$$x + y = \log a + \log b = \log ab,$$

donde $e^{x+y} = ab = e^x e^y$, que é o resultado desejado.

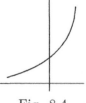

Fig. 8.4

Fazendo $y = -x$ em (8.11) obtemos
$$e^x e^{-x} = e^0 = 1, \quad \text{donde} \quad e^{-x} = \frac{1}{e^x}.$$

A exponencial a^x

Sempre que nos referimos à função exponencial, entendemos tratar-se de e^x. No entanto, num sentido mais amplo, a expressão "funções exponencial" se aplica a funções tais como $2^x, 3^x, \pi^x$; em geral, à função a^x, com "base" $a > 0$ qualquer, que definimos mediante a equação
$$a^x = e^{x \log a}, \tag{8.12}$$

que equivale a dizer que
$$\log a^x = x \log a.$$

Vimos antes que esta relação era válida para $x = n$ inteiro; agora ela fica estendida a todo x real. Note o leitor que a definição (8.12) se reduz a uma identidade quando $a = e$, visto que $\log e = 1$.

Da definição (8.12) e das propriedades já estabelecidas para a exponencial e^x, seguem as propriedades da exponencial geral a^x, válidas para uma base $a > 0$

qualquer, em particular, $a = e$. Relacionamos aqui essas propriedades, deixando suas demonstrações a cargo do leitor.

$$Da^x = a^x \log a; \tag{8.13}$$

$$a^0 = 1, \quad a^{x+y} = a^x a^y, \quad (ab)^x = a^x b^x, \quad (a^x)^y = a^{xy}, a^{-x} = \frac{1}{a^x}; \tag{8.14}$$

$$a > 1 \Rightarrow a^x \text{ é crescente}; \quad 0 < a < 1 \Rightarrow a^x \text{ é decrescente}; \tag{8.15}$$

$$a > b > 0 \Rightarrow a^x > b^x \text{ se } x > 0 \text{ e } a^x < b^x \text{ se } x < 0; \tag{8.16}$$

$$a > 1 \Rightarrow \lim_{x \to +\infty} a^x = +\infty \text{ e } \lim_{x \to -\infty} a^x = 0; \tag{8.17}$$

$$0 < a < 1 \Rightarrow \lim_{x \to +\infty} a^x = 0 \text{ e } \lim_{x \to -\infty} a^x = +\infty. \tag{8.18}$$

Deixamos ao leitor a tarefa de esboçar o gráfico de $y = a^x$, considerando os casos $0 < a < 1$ e $a > 1$.

Com a introdução da exponencial geral, definimos a função x^c, com x positivo qualquer e c real. Sua derivada é dada prontamente, mediante derivação em cadeia:
$$Dx^c = De^{c \log x} = e^{c \log x} \frac{c}{x} = x^c \frac{c}{x} = cx^{c-1}.$$

Exercícios

1. Estabeleça todas as propriedades relacionadas em (8.13) a (8.18).
2. Prove que a definição (8.12) de exponencial, no caso em que x é um número racional p/q se reduz a $a^{p/q} = \sqrt[q]{a^p}$.
3. Mostre que $Dx^x = x^x(1 + \log x)$.
4. Mostre que $Df(x)^{g(x)} = f(x)^{g(x)} \left(g'(x) \log f(x) + \frac{f'(x)g(x)}{f(x)} \right)$.
5. O *logaritmo* de um número N numa *base* $c > 0 (c \neq 1)$, indicado com o símbolo $\log_c N$, é definido como sendo o expoente r a que se deve elevar a base c para se obter o número N, isto é, $N = c^r$. Demonstre que
$$\log_c(ab) = \log_c a + \log_c b, \quad \log_c \frac{a}{b} = \log_c a - \log_c b,$$
$$\log_c a^x = x \log_c a.$$
6. Demonstre que se a e b são números positivos diferentes de 1, então
$$\log_b a = \frac{1}{\log_a b}, \quad \log_a x = \log_b x \cdot \log_a b.$$

Esta última identidade é chamada a fórmula da mudança de base, porque efetivamente ela permite passar do logaritmo de um número x na base b para o logaritmo na base a, desde que se conheça o logaritmo de b na base a.

7. Mostre que, se $x \leq 0$, então $\int_x^0 e^t(t-x)^n dt \leq \frac{|x|^{n+1}}{n+1}$.

Ordem de grandeza

Freqüentemente, quando lidamos com diferentes funções que tendem a zero com x tendendo a um certo valor x_0, temos necessidade de comparar as maneiras relativas como elas tendem a zero. Por exemplo, as funções $y = x$, $y = \operatorname{sen} 3x$, $y = x \operatorname{sen} x$ tendem todas a zero com $x \to 0$, mas seus quocientes têm limites diferentes. Assim,

$$\lim_{x \to 0} \frac{\operatorname{sen} 3x}{x} = 3, \quad \text{e} \quad \lim_{x \to 0} \frac{x \operatorname{sen} x}{x} = 0,$$

significando que $y = \operatorname{sen} 3x$ tende a zero com a mesma "rapidez" que $y = x$, ao passo que $y = x \operatorname{sen} x$ tende a zero "mais rapidamente" que $y = x$.

Podemos dar significado preciso a essa idéia intuitiva de "rapidez" com que uma função tende a zero, com a noção de "ordem de grandeza". Se f e g são duas funções tais que o quociente $f(x)/g(x)$ tenha limite finito com $x \to x_0$, ou permanece limitado numa vizinhança de x_0, dizemos que f é de *ordem grande de g* e escrevemos

$$f(x) = O(g(x)) \quad \text{com} \quad x \to x_0. \tag{8.19}$$

Assim, $\operatorname{sen} 3x = O(x)$, $\operatorname{sen}^2 x = O(x)$ e $x \operatorname{sen}(1/x) = O(\operatorname{sen} x)$, com $x \to 0$, pois, dentre os quocientes

$$\frac{\operatorname{sen} 3x}{x}, \quad \frac{\operatorname{sen}^2 x}{x} \quad \text{e} \quad \frac{x \operatorname{sen}(1/x)}{\operatorname{sen} x},$$

os dois primeiros têm limites 3 e zero, respectivamente, enquanto o terceiro, embora não tenha limite, permanece limitado numa vizinhança de $x = 0$.

Se sabemos ainda que $f(x)/g(x)$, além de ter limite finito, tende a zero com $x \to x_0$, dizemos que f é de ordem pequena de g e escrevemos

$$f(x) = o(g(x)) \quad \text{com} \quad x \to x_0, \tag{8.20}$$

É claro que

$$f(x) = o(g(x)) \quad \text{com} \quad x \to x_0 \Rightarrow f(x) = O(g(x)) \quad \text{com} \quad x \to x_0,$$

mas não reciprocamente. Assim, com $x \to 0$, $\operatorname{sen}^2 x = o(x)$ e também $\operatorname{sen}^2 x = O(x)$; ao passo que, ainda com $x \to 0$, $y = \operatorname{sen} x$ é de ordem grande de $y = x$, mas não de ordem pequena.

As definições (8.19) e (8.20) são adotadas, é bom que se enfatize, mesmo que as funções f e g não tendam a zero, sequer tenham limites, ou tenham limites infinitos com $x \to x_0$; e são as mesmas, quer x_0 seja um valor finito, seja $+\infty$ ou $-\infty$. Assim,

$$x^2 = O(2x^2 + \operatorname{sen} x) \text{ com } x \to \pm\infty; \quad \operatorname{sen}\frac{1}{x} = o(\operatorname{cotg} x) \text{ com } x \to 0;$$

$$\frac{1}{x} = o(1+x) \text{ com } x \to \pm\infty; \quad 2x = O(1-x) \text{ com } x \to 7.$$

Às vezes se omitem as especificações $x \to x_0$, $x \to +\infty$ ou $x \to -\infty$, desde que o significado seja claro, tornando-as dispensáveis.

Essas mesmas idéias se aplicam às seqüências numéricas. Assim, no capítulo 2 consideramos as seqüências n^k, a^n, $n!$ e n^n, onde k é um inteiro positivo e $a > 1$. Todas elas tendem a infinito, mas de maneiras diferentes. O que vimos em (2.10) p. 31, pode agora ser assim expresso:

$$n^k = o(a^n); \quad a^n = o(n!); \quad n! = o(n^n),$$

entendendo-se, evidentemente, que $n \to \infty$.

Uma função que tende a zero num ponto x_0 é chamada um *infinitésimo* nesse ponto. Às vezes podemos atribuir *ordem numérica infinitesimal* ou *ordem de pequenez* a um infinitésimo, comparando-o com a função $y = x - x_0$, a qual é, então, tomada como referência fundamental e é considerada possuir ordem infinitesimal igual a 1. A um infinitésimo f com $x \to x_0$ atribuimos a ordem $r > 0$ se $f(x)/(x-x_0)^r$ tem limite finito e diferente de zero com $x \to x_0$, ou $|f(x)/(x-x_0)^r|$ permanece, numa vizinhança de x_0, entre dois valores positivos. Por exemplo, $1 - \cos x$ é de ordem 2 com $x \to 0$, pois

$$\lim_{x \to 0} \frac{1-\cos x}{x^2} = \lim_{x \to 0} \frac{\operatorname{sen}^2 x}{x^2(1+\cos x)} = \frac{1}{2};$$

e $[2 + \operatorname{sen}(1/x)]x^3$ é de ordem 3 com $x \to 0$, como é fácil ver.

No caso em que $x_0 = \pm\infty$, a definição é análoga, com o infinitésimo fundamental $x - x_0$ substituido por $1/x$. Assim, se $f(x) \to 0$ com $x \to \pm\infty$, dizemos que $f(x)$ é de ordem $r > 0$ com $x \to \pm\infty$ se $x^r f(x)$ tem limite finito e diferente de zero com $x \to \pm\infty$, ou $|x^r f(x)|$ permanece entre dois números positivos numa vizinhança de $+\infty$ ou de $-\infty$. Por exemplo, $\operatorname{sen}(1/x)$ tem ordem 1 com $x \to \pm\infty$.

Definições análogas podem ser dadas no caso de funções que tendem a infinito com $x \to x_0$. Neste caso definimos ordem de infinito, tomando $y = 1/(x-x_0)$ como referência básica, de ordem unitária, caso x_0 seja finito; e $y = x$ caso x_0 seja $\pm\infty$.

É importante observar que nem sempre podemos atribuir ordens numéricas de grandeza a funções que tendem a zero ou a infinito. Assim, como veremos no

Exemplo 8.7 adiante, sendo $a > 1$, a^x/x^r tende a infinito com $x \to \infty$, qualquer que seja r; daí dizermos que a^x é de *ordem superior* a qualquer número $r > 0$ com $x \to \infty$. Analogamente, quando $x \to 0$, $\log x = o(x^{-r})$, qualquer que seja $r > 0$. (Exerc. 7 adiante.)

8.6. Exemplo. Vamos mostrar que, se $a > 1$, a^x é de ordem superior a 1 com $x \to \infty$, isto é,
$$\lim_{x \to \infty} \frac{a^x}{x} = \infty.$$
Para isso consideremos a função
$$f(x) = \log \frac{a^x}{x} = x \log a - \log x.$$
Sua derivada, $f'(x) = \log a - 1/x$, é positiva a partir de um certo x. Mais do que isso, $f'(x) > (\log a)/2$ para $x > c = 2/(\log a)$. Então, pelo teorema do valor médio,
$$x > c \Rightarrow f(x) > f(c) + \frac{\log a}{2}(x - c)$$
e isto prova o resultado desejado.

O mesmo resultado pode ser estabelecido de maneira mais elementar, observando que $a = 1 + h$, com $h > 0$ e $n \leq x < n + 1$, n inteiro positivo. Então,
$$\frac{a^x}{x} = \frac{(1+h)^x}{x} \geq \frac{(1+h)^n}{n+1} > \frac{n(n-1)h^2}{2(n+1)} > \frac{n(n-1)}{4n}h^2 > \frac{x-2}{4}h^2,$$
donde segue o resultado desejado.

8.7. Exemplo. Mostremos em seguida que a^x, com $a > 1$, é de ordem superior a qualquer número $r > 0$ com $x \to \infty$, isto é,
$$\lim_{x \to \infty} \frac{a^x}{x^r} = \infty.$$
Para isso notamos que, com $y = x/r$,
$$\left(\frac{a^x}{x^r}\right)^{1/r} = \frac{a^y}{ry}$$
tende a infinito com $y \to \infty$. Em conseqüência, a^x/x^r tende a infinito com $x \to \infty$. Isto significa, em linguagem sugestiva, que a^x tende a infinito mais depressa que qualquer potência positiva de x.

Exercícios

1. Prove que se $f(x)$ tem ordem infinitesimal r com $x \to x_0, r$ é único.
2. Dê exemplos de funções f e g tais que $f = O(g)$, mas $f \neq o(g)$.
3. Prove que se $f = o(g)$ e $h = o(g)$, então $f + h = o(g)$. Enuncie e demonstre propriedade análoga para ordem grande.
4. Demonstre as seguintes propriedades, considerando sempre $x \to 0$:
   a) $f(x) = O(x^{n+1}) \Rightarrow f(x) = o(x^n)$;
   b) $f(x) = o(x^{n+1}) \Rightarrow f(x) = o(x^n)$:
   c) $f(x) = o(x^n)$, $g(x) = o(x^m) \Rightarrow f(x)g(x) = o(x^{n+m})$;
   d) $f(x) = O(x^n)$, $g(x) = O(x^m) \Rightarrow f(x)g(x) = O(x^{n+m})$;
   e) $f(x) = O(x^n)$, $g(x) = o(x^m) \Rightarrow f(x)g(x) = o(x^{n+m})$.
5. Prove que $f_1 = o(g)$ e $f_2 = o(h) \Rightarrow f_1 f_2 = o(gh)$. Enuncie e demonstre propriedade análoga para ordem grande.
6. Prove que, quando $x \to \infty$, $(\log x)^r = o(x)$ qualquer que seja r, em particular, r arbitrariamente grande; ou ainda, $\log x = o(x^r)$, qualquer que seja $r > 0$, em particular, r arbitrariamente pequeno. Isto significa, em linguagem sugestiva, que $\log x$ tende a infinito mais devagar que qualquer potência positiva de x.
7. Prove que $\log x = o(x^{-r})$ com $x \to 0$, qualquer que seja $r > 0$. Em linguagem sugestiva, quando $x \to 0, |\log x|$ tende a infinito mais devagar que qualquer potência negativa de x.

Sugestões

6. $y = \log x \Leftrightarrow x = e^y$, logo, $(\log x)^r / x = y^r / e^y$.
7. Mesma sugestão anterior; mas observe que agora $y \to -\infty$.

Regra de l'Hôpital

Como o leitor deve saber de seu curso de Cálculo (Veja [A1, Seç. 5.4), a conhecida *regra de l'Hôpital* é muito útil na determinação de limites de certas funções — as chamadas *formas indeterminadas*. Há várias versões dessa regra, mas daremos a demonstração de apenas duas, deixando as demais para os exercícios, aos quais relegamos também várias aplicações importantes da regra, geralmente tratadas nos cursos de Cálculo.

8.8. Teorema. *Sejam f e g funções definidas num intervalo contendo a internamente ou como um de seus extremos. Suponhamos que*

$$\lim_{x \to a} f(x) = f(a) = 0, \quad \lim_{x \to a} g(x) = g(a) = 0$$

e também que exista e seja finito o limite de $f'(x)/g'(x)$ com $x \to a$. Então existe o limite de $f(x)/g(x)$ com $x \to a$ e

$$\lim_{x \to a} \frac{f(x)}{g(x)} = \lim_{x \to a} \frac{f'(x)}{g'(x)}.$$

182   Cap. 8: O Teorema Fundamental e Aplicações

Demonstração. Da hipótese de existência do limite de $f'(x)/g'(x)$ *com* $x \to a$ segue-se que $g'(x) \neq 0$ numa vizinhança V de a (exceto, eventualmente, em $x = a$ onde g' nem precisa estar definida). Pelo teorema do valor médio aplicado a g, vemos que $g(x)$ é diferente de zero na mesma vizinhança. Podemos, pois, aplicar o teorema do valor médio generalizado: existe c entre a e x tal que

$$\frac{f(x)}{g(x)} = \frac{f(x) - f(a)}{g(x) - g(a)} = \frac{f'(c)}{g'(c)}.$$

Seja L o limite de $f'(x)/g'(x)$ com $x \to a$. Dado qualquer $\varepsilon > 0$, existe uma vizinhança $V' \subset V$ tal que $c \; \varepsilon \; V' \Rightarrow |\frac{f'(c)}{g'(c)} - L| < \varepsilon$. É claro, então, que teremos também

$$x \in V' \Rightarrow |\frac{f(x)}{g(x)} - L| < \varepsilon,$$

como queriamos provar.

Observe que a demonstração que acabamos de dar tanto é válida no caso dos limites considerados serem no sentido usual (bilaterais), como nos casos de limites à direita e à esquerda.

Quando a forma indeterminada $h(x) = f(x)/g(x)$ tem limite finito L com $x \to a$, então L é o valor natural a se atribuir à função $h(x)$ no ponto $x = a$, isto é, $h(a) = L$, para que h seja contínua nesse ponto. Freqüentemente, acontece que $h'(x)$ também tem limite finito com $x \to a$; neste caso, a função h é derivável em $x = a$ e $h'(a)$ é igual a esse limite. (Veja o Exerc. 5 da p. 134.)

8.9. Exemplo. A situação que acabamos de descrever ocorre com a função $h(x) = \text{sen } x/x$. Pela Regra de l'Hôpital,

$$h(0) = \lim_{x \to 0} \frac{\text{sen } x}{x} = \lim_{x \to 0} \frac{\cos x}{1} = 1.$$

Aplicando a mesma regra à derivada $h'(x)$ obtemos:

$$h'(0) = \lim_{x \to 0} \frac{x \cos x - \text{sen } x}{x^2} = \lim_{x \to 0} \frac{-x \text{ sen } x}{2x} = 0.$$

8.10. Exemplo. A função $h(x) = 1/x - 1/\text{sen } x$ oferece um pouco mais de trabalho que a função do exemplo anterior, mas a idéia é a mesma. Aplicando a Regra de l'Hôpital, obtemos

$$h(0) = \lim_{x \to 0} \frac{\text{sen } x - x}{x \text{ sen } x} = \lim_{x \to 0} \frac{\cos x - 1}{\text{sen } x + x \cos x}$$

$$= \lim_{x \to 0} \frac{-\text{sen } x}{2 \cos x - x \text{ sen } x} = 0;$$

Aplicando repetidamente a regra de l'Hôpital, obtemos também:

$$h'(0) = \lim_{x \to 0} h'(x) = \lim_{x \to 0} \frac{x^2 \cos x - \operatorname{sen}^2 x}{x^2 \operatorname{sen}^2 x} = -\frac{1}{6}.$$

Há várias outras versões importantes do teorema anterior, dentre as quais destacamos aqui a do teorema seguinte, deixando as demais para os exercícios.

8.11. Teorema. *Sejam f e g funções que tendem a infinito com $x \to \infty$, tais que existe e é finito o limite L de $f'(x)/g'(x)$ com $x \to \infty$. Então, existe o limite de $f(x)/g(x)$ com $x \to \infty$ e*

$$\lim_{x \to \infty} \frac{f(x)}{g(x)} = \lim_{x \to \infty} \frac{f'(x)}{g'(x)}.$$

Demonstração. Dado qualquer $\epsilon > 0$, existe a suficientemente grande tal que $|f'(x)/g'(x) - L| < \epsilon$ para $x > a$; e existe $b > a$ tal que $f(x) - f(a) > 0$ e $g(x) - g(a) > 0$ para $x > b$. Nessas condições, pelo teorema do valor médio generalizado,

$$\begin{aligned}
\frac{f(x)}{g(x)} &= \frac{f(x) - f(a)}{g(x) - g(a)} \cdot \frac{f(x)}{f(x) - f(a)} \cdot \frac{g(x) - g(a)}{g(x)} \\
&= \frac{f'(y)}{g'(y)} \cdot \frac{f(x)}{f(x) - f(a)} \cdot \frac{g(x) - g(a)}{g(x)} \\
&= (L + \varepsilon_1)(1 + \varepsilon_2)(1 + \varepsilon_3),
\end{aligned}$$

onde y é um número conveniente do intervalo (a, x), $|\varepsilon_1| < \varepsilon$, e ε_2 e ε_3 tendem a zero com $x \to \infty$. Portanto, fazendo b suficientemente grande, teremos $|f(x)/g(x) - L| < 2\varepsilon$, que prova o resultado desejado.

Exercícios

1. Enuncie e demonstre a versão do Teorema 8.8 no caso em que f e g têm limites infinitos com $x \to a$.

2. Enuncie e demonstre a versão do Teorema 8.11 no caso em que f e g tendem a zero com $x \to \infty$.

3. Estabeleça os resultados dos Exemplos 8.6 e 8.7 com o uso da regra de l'Hôpital.

4. Use a regra de l'Hôpital para provar que $\lim_{x \to 0}(1 + x)^{1/x} = e$. Como conseqüência, deduza que $\lim_{x \to \pm\infty}(1 + 1/x)^x = e$. Este resultado, particularizado ao caso em que $x = n = $ inteiro, já foi obtido no capítulo 2 (p. 28). Isso mostra que o número e, introduzido na p. 175, é o mesmo número e já considerado no capítulo 2.

5. Use a regra de l'Hôpital para provar que, sendo $r > 0$,

$$\lim_{x \to \infty} \frac{\log x}{x^r} = 0 \quad \text{e} \quad \lim_{x \to +\infty} x^r e^{-x} = 0.$$

Deduza daí que $\lim_{x \to 0}(x^r \log x) = 0$ e $\lim_{x \to 0} e^{-1/x}/x^r = 0$.

6. Considere a função $f(x) = e^{-1/x}$ se $x > 0$ e $f(x) = 0$ se $x \le 0$. Prove que $f^{(n)}(0) = 0$ para todo n. Faça o mesmo para a função $f(x) = e^{-1/x^2}$ se $x \ne 0$ e $f(0) = 0$.

Calcule os limites indicados nos Exercs. 7 a 9.

7. $\lim\limits_{x \to 0} x^x = 1$.

8. $\lim\limits_{x \to 0} \dfrac{1}{x}[(1+x)^{1/x} - e] = \dfrac{-e}{2}$.

9. $\lim\limits_{x \to 0} \left(\dfrac{\operatorname{sen} x}{x} \right)^{1/x^2} = e^{-1/6}$.

Sugestões

1. Proceda como na demonstração do Teorema 8.11.
2. Use a transformação $y = 1/x$ e raciocine como na demonstração do Teorema 8.8.
3. Aplique a regra de l'Hôpital n vezes no caso em que $r = n$ é um inteiro positivo. O caso geral segue de $n \le r < n+1$.
4. $(1+x)^{1/x} = e^{(1/x)\log(1+x)}$.
6. No caso da primeira função, isso é evidente para $f^{(n)}(0-)$. Prove o mesmo para $f^{(n)}(0+)$.

Integrais impróprias

A teoria da integral desenvolvida no capítulo 7 se aplica apenas a funções limitadas em intervalos limitados. Mas acontece, freqüentemente, que necessitamos tratar de integrais como

$$\int_0^1 \frac{\cos t}{\sqrt{t}}\,dt, \quad \int_0^\infty e^{-t} t \operatorname{sen} t\, dt \quad e \quad \int_0^\infty \frac{\cos t}{\sqrt{t}} e^{-t^2}\,dt, \qquad (8.21)$$

onde a função a ser integrada deixa de ser limitada; ou o intervalo de integração não é limitado; ou a função e o intervalo não são limitados. Essas situações nos levam a introduzir o conceito de *integral imprópria*.

Consideremos primeiro o caso de um intervalo limitado. Para fixar as idéias, suponhamos que f seja limitada e integrável em todo intervalo $[a, x]$, com $x \in (a, b)$, mas seja ilimitada em qualquer vizinhança de b. Então, a *integral imprópria* de f em $[a, b]$, indicada com o mesmo símbolo da integral ordinária, é definida por

$$\int_a^b f(t)\,dt = \lim_{x \to b-} \int_a^x f(t)\,dt, \qquad (8.22)$$

desde que esse limite exista. Neste caso diz-se também que a integral imprópria *converge*.

De modo análogo define-se a integral imprópria nos vários outros casos, desde que, evidentemente, existam os limites que ocorrem nas respectivas definições. Por exemplo, não existem as integrais impróprias $\int_0^1 (1/x)dx$ e $\int_1^\infty (1/x)dx$; porém,

$$\int_0^1 \frac{dt}{\sqrt{1-t}} = \lim_{x \to 1-} \int_0^x \frac{dt}{\sqrt{1-t}} = -\lim_{x \to 1-} 2(\sqrt{1-x} - 1) = 2;$$

$$\int_0^\infty \frac{1}{1+t^2}dt = \lim_{x \to \infty} \arctg t \Big|_0^x = \frac{\pi}{2}.$$

A integral imprópria definida em (8.22) é realmente uma extensão da integral ordinária, pois se f for limitada em todo o intervalo $[a, b]$ e integrável em qualquer intervalo $[a, x]$ com $x \in (a, b)$, então, é claro que f será integrável (no sentido ordinário) em $[a, b]$, e esta integral coincidirá com a integral imprópria de f no mesmo intervalo, isto é, com $\lim_{x \to b-} \int_a^x f(t)dt$. (Veja o Exerc. 6 da p. 151.)

Numa expressão como $\int_0^1 \frac{\cos t}{\sqrt{t(1-t)}}dt$ estão envolvidas duas integrais impróprias,

$$\int_0^a \frac{\cos t}{\sqrt{t(1-t)}} dt \quad \text{e} \quad \int_a^1 \frac{\cos t}{\sqrt{t(1-t)}} dt, \tag{8.23}$$

onde a é um número qualquer no intervalo $(0, 1)$. De fato, a expressão original é o limite, com $x \to 0+$ e $y \to 1-$, de

$$\int_x^y \frac{\cos t}{\sqrt{t(1-t)}} dt = \int_x^a \frac{\cos t}{\sqrt{t(1-t)}} dt + \int_a^b \frac{\cos t}{\sqrt{t(1-t)}} dt + \int_b^y \frac{\cos t}{\sqrt{t(1-t)}} dt.$$

Isto mostra também que o referido limite independe do valor particular de a em (8.23). A existência de duas integrais impróprias nesse exemplo permite tratá-las conjuntamente, escrevendo

$$\int_0^1 \frac{\cos t}{\sqrt{t(1-t)}} dt = \lim_{\varepsilon \to 0+} \int_\varepsilon^{1-\varepsilon} \frac{\cos t}{\sqrt{t(1-t)}} dt.$$

Eis aqui dois outros exemplos contendo duas ou mais integrais impróprias que podem ser tratadas conjuntamente:

$$\int_0^\infty \frac{\cos t}{\sqrt{t}} e^{-t^2} dt = \lim_{\varepsilon \to 0+} \int_\varepsilon^{1/\varepsilon} \frac{\cos t}{\sqrt{t}} e^{-t^2} dt;$$

$$\int_{-\infty}^\infty \frac{dx}{[x(1+x)]^{1/3}} = \lim_{\varepsilon \to 0+} \left(\int_{-1/\varepsilon}^{-\varepsilon} + \int_{-\varepsilon}^\varepsilon + \int_\varepsilon^{1/\varepsilon} \right) \frac{dx}{[x(1+x)]^{1/3}}.$$

Observe, entretanto, que um limite único como esses pode existir, sem que existam integrais impróprias. É o que acontece no caso das integrais

$$\int_{-2}^{0} \frac{1}{t} dt \quad e \quad \int_{0}^{5} \frac{1}{t} dt,$$

que não existem como integrais impróprias; mas existe o limite de

$$\int_{-2}^{-\varepsilon} \frac{1}{t} dt + \int_{\varepsilon}^{5} \frac{1}{t} dt \quad \text{com} \quad \varepsilon \to 0,$$

o qual é chamado "valor principal de Cauchy". Mais geralmente, se f é limitada e integrável em intervalos $[a, c-\varepsilon]$ e $[c+\varepsilon, b]$, e se existe o limite da soma das integrais de f nesses intervalos quando $\varepsilon \to 0$, então esse limite é chamado o valor *principal de Cauchy* da integral de f em $[a, b]$, o qual é indicado com o símbolo "v.p." assim:

$$\text{v.p.} \int_{a}^{b} f(x)dx = \lim_{\varepsilon \to 0+} \left[\int_{a}^{c-\varepsilon} f(x)dx + \int_{c+\varepsilon}^{b} f(x)dx \right].$$

É claro que o conceito de integral imprópria é útil não somente nos casos em que podemos calcular explicitamente as integrais, como nos exemplos simples que demos acima, mas em todos os casos em que exista o limite que define a integral em questão. Daí a importância de sabermos como verificar se uma integral imprópria converge ou não. Trataremos disso a seguir.

8.12. Critérios de convergência. a) *Uma condição necessária e suficiente para que $\int_{0}^{\infty} f(x)dx$ seja convergente é que, dado qualquer $\varepsilon > 0$, exista X tal que $x, y > X \Rightarrow |\int_{x}^{y} f(t)dt| < \varepsilon$.*

b) *Sejam f e g funções integráveis em $[a, x]$ para todo $x > a$, $0 \le f \le g$. Então,*

$$\int_{a}^{\infty} g(x)dx \quad converge \quad \Rightarrow \quad \int_{a}^{\infty} f(x)dx \quad converge;$$

$$\int_{a}^{\infty} f(x)dx \quad diverge \quad \Rightarrow \quad \int_{a}^{\infty} g(x)dx \quad diverge.$$

c) *Seja f uma função integrável em $[a, x]$ para todo $x > a$. Então, a integral imprópria $\int_{a}^{\infty} f(x)dx$ converge se $\int_{a}^{\infty} |f(x)|dx$ converge.*

Valendo esta última hipótese, dizemos que $\int_{a}^{\infty} f(x)dx$ é *absolutamente convergente*. Ao contrário, se esta integral converge e $\int_{a}^{\infty} |f(x)|dx$ diverge, dizemos que $\int_{a}^{\infty} f(x)dx$ é *condicionalmente convergente*.

Proposições semelhantes a essas são válidas nos demais casos de integrais impróprias, seja com intervalos de integração limitados ou não. Os respectivos enunciados, bem como as demonstrações de todas essas proposições ficam a cargo do leitor. Observe que o critério a) nada mais é do que uma das formas do critério de convergência de Cauchy (Exerc. 17 da p. 102). Quando f é uma função não negativa, é costume escrever

$$\int_a^b f(x)dx < \infty, \quad \int_{-\infty}^a f(x)dx < \infty \quad e \quad \int_a^\infty f(x)dx < \infty$$

para indicar a convergência dessas integrais

8.13. Exemplos. A integral $\int_0^\infty \dfrac{\operatorname{sen} x}{x\sqrt{1+x}}\,dx$ é absolutamente convergente. Para verificar isso basta considerar a integral a partir de 1, já que de zero a 1 ela é uma integral ordinária. Ora, em $[1,\ \infty)$, o módulo do integrando é dominado por $1/x^{3/2}$, e esta é uma função integrável.

Muitas vezes a convergência de uma integral imprópria pode ser facilmente verificada por integração por partes, como no caso da chamada *integral de Dirichlet*:

$$\int_0^\infty \frac{\operatorname{sen} t}{t}\,dt.$$

Observe que $\operatorname{sen} t/t$ é contínua em toda a reta, desde que definida como sendo 1 em $x = 0$, de sorte que basta analisar sua integral de 1 a ∞, o que faremos integrando por partes:

$$\int_1^x \frac{\operatorname{sen} t}{t}\,dt = \cos 1 - \frac{\cos x}{x} - \int_1^x \frac{\cos t}{t^2}\,dt.$$

O segundo termo do segundo membro tende a zero com $x \to \infty$ e a última integral é absolutamente convergente. Esse é um exemplo típico das integrais calculadas em variáveis complexas pelo chamado "método dos resíduos". (Veja [A4], cap. 5.)

8.14. Função gama. A integral imprópria

$$\Gamma(x) = \int_0^\infty e^{-t} t^{x-1} dt \qquad (8.24)$$

define uma "função especial" muito importante nas aplicações, a chamada *função gama*, com domínio $x > 0$. Dividindo o intervalo de integração em duas partes, de zero a 1 e de 1 a ∞, é fácil ver que a primeira integral (de zero a 1) converge, pois a possível descontinuidade do integrando ocorrerá em

$t = 0$, devida ao fator t^{x-1}, se $x < 1$; mas $e^{-t}t^{x-1} \leq 1/t^{x-1}$, que é integrável por ser $x - 1 > -1$. Quanto à integral de 1 a ∞, basta notar que e^{-t} decai mais rapidamente do que qualquer potência negativa de t, de sorte que, para cada x, existe uma constante k tal que $e^{-t} < kt^{-1-x}$, donde $e^{-t}t^{x-1} < kt^{-2}$, e esta última função é integrável no referido intervalo.

Observe que a restrição $x > 0$ só é necessária para garantir a convergência da primeira integral em

$$\Gamma(x) = \int_0^1 e^{-t} t^{x-1} dt + \int_1^\infty e^{-t} t^{x-1} dt;$$

A segunda destas integrais converge qualquer que seja x, pois sempre existe uma constante k (dependendo de x) tal que $e^{-t} < kt^{-1-x}$, de sorte que $e^{-t}t^{x-1} < kt^{-2}$.

É fácil verificar (Exerc. 17 adiante), por integração por partes, que a função gama satisfaz a seguinte importante equação funcional:

$$\Gamma(x + 1) = x\Gamma(x). \tag{8.25}$$

Aliás, o leitor já deve ter verificado essa relação no caso em que x é um inteiro positivo n (Exerc. 7 da p. 9), em cujo caso $\Gamma(n + 1) = n!$ Isto mostra que a função gama é uma extensão da seqüência $a_n = n!$ a todos os números reais $n > -1$.

A equação funcional (8.25) permite estender a função gama a todos os valores negativos de x, exceto os inteiros negativos e o zero. De fato, sendo n um inteiro positivo qualquer, n aplicações de (8.25) nos dão

$$\Gamma(x + n) = (x + n - 1)(x + n - 2) \ldots x\Gamma(x),$$

donde tiramos:

$$\Gamma(x) = \frac{\Gamma(x + n)}{x(x + 1)(x + 2) \ldots (x + n - 1)}.$$

O membro direito dessa equação faz sentido, não somente com $x > 0$, mas também para $x > -n$, $x \neq 0, -1, -2, \ldots, -(n - 1)$. Como n é arbitrário, isto permite definir $\Gamma(x)$ para todo x real, excetuados os inteiros negativos e o zero, como dissemos.

Exercícios

1. Considere as integrais $\int_0^1 (1/x^s) dx$ e $\int_1^\infty (1/x^s) dx$. Mostre que a primeira delas converge se $s < 1$ e diverge se $s \geq 1$; e a segunda diverge se $s \leq 1$ e converge se $s > 1$. Faça gráficos e interprete esses resultados geometricamente. (Veja A1, Seç. 6.6.)

2. Demonstre os critérios de convergência 8.12. Enuncie e demonstre proposições análogas em todos os outros casos possíveis de integrais impróprias.

3. (Veja o Teorema 3.23, p. 63.) Seja f uma função não negativa e não crescente em $x \geq 1$, integrável em $[1, a]$ para todo $a > 1$. Prove que

$$\int_1^\infty f(x)dx \text{ converge} \Leftrightarrow \sum_{n=1}^\infty f(n) \text{ converge.}$$

4. Demonstre o critério 8.12 c) decompondo f em suas partes positiva e negativa, e aplicando o critério b).

5. Mostre que $\int_0^\infty [x^{s-1}/(1+x)]dx$ converge se $0 < s < 1$ e diverge se s estiver fora desse intervalo.

6. Mostre que a chamada *integral de Poisson*, $\int_0^\infty e^{-x^2} dx$, é convergente. Seu valor é $\sqrt{\pi}/2$. (Veja [A3], Seç. 5.5.)

7. Mostre que são convergentes as integrais

$$\int_0^\infty \frac{dx}{1+e^x}, \quad \int_0^\infty \frac{dx}{(1+x^3)^{1/2}}, \quad \int_0^\infty x^7 e^{-\sqrt{x}} dx$$

e $\int_1^\infty x^r e^{-x^s} dx$, r arbitrário e $s > 0$.

8. Determine r e s para que $\int_0^1 x^r(1-x)^s dx$ seja convergente.

9. Mostre que $\int_2^\infty dx/[x(\log x)^r]$ converge se $r > 1$ e diverge se $r \leq 1$.

10. Expresse a integral $\int_0^\infty (\text{sen } x/x)dx$ como série alternada, soma das integrais nos intervalos $[n\pi, (n+1)\pi]$ e prove que essa série é condicionalmente convergente.

11. Prove que $\int_0^\infty (\text{sen } x/x^s)dx$, com $s > 1$, é absolutamente convergente; é condicionalmente convergente se $0 < s \leq 1$; e divergente se $s \leq 0$.

12. Enuncie e prove resultados análogos aos do exercício anterior para a integral imprópria $\int_0^\infty [\text{sen } x/(1+x^s)]dx$.

13. Prove a convergência das *integrais de Fresnel*:

$$\int_0^\infty \cos x^2 dx \quad \text{e} \quad \int_0^\infty \text{sen } x^2 dx.$$

Estas integrais, calculadas em variáveis complexas pelo método dos resíduos, são ambas iguais a $\sqrt{2\pi}/4$. (Veja [A4], p. 139.)

14. Prove que $\int_1^\infty x^r \text{sen} x^2 dx$ converge se $r < 1$ e diverge se $r \geq 1$. Em particular, isto mostra — por exemplo, com $r = 1/2$ — que uma integral imprópria pode convergir mesmo que seu integrando não seja limitado no infinito.

15. A *função de Airy* é definida, para todo x real, pela integral

$$Ai(x) = \int_0^\infty \cos\left(\frac{t^3}{3} + xt\right) dt.$$

Mostre que essa integral realmente converge.

16. a) Dado $a > 0$, prove que $\lim\limits_{h \to 0+} \int_{-a}^a \frac{h}{x^2 + h^2} dx = \pi$.

190   Capítulo 8: O Teorema Fundamental e Aplicações

b) Seja f uma função contínua no intervalo $[-a,\ a]$. Prove que

$$\lim_{h\to 0+}\int_{-a}^{a}\frac{hf(x)}{x^2+h^2}\,dx=\pi f(0).$$

c) Seja f uma função contínua numa vizinhança de $x=y$. Prove que

$$\lim_{h\to 0+}\int_{y-h}^{y+h}\frac{hf(x)}{(x-y)^2+h^2}\,dx=\pi f(y).$$

17. Estabeleça a equação funcional (8.25).
18. Mostre que $\Gamma(1/2)=\sqrt{\pi}$.
19. Mostre que $\int_0^\infty x^n e^{-x^2}\,dx=\frac{1}{2}\Gamma\left(\frac{n+1}{2}\right)$, $n>-1$; em particular, n inteiro.

Sugestões

10. A função $\operatorname{sen} x$ é alternadamente positiva e negativa nos intervalos $[n\pi,\ (n+1)\pi]$. Além disso,

$$a_n=\int_{n\pi}^{(n+1)\pi}\left|\frac{\operatorname{sen} t}{t}\right|dt>a_{n+1}\quad\text{e}\quad a_n>\frac{2}{(n+1)\pi}.$$

11. Se $s\le 0$, a integral em $[n\pi,\ (n+1)\pi]$ não tende a zero, contrariando o critério de Cauchy.
13. Faça o gráfico de $y=x^2$ para bem entender por que essas integrais convergem. Prove a convergência com essa mudança de variável e integração por partes.
16. Em a), faça a mudança $x=hy$ e observe que $\int_{-\infty}^{\infty}\frac{1}{y^2+1}dy=\pi$. Em b), pondo primeiro $x=hy$ e depois $h=1/X^2$, teremos:

$$\int_{-a}^{a}\frac{hf(x)}{x^2+h^2}dx=\int_{-a/h}^{a/h}\frac{f(hy)}{y^2+1}dy=\int_{-aX^2}^{aX^2}\frac{f(y/X^2)}{y^2+1}dy;$$

$$\int_{-a}^{a}\frac{hf(x)}{x^2+h^2}dx-\pi f(0)=\int_{-aX^2}^{aX^2}\frac{f(y/X^2)}{y^2+1}dy-\int_{-\infty}^{\infty}\frac{f(0)}{y^2+1}dy;$$

$$=\int_{-aX}^{aX}\frac{f(y/X^2)-f(0)}{y^2+1}dy+o(h),$$

onde $o(h)$ tende a zero com h. Prove isso.
18. Faça $x=1/2$ e $t=u^2$ em (8.24).

Fórmula de Taylor

Os polinômios são certamente as funções mais simples e elementares, por isso mesmo era natural, desde o início do Cálculo, que os matemáticos procurassem representar com polinômios as funções mais complexas. Comecemos observando que os coeficientes de um polinômio qualquer,

$$p(x)=a_0+a_1x+a_2x^2+\ldots+a_nx^n,\qquad(8.26)$$

são dados em termos de suas derivadas na origem, pois $a_r = p^{(r)}(0)/r!$, como é fácil ver. Portanto,

$$p(x) = p(0) + p'(0)x + \frac{p''(0)}{2!}x^2 + \ldots + \frac{p^{(n)}(0)}{n!}x^n. \qquad (8.27)$$

Fixado um valor a, a substituição $x = a + h$ em $p(x)$ nos conduz a um novo polinômio na variável h, $q(h) = p(a + h)$, de mesmo grau que p; portanto, à maneira de (8.27),

$$q(h) = q(0) + q'(0)h + \frac{g''(0)}{2!}h^2 + \ldots + \frac{g^{(n)}(0)}{n!}h^n. \qquad (8.28)$$

Pela regra de derivação em cadeia, é fácil ver que $q^{(r)}(0) = p^{(r)}(a)$, $0 \leq r \leq n$. Fazendo esta substituição em (8.28) e lembrando que $q(h) = p(a+h)$, obtemos

$$p(a + h) = p(a) + p'(a)h + \frac{p''(a)}{2!}h^2 + \ldots + \frac{p^{(n)}(a)}{n!}h^n. \qquad (8.29)$$

Esta é a fórmula de Taylor no caso de um polinômio qualquer $p(x)$. É interessante observar que vários matemáticos do século XVII, Newton dentre eles, usaram essa fórmula para qualquer função, não se restringindo a polinômios. Assim, por exemplo, no caso da função $f(x) = \log(1+x)$, a fórmula (8.29), com $a = 0$, nos dá:

$$\log(1 + x) = x - \frac{1}{2}x^2 + \frac{1}{3}x^3 - \ldots - (-1)^n \frac{1}{n}x^n.$$

É claro que esses matemáticos do século XVII sabiam muito bem que isso não estava certo; e para remediar tomavam n cada vez maior.

A fórmula (8.29) é válida no caso de uma função f qualquer, possuindo derivadas até a ordem n no ponto a, desde que completada com um termo adicional R_n, chamado o *resto de ordem n*:

$$f(a + h) = f(a) + f'(a)h + \frac{f''(a)}{2!}h^2 + \ldots + \frac{f^{(n)}(a)}{n!}h^n + R_n. \qquad (8.30)$$

Esse resto $R_n = R_n(h)$ é definido pela própria fórmula: ele é a diferença entre $f(a + h)$ e o polinômio de grau n em h que precede R_n no segundo membro, o chamado *polinômio de Taylor* da função f referente ao ponto a. Explicitamente, esse polinômio é

$$p_n(h) = f(a) + f'(a)h + \frac{f''(a)}{2!}h^2 + \ldots + \frac{f^{(n)}(a)}{n!}h^n.$$

A justificativa da fórmula reside em que, como provaremos a seguir, o polinômio de Taylor é o polinômio de grau n que melhor aproxima $f(a+h)$ para valores pequenos de $|h|$.

8.15. Teorema. *Seja f uma função definida em toda uma vizinhança de um ponto a, digamos, $V_\delta(a)$, possuindo derivadas até a ordem n nesse ponto. Então vale a fórmula (8.30) com $|h| < \delta$, o resto R_n sendo tal que $R_n(h) = o(h^n)$ com $h \to 0$. Além disso, $p_n(h)$ é o único polinômio de grau n que satisfaz essa condição, isto é, se $p(h)$ é um polinômio de grau n tal que $f(a+h) - p(h) = o(h^n)$ com $h \to 0$, então $p(h)$ é o polinômio de Taylor $p_n(h)$.*

Observação. Note que a existência de $f^{(n)}(a)$ exige que $f^{(n-1)}$ seja definida em toda uma vizinhança de a; e isto, por sua vez, acarreta que f e todas as suas derivadas até a de ordem $n-2$ sejam definidas e contínuas em toda uma vizinhança de a.

Demonstração. Como já dissemos, a identidade (8.30) define o resto como a diferença entre $f(a+h)$ e o polinômio que o precede no segundo membro. Para provar que $R_n(h) = o(h^n)$, pomos

$$F(h) = f(a+h) - \sum_{r=0}^{n-1} \frac{f^{(r)}(a)}{r!} h^r \quad \text{e} \quad G(h) = h^n,$$

donde decorre, em vista de (8.30), que

$$\frac{R_n(h)}{h^n} = \frac{F(h)}{G(h)} - \frac{f^{(n)}(a)}{n!}.$$

Queremos provar que esta expressão tende a zero com h. Portanto, devemos provar que $\lim_{h \to 0} F(h)/G(h) = f^{(n)}(a)/n!$. Para isso notamos que F e G se anulam em $h = 0$, juntamente com suas derivadas até a de ordem $n-2$, de forma que, pela regra de l'Hôpital, aplicada repetidas vezes,

$$\lim_{h \to 0} \frac{F(h)}{G(h)} = \lim_{h \to 0} \frac{F^{(n-1)}(h)}{G^{(n-1)}(h)}$$

$$= \frac{1}{n!} \lim_{h \to 0} \frac{f^{(n-1)}(a+h) - f^{(n-1)}(a)}{h} = \frac{f^{(n)}(a)}{n!},$$

e isso completa a primeira parte da demonstração.

Para provar que $p_n(h)$ é único, seja $p(x)$ como em (8.26). Em vista de (8.30) e do fato de que $R_n(h) = o(h^n)$, $f(a+h) - p(h) = o(h^n)$ nos conduz a

$$[f(a) - a_0] + [f'(a) - a_1]h + \left[\frac{f''(a)}{2!} - a_3\right] h^2 + \ldots + \left[\frac{f^{(n)}(a)}{n!} - a_n\right] h^n$$

Cap. 8: O Teorema Fundamental e Aplicações   193

$$= o(h^n) - R_n(h) = o(h^n), \quad h \to 0.$$

Isto só é possível com os colchetes do primeiro membro todos nulos, ou seja, $p(h) = p_n(h)$, como queriamos provar.

O teorema anterior, conquanto nos diga que o resto tende a zero mais depressa que h^n, não fornece um meio de fazer uma estimativa desse resto. Veremos como isso é possível no teorema seguinte, que exige um pouco mais da função f, mas fornece o resto em termos da derivada $f^{(n+1)}$.

8.16. Teorema. *Se f é uma função derivável até a ordem $n+1$ numa vizinhança de um ponto a, digamos, $V_\delta(a)$, então vale a fórmula (8.30) em $|h| < \delta$, o resto R_n sendo dado por*

$$R_n(h) = \frac{f^{(n+1)}(c)}{(n+1)!} h^{n+1}, \tag{8.31}$$

onde c é um número conveniente entre a e $a+h$.

A expressão (8.31) é conhecida como o resto na *forma de Lagrange*.

Demonstração. Como $R_n(h) = f(a+h) - p_n(h)$, pondo $G(h) = h^{n+1}$, é fácil ver que o teorema do valor médio generalizado (p. 134) é aplicável às funções R_n e G no intervalo de extremos 0 e h: existe x entre 0 e h tal que

$$\frac{R_n(h)}{h^{n+1}} = \frac{R_n(h) - R_n(0)}{G(h) - G(0)} = \frac{R_n'(x)}{G'(x)} = \frac{f'(a+x) - p_n'(x)}{(n+1)x^n}.$$

Nova aplicação do teorema citado, com as funções $F(x) = f'(a+x) - p_n'(x)$ e $G(x) = (n+1)x^n$ no intervalo de extremos 0 e x, nos dá:

$$\frac{R_n(h)}{h^{n+1}} = \frac{f''(a+y) - p_n''(y)}{(n+1)ny^{n-1}},$$

onde y está compreendido entre 0 e x, portanto entre 0 e h. Continuando a aplicar o teorema citado, depois de $n+1$ aplicações obtemos (observe que $p_n^{(n+1)}(h) \equiv 0$)

$$\frac{R_n(h)}{h^{n+1}} = \frac{f^{(n+1)}(c)}{(n+1)!},$$

onde c é um número conveniente entre a e $a+h$, donde segue o resultado desejado.

194   Cap. 8: O Teorema Fundamental e Aplicações

Se fizermos a hipótese adicional de que $f^{(n+1)}$ seja limitada numa vizinhança de a, digamos, por uma constante K, então, de (8.31) obtemos a estimativa

$$|R_n(h)| \leq \frac{Kh^{n+1}}{(n+1)!},$$

válida na referida vizinhança.

A fórmula (8.30), no caso em que $a = 0$, é conhecida como *fórmula de MacLaurin*. Se pusermos $b = a + h$, ela se escreve

$$f(b) = f(a) + f'(a)(b-a) + \frac{f''(a)}{2!}(b-a)^2 + \ldots + \frac{f^{(n)}(a)}{n!}(b-a)^n + R_n. \quad (8.32)$$

Neste caso, (8.31) passa a ser $R_n = \dfrac{f^{(n+1)}(c)}{(n+1)!}(b-a)^{n+1}$, onde c é um número compreendido entre a e b.

Convém observar que os Teoremas 8.15 e 8.16 são válidos nos casos em que f seja definida somente em a e à sua direita ou em a e à sua esquerda; nestes casos, as derivadas de f que neles aparecem são, evidentemente, derivadas laterais, à direita e à esquerda, respectivamente.

8.17. Exemplo. Vamos ilustrar, com a função exponencial, o uso da fórmula de Taylor no caso $a = 0$. Como é fácil verificar,

$$e^x = 1 + x + \frac{x^2}{2!} + \frac{x^3}{3!} + \ldots + \frac{x^n}{n!} + R_n(x),$$

onde $R_n(x) = \dfrac{e^c x^{n+1}}{(n+1)!}$, c estando compreendido entre 0 e x. É claro, então, que

$$x > 0 \Rightarrow e^x > 1 + x + \frac{x^2}{2!} + \frac{x^3}{3!} + \ldots + \frac{x^n}{n!}.$$

Além disso, o polinômio de Taylor que aí aparece é uma aproximação por falta de e^x com erro igual a $R_n(x)$. Podemos fazer uma estimativa desse erro com a substituição de c e x por algum limite superior de x; por exemplo, no caso em que $x = 1$,

$$e \approx 1 + 1 + \frac{1}{2!} + \frac{1}{3!} + \ldots + \frac{1}{n!},$$

valor aproximado por falta com erro inferior a $e/(n+1)!$ Como já sabemos, $2 < e < 4$ (p. 175), de sorte que o erro é inferior a $4/(n+1)!$ Essa é uma estimativa muito boa, pois $n!$ cresce muito depressa. Assim, com apenas $n = 7$ podemos calcular o número e com erro inferior a $4/8! < 9,92 \times 10^{-5} < 10^{-4}$. E com $n = 7$ não é difícil fazer os cálculos, até mesmo sem ajuda de calculadora, obtendo

$e \approx 2 + 3620/5040 \approx 2,7182539$. Isto significa que 2,718 é uma aproximação por falta do número e, correta nas três casas decimais. Como já dissemos antes (p. 53), Euler calculou o número e com 23 casas decimais.

É evidente que $R_n(x) \to 0$ com $n \to \infty$, qualquer que seja x, de sorte que

$$e^x = 1 + x + \frac{x^2}{2!} + \frac{x^3}{3!} + \ldots + \frac{x^n}{n!} + \ldots = \sum_{n=0}^{\infty} \frac{x^n}{n!}.$$

Em particular,

$$e = 1 + 1 + \frac{1}{2!} + \frac{1}{3!} + \ldots + \frac{1}{n!} + \ldots = \sum_{n=0}^{\infty} \frac{1}{n!},$$

como já vimos na p. 28.

Exercícios

1. Mostre que, sendo n ímpar,

$$e^x > 1 + x + \frac{x^2}{2!} + \frac{x^3}{3!} + \ldots + \frac{x^n}{n!},$$

qualquer que seja x real. Em particular, $e^x > 1 + x$. Interprete este resultado geometricamente.

2. Mostre que, se $x < 0$,

$$e^x < 1 + x + \frac{x^2}{2!} + \frac{x^3}{3!} + \ldots + \frac{x^{2n}}{(2n)!}.$$

3. Obtenha os desenvolvimentos de MacLaurin de $\sen x, \cos x, \log(1+x)$ e $(1+x)^r$, onde r é um número real qualquer.

4. Mostre que o polinômio de MacLaurin de uma função par (ímpar) só contém potências pares (ímpares).

5. Obtenha os desenvolvimentos de MacLaurin das funções $\arctg x$ e $\arcsen x$. Estas funções mostram que nem sempre é prático obter o polinômio de MacLaurin por repetidas derivações da função. No entanto, obtido o referido desenvolvimento, teremos todas as derivadas da função na origem. Assim, com $f(x) = \arctg x$, teremos $f^{(2n)}(0) = 0$ e $f^{(2n+1)}(0) = (-1)^n/(2n)!$

6. Mostre que são identicamente nulos os polinômios de MacLaurin das funções $f(0) = 0$, $f(x) = e^{-1/x}$ se $x \geq 0$, e $g(0) = 0$, $g(x) = e^{-1/x^2}$ se $x \neq 0$.

7. Seja f uma função de classe C^n numa vizinhança de um ponto $x = a$, com $f'(a) = \ldots = f^{(n-1)}(a) = 0$ e $f^{(n)}(a) \neq 0$. Prove, no caso n ímpar, que $x = a$ é um *ponto de inflexão* do gráfico de f, isto é, um ponto onde a tangente "atravessa" o gráfico. E prove, no caso n par, que $x = a$ é ponto de máximo se $f^{(n)}(a) < 0$ e ponto de mínimo se $f^{(n)}(a) > 0$.

Respostas e sugestões

3. No que segue, c é um número conveniente entre 0 e x. (Veja [A2], Seç. 3.7.)

$$\operatorname{sen} x = x - \frac{x^3}{3!} + \frac{x^5}{5!} - \ldots + \frac{(-1)^n x^{2n-1}}{(2n-1)!} + \frac{(-1)^n \operatorname{sen} c}{(2n)!} x^{2n};$$

$$\cos x = 1 - \frac{x^2}{2!} + \frac{x^4}{4!} - \ldots + \frac{(-1)^n x^{2n}}{(2n)!} + \frac{(-1)^n \operatorname{sen} c}{(2n+1)!} x^{2n+1};$$

$$\log(1+x) = x - \frac{x^2}{2} + \frac{x^3}{3} - \ldots - \frac{(-x)^n}{n} + \frac{(-1)^n}{n+1}\left(\frac{x}{1+c}\right)^{n+1};$$

$$(1+x)^r = 1 + rx + \binom{r}{2} + \ldots + \binom{r}{n}x^n + \binom{r}{n+1}\frac{x^{n+1}}{(1+c)^{n+1-r}}.$$

Observe que os polinômios de MacLaurin de seno e cosseno só contém potências ímpares e pares, respectivamente; que os dois primeiros desenvolvimentos são válidos para todo x real, enquanto que os outros dois só para $|x| < 1$; e que o último, chamado *desenvolvimento binomial*, reduz-se ao binômio de Newton quando r é inteiro, em cujo caso, evidentemente, é válido para todo x real.

5. Pondo $f(x) = \operatorname{arctg} x$ e integrando

$$f'(x) = \frac{1}{1+x^2} = 1 - x^2 + x^4 - \ldots + (-x^2)^n + \frac{(-x^2)^{n+1}}{1+x^2},$$

obtemos

$$\operatorname{arctg} x = x - \frac{x^3}{3} + \frac{x^5}{5} - \ldots + \frac{(-1)^n}{2n+1}x^{2n+1} + R_{2n+1}(x),$$

onde $R_{2n+1}(x) = (-1)^{n+1}\int_0^x [t^{2n+2}/(1+t^2)]dt$. É preciso provar que esta expressão é efetivamente $o(x^{2n+1})$ com $x \to 0$ para ficar claro que ela é mesmo o resto $R_{2n+1}(x)$.

Use procedimento análogo com $\operatorname{arc sen} x$.

Fórmula de Taylor com resto integral

8.18. Teorema. *Além das hipóteses do Teorema 8.15, suponhamos que $f^{(n+1)}$ seja integrável no intervalo $[a, \ b]$. Então vale a fórmula (8.32), com $|b-a| < \delta$, o resto sendo dado por*

$$R_n = \frac{1}{n!}\int_\alpha^b (b-t)^n f^{(n+1)}(t)dt. \tag{8.33}$$

Demonstração. A expressão (8.33) é conhecida como o resto na forma integral. Para obtê-la integramos sucessivamente por partes, assim:

$$\begin{aligned} f(b) &= f(a) + \int_\alpha^b f'(t)dt = f(a) - \int_\alpha^b (b-t)' f'(t)dt \\ &= f(a) + (b-a)f'(a) + \int_\alpha^b (b-t)f''(t)dt \\ &= f(a) + (b-a)f'(a) - \frac{1}{2}\int_\alpha^b [(b-t)^2]'f''(t)dt \\ &= f(a) + (b-a)f'(a) + \frac{f''(a)}{2}(b-a)^2 + \frac{1}{2}\int_\alpha^b (b-t)^2 f^{(3)}(t)dt. \end{aligned}$$

Prosseguindo com essas sucessivas integrações por partes, obtemos a fórmula (8.32), com o resto R_n dado por (8.33). O leitor não terá dificuldade em completar a demonstração por indução, supondo (8.33) verdadeira para $n = r$ e provando-a verdadeira para $n = r + 1$.

A fórmula (8.33) pode ser utilizada para se obter a chamada *forma de Cauchy* do resto. Encarando R_n como função de a, (8.33) nos dá:

$$R'_n(a) = -\frac{1}{n!}(b-a)^n f^{(n+1)}(a). \qquad (8.34)$$

Pelo teorema do valor médio,

$$R_n(b) - R_n(a) = (b-a)R'_n(c), \qquad (8.35)$$

onde c é um número conveniente entre a e b. Substituindo (8.35) em (8.35) e levando em conta que $R_n(b) = 0$, obtemos

$$R_n(a) = \frac{1}{n!}(b-a)(b-c)^n f^{(n+1)}(c),$$

que é a *forma de Cauchy* do resto.

A própria *forma de Lagrange* do resto, já obtida anteriormente, segue de (8.33) por aplicação do teorema generalizado da média, supondo que $f^{(n+1)}$ seja contínua. Então, sendo c um número conveniente entre a e b, obtemos

$$R_n = \frac{1}{n!} \; f^{(n+1)}(c) \int_a^b (b-t)^n dt = \frac{f^{(n+1)}(c)}{(n+1)!} \; (b-a)^{n+1},$$

que é o mesmo que (9.6), com $h = b - a$.

Notas históricas e complementares

O início do Cálculo

Como dissemos, no final do capítulo 6, o Cálculo surgiu no século XVII, por um desenvolvimento gradual, que se processou em duas fases distintas. Na primeira fase situam-se os trabalhos de Kepler (1571–1630), com seus cálculos de volumes de tonéis; bem como o último livro de Galileu (1564–1642), *Diálogos sobre Duas Novas Ciências*, que contém várias idéias da nova Matemática. Além desses, os principais outros nomes dessa primeira fase são Bonaventura Cavalieri (1598–1647), Pierre de Fermat (1601–1663), René Descartes (1596–1650), Blaise Pascal (1623–1662), Christiaan Huygens (1629–1695), John Wallis (1616–1703), Isaac Barrow (1630–1677) e James Gregory (1638–1675). A segunda fase, de sistematização e unificação dos métodos pelo teorema fundamental, tem em Newton e Leibniz seus protagonistas principais.

O desenvolvimento dos novos métodos do assim chamado "Cálculo Infinitesimal" se deu como resultado da atividade dos matemáticos no tratamento de problemas envolvendo cálculos de áreas, volumes, comprimentos de arcos e traçado de tangentes. Já na antiguidade, vários desses problemas haviam ocupado intensamente os matemáticos gregos, sobretudo Arquimedes

198 Capítulo 8: O Teorema Fundamental e Aplicações

(287-212 a.C.). E Arquimedes fora traduzido e passava a ter influência crescente no ocidente europeu desde meados do século XVI. (Sobre o trabalho de Arquimedes, veja o capítulo 2 de [E].) Isto, sem dúvida, foi um estímulo às pesquisas que então se desenvolveram.

A obra de Arquimedes exibe uma extraordinária perfeição lógica, sem qualquer comprometimento com o rigor. Embora pertencendo ao período helenístico, ele dava continuidade natural às tendências anteriores da Matemática grega, que culminam com o trabalho de Eudoxo (p. 12) e que praticamente transformavam a Matemática em Geometria. A própria Aritmética ficou excessivamente "geometrizada", como se vê nos "Elementos" de Euclides. Nos livros de Arquimedes não há fórmulas; os resultados são obtidos geometricamente e apresentados discursivamente. Esse "excesso" de rigor foi, sem dúvida, responsável pela estagnação do progresso. Mas agora, no século XVII, após todo o desenvolvimento da "Matemática numérica" (Aritmética e Álgebra), que viera por intermédio dos árabes, desde o século XIII, os matemáticos europeus, embora concentrados nos mesmos problemas geométricos da antigüidade, valorizavam o raciocínio heurístico, fazendo concessões ao rigor. E foi essa atitude que tornou possíveis as novas descobertas.

Um outro aspecto a observar é que, agora no século XVII, os matemáticos contavam, no tratamento dos problemas geométricos, com instrumentos novos e poderosos. Eram estes os "métodos numéricos", advindos do desenvolvimento da simbologia algébrica; e os métodos da Geometria Analítica, advindos da aplicação da Álgebra à Geometria. De posse desse novo instrumental, os matemáticos contavam com mais recursos que seus colegas gregos da antigüidade. E nem sempre sabiam utilizar esses novos recursos dentro dos mesmos padrões gregos de rigor. Portanto, não é que eles não prezassem o rigor, mas sim que nem sempre tinham como praticá-lo. Havia até, durante todo o século XVII, muita admiração pelo rigor arquimediano. Um exemplo disso é a obra de Newton, o *Principia*. Embora publicado já no final do século, em 1687, e no qual Newton utiliza as novas idéias do Cálculo infinitesimal, o livro é todo ele escrito no estilo grego antigo, com a mesma roupagem geometrica dos tratados clássicos. Aliás, a notação moderna da Geometria Analítica e do Cálculo só seria desenvolvida a partir dessa época, por Leibniz e os Bernoulli, mas sobretudo por Euler em meados do século seguinte.

O elemento central da sistematização e unificação dos métodos infinitesimais numa disciplina autônoma é o teorema fundamental, identificado por Newton e Leibniz, trabalhando independentemente um do outro. Veremos, a seguir, um pouco do trabalho desses sábios sobre esse assunto.

O teorema fundamental segundo Newton

Reproduzimos aqui o raciocínio de Newton em sua descoberta do teorema fundamental, como descrito em [G5], pp. 56–57. Consideremos uma curva no primeiro quadrante, representada por uma função y de x. Imaginamos, como sempre fazia Newton, que a curva passe pela origem e indiquemos com z a área ABC sob a curva (Fig. 8.5), a qual supomos, concretamente (como fazia Newton) dada por $z = 2x^{3/2}/3$. Na referida figura, $AB = x$, $BC = y$ e $BE = v$ é tal que a área da figura $BCDG$ é igual à área do retângulo $BEFG$. Dando a x um acréscimo infinitesimal $o = BG$, z sofrerá o acréscimo infinitesimal vo (igual à área do retângulo $BEFG$). Assim, teremos:

$$z^2 = \frac{4}{9}x^3 \quad \text{e} \quad (z+vo)^2 = \frac{4}{9}(x+o)^3.$$

Expandindo esta última expressão, tendo em conta a primeira e dividindo os termos restantes por o, obtemos:

$$2zv + v^2 o = \frac{4}{9}(3x^2 + 3xo + o^2).$$

Agora desprezamos os termos contendo o fator infinitesimal o e igualamos v a y, já que a diferença $v - y$ também é infinitesimal. Como $z = 2x^{3/2}/3$, o resultado é

$$2zy = \frac{4}{3}x^2, \quad \text{donde} \quad y = x^{1/2},$$

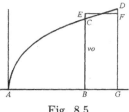

Fig. 8.5

Em linguagem moderna, Newton mostra assim que *a derivada da área z é a ordenada y e que a integral de y é z*. O mesmo argumento aplica-se, evidentemente, à situação geral em que $y = ax^{m/n}$ e $z = [na/(m+n)]x^{(m+n)/n}$. Newton estende esse resultado a funções mais gerais, desenvolvendo-as em séries de potências, e sobre isso falaremos no final do capítulo 9.

O teorema fundamental segundo Leibniz

Em Leibniz, o teorema fundamental aparece mais claramente graças a sua notação, como está bem explicado em [E], pp. 257–258. A área z da Fig. 8.5 é interpretada como a soma das áreas infinitesimais $dz = ydx$ de uma infinidade de retângulos de base dx e altura y (como ilustra a Fig. 7.3, p. 158). Como notação para indicar essa soma, Leibniz adotou (em 1875) o símbolo $\int$, que é uma das formas da letra "S" usada em seu tempo. Portanto, com essa notação,

$$\int ydx = \int dz = z.$$

Como se vê, a própria notação e a concepção intuitiva de área como somatória de elementos infinitesimais levam, naturalmente, à expressão do teorema fundamental. Pondo $y = f(x)$ e $z = F(x)$, de sorte que $dz/dx = F'(x) = f(x)$, e subtraindo uma da outra duas aplicações da fórmula anterior, obtemos o teorema fundamental em sua forma que nos é bem familiar:

$$F(b) - F(a) = \int_a^b f(x)dx.$$

O logaritmo como área

A primeira definição do logaritmo de um número, dada por John Napier (1550–1617) em 1614 ([E], cap. 6), difere não só da definição que demos em termos da integral (p. 174), como da definição que é comumente ensinada no ensino médio, como "expoente a que se deve elevar a base para se obter o número". Esta definição só seria claramente explicitada por Euler em meados do século XVIII. Mas a definição original de Napier foi logo simplificada e melhorada por Henry Briggs (1561–1630) na direção do "logaritmo na base 10" que nos é familiar. E não tardou para que os matemáticos descobrissem que o logaritmo estava relacionado com a "área sob a hipérbole $y = 1/x$". Em 1647 o jesuíta belga Gregorius Saint Vincent (1587–1667) enunciou em seu *Opus Geometricum* que a área $A(a, b)$ compreendida entre a hipérbole $y = 1/x$, o eixo dos x e as verticais $x = a$ e $x = b$ (a e b positivos) tem a propriedade de que $A(a, b) = A(ta, tb)$, qualquer que seja $t > 0$. Ele fez a demonstração desse fato calculando essas áreas pelo método dos infinitésimos de Cavalieri; ou, como fazemos hoje em dia, à maneira de "somas de Riemann" ([E], p. 155). Mas foi seu discípulo, Alfonsus de Sarasa (1618–1667), que observou, numa publicação de 1649, que a propriedade descoberta pelo mestre acarreta a aditividade característica do logaritmo: $A(1, ab) = A(1, a) + A(1, b)$. Esta propriedade foi também notada por Newton, por volta de 1665, em seus cálculos de "áreas hiperbólicas".

Mas o completo reconhecimento do logaritmo natural como área sob a hipérbole $y = 1/x$ só foi alcançado com Euler.

Leibniz, os irmãos Bernoulli e l'Hôpital

Foi a partir do final do século XVII, graças principalmente aos esforços de Leibniz e dos irmãos Jacques (1654-1705) e Jean (1667-1748) Bernoulli, que o Cálculo começou a se firmar como disciplina autônoma, independente da Geometria e da Álgebra. Tanto Leibniz como os Bernoulli eram matemáticos de primeira linha, estes últimos pertencentes a uma família da Basiléia que daria, até 1800, pelo menos oito eminentes matemáticos. Os irmãos Bernoulli foram os primeiros a formar com Leibniz uma escola vigorosa, que teria muitos seguidores no continente europeu, sendo Euler o mais eminente deles.

Dentre as muitas descobertas de Jean Bernoulli está a regra hoje conhecida como de "l'Hôpital". Isto porque ele fez um estranho acordo com seu discípulo Guillaume (marquês de) l'Hôpital, pelo qual, em troca de pagamentos estipulados, este receberia lições e comunicações das descobertas do mestre, as quais poderia usar "à sua discrição". Em 1696 l'Hôpital publicou um livro intitulado *Analyse des infiniment petits pour l'intelligence des lignes courbes* (Análise dos infinitamente pequenos para a compreensão das curvas), no qual incluiu, como se fosse de sua autoria, a regra que ficou conhecida por seu nome. Esse livro teve importância e influência na época em que foi escrito por ser o primeiro texto sobre a nova disciplina do Cálculo. Mas foram os livros de Euler, surgidos em meados do século XVIII, que estabeleceram padrões definitivos para o ensino da nova disciplina. Estes sim, tiveram enorme influência sobre todos os livros que se escreveram depois, até, pelo menos, os textos de Cauchy, que apareceram a partir de 1820.

A interpolação e o polinômio de Taylor

As necessidades das ciências aplicadas, principalmente em Astronomia, criaram, desde fins do século XVI, crescentes demandas de cálculo numérico. E para isso era necessário construir tabelas precisas de logaritmos e das funções trigonométricas. Tomemos, como exemplo, o cálculo dos logaritmos. Conhecidos os logaritmos de dois números, era preciso saber como calcular os logaritmos dos números entre eles compreendidos. Esse problema fez surgir a técnica de "interpolar" valores de uma função entre outros valores conhecidos. O modo mais simples de resolver esse problema consiste em aproximar o gráfico da função entre dois de seus pontos pelo segmento de reta que une esses pontos. Esta é a chamada *interpolação linear* que, com a notação de hoje, assim se escreve: seja f uma função com valores y_0 e y_1 em x_0 e x_1, respectivamente. Pondo $\Delta x = x_1 - x_0$ e $\Delta y = y_1 - y_0$, teremos $f(x + t\Delta x) \approx y_0 + t\Delta y$. Assim obtemos valores aproximados (linearmente) da função f no intervalo $[x_0, x_1]$, com t variando no intervalo $[0, 1]$.

Uma aproximação que leva em conta valores da função em três pontos distintos foi considerada pelo próprio Briggs na construção de suas tabelas de logaritmos. E Newton foi além, introduzindo uma fórmula de aproximação que leva em conta os valores da função em $n+1$ pontos igualmente espaçados. Para descrevê-la em notação de hoje, sejam $x_0, x_1, \ldots, x_n$ esses pontos,

$$\Delta x = x_1 - x_0 = \ldots = x_n - x_{n-1}; \quad y_i = f(x_i), \quad \Delta y_i = y_{i+1} - y_i,$$
$$\Delta^{k+1} y_i = \Delta(\Delta^k y_i) = \Delta^k y_{i+1} - \Delta^k y_i.$$

Com essa notação, a fórmula de interpolação de Newton é (Veja [E], p. 284)

$$f(x_0 + s\Delta x) \approx \sum_{i=0}^{n} \binom{s}{i} \Delta^i y_0$$

$$= y_0 + s\Delta y_0 + \frac{s(s-1)}{2!}\Delta^2 y_0 + \ldots + \frac{s(s-1)\ldots(s-n+1)}{n!}\Delta^n y_0.$$

Como se vê, essa fórmula é um polinômio em s, cujo gráfico passa pelos pontos (x_j, y_j) do gráfico de f. Ela foi também obtida, independentemente, pelo escocês James Gregory, razão pela qual é conhecida como *Fórmula de Interpolação de Gregory-Newton*.

A *Fórmula de Taylor* guarda esse nome por ter sido publicada por Brook Taylor (1685-1731) em 1715. Ele a obteve por um processo que podemos descrever hoje como de passagem ao limite, na Fórmula de Interpolação de Gregory-Newton, com $\Delta x \to 0$ e $n \to \infty$. (Veja os detalhes em [E], pp. 287-88.) Convém notar que outros matemáticos, como James Gregory e Leibniz, obtiveram o mesmo resultado antes de Taylor, embora não lhes tenham dado ampla divulgação. Colin MacLaurin (1698-1746), que foi professor em Edinburgo, obteve a mesma fórmula de Taylor centrada na origem numa publicação de 1742.

Leonhard Euler (1707-1783)

Euler nasceu na Basiléia e iniciou seus estudos com a intenção de se tornar ministro religioso, como seu pai. Adquiriu gosto pela Matemática como estudante de Jean Bernoulli na universidade local e logo decidiu que faria da Matemática sua principal ocupação. Euler passou quase toda a sua vida nas Academias de Ciências de São Petersburgo (de 1727 a 1741 e de 1766 até sua morte em 1783) e de Berlim (de 1741 a 1766).

A produção científica de Euler é de uma extensão assombrosa, superando a de qualquer outro matemático que tenha vivido antes ou depois dele. Extensa e variada, distribuindo-se por todos os ramos da Matemática, da Física, da Astronomia e até da Engenharia, como em construção naval. E da melhor qualidade, tanto que ganhava tantos prêmios que estes passaram a se constituir numa complementação regular de seu salário.

Foi graças ao trabalho de Euler que o Cálculo se tornou uma disciplina verdadeiramente "domesticada" e acessível a todos os estudiosos da Matemática. Em 1848 ele publicou o *Introductio in Analysin Infinitorum*, em dois volumes. Essa obra foi a primeira apresentação verdadeiramente bem organizada e coerente dos métodos do Cálculo. Vieram depois o *Institutiones Calculi Diferentialis* (1755) e o *Institutiones Calculi Integralis* (1768). Todos esses livros tiveram uma influência marcante no ensino e na formação dos matemáticos por seguramente cem anos. É neles que se encontram, pela primeira vez, apresentações das funções elementares como as conhecemos hoje, particularmente as funções trigonométricas, o logaritmo e a exponencial, com seus desenvolvimentos em séries e as conhecidas fórmulas de seno e cosseno em termos da exponencial. (Veja o capítulo 10 de [E].)

Até hoje os livros de Euler são muito admirados. Tanto assim que a editora alemã Springer-Verlag publicou traduções dos dois volumes da primeira obra citada acima, o "Introductio". O tradutor explica, no prefácio, que foi levado a essa tarefa depois de ouvir de André Weil, numa palestra sobre Euler, em 1979, que os estudantes de hoje aproveitariam muito mais estudando o "Introductio" de Euler do que vários dos livros textos de hoje. No prefácio desse livro Euler observa que as dificuldades que bloqueiam o progresso dos estudantes que estudam Cálculo é a falta de uma boa base em Álgebra Elementar. Como se vê, nos tempos de Euler os problemas do ensino de Cálculo não eram muito diferentes dos de hoje...

Capítulo 9

SEQÜÊNCIAS E
SÉRIES DE FUNÇÕES

Introdução

Vimos, no capítulo 8, que a integral indefinida é um dos processos do Cálculo que permite introduzir novas funções a partir de funções dadas, particularmente funções contínuas em intervalos.

Veremos, no presente capítulo, que outro processo importante, que cumpre idêntica finalidade, é o de tomar limites de seqüências de funções, bem como o de somar séries de funções.

Consideremos uma seqüência de funções f_n, todas com o mesmo domínio D. Assim, para cada valor de x em D, temos uma seqüência numérica $f_n(x)$, à qual se aplicam todos os conceitos e resultados desenvolvidos no capítulo 2, em particular o conceito de limite. Aqui, entretanto, esse limite, em geral, depende do valor x considerado — é *função* de x; daí designarmos o limite de uma seqüência de funções $f_n(x)$ por $f(x)$, justamente para evidenciar que esse limite é função de x.

Convergência simples e convergência uniforme

Quando lidamos com seqüências de funções, há que se distinguir dois conceitos de convergência, um dos quais é o de *convergência simples* ou *convergência pontual*. Diz-se que uma seqüência de funções f_n, com o mesmo domínio D, converge *simplesmente* ou *pontualmente* para uma função f se, dado qualquer $\varepsilon > 0$, para cada $x \in D$ existe N tal que

$$n > N \Rightarrow |f_n(x) - f(x)| < \varepsilon.$$

Observe, entretanto, que o N que é determinado nessa definição pode não ser o mesmo para diferentes valores de x. Um exemplo simples e bastante esclarecedor é o da seqüência $f_n(x) = x/n$, o domínio de x sendo toda a reta. É claro que $f_n(x) \to 0$, pois, dado qualquer $\varepsilon > 0$,

$$|\frac{x}{n}| < \varepsilon \Leftrightarrow n > N = \frac{|x|}{\varepsilon}.$$

Vemos assim que, para cada x fixado, encontramos um N; mas esse N varia com o variar de x; e quanto maior for $|x|$, tanto maior será o N, o qual tende

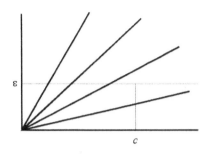
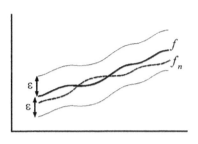

Fig. 9.1   Fig. 9.2

a infinito com $|x| \to \infty$. Em conseqüência disso, a convergência de x/n para zero não se dá de maneira "uniforme" para diferentes valores de x. A Fig. 9.1 ilustra muito bem o que se passa: o gráfico das funções $y = x/n$ são retas, que se tornam tanto mais próximas do eixo dos x quanto maior for o índice n. Mas, não importa quão grande seja esse índice, há sempre valores de x para os quais $|f_n(x)|$ supera qualquer número positivo, digamos, $|f_n(x)| > 1$. Dito de outra maneira, os gráficos não aproximam o eixo dos x de maneira "uniforme em x".

Porém, como a própria figura sugere, restringindo o domínio das funções f_n a um intervalo do tipo $|x| \leq c$, onde c é qualquer número positivo, conseguimos determinar um índice N, válido para todos os valores x desse intervalo. Com efeito, neste caso, $|x/n| \leq c/n$, de forma que basta fazer $c/n < \varepsilon$ para termos também $|x/n| < \varepsilon$; ora, fazer $c/n < \varepsilon$ é o mesmo que fazer $n > c/\varepsilon$. Assim,

$$n > N = \frac{c}{\varepsilon} \Rightarrow |f_n(x)| = \frac{|x|}{n} < \varepsilon.$$

Dizemos então que a convergência é "uniforme em x", visto que conseguimos encontrar um N $(= c/\varepsilon)$ válido para todo $x \in [-c,\, c]$. É interessante observar também que, se aumentarmos o c, teremos de aumentar o N, embora a convergência continue uniforme em qualquer intervalo $|x| \leq c$. Mas observe: ela não é uniforme na união desses intervalos, que é todo o eixo real!

9.1. Definição. *Diz-se que uma seqüência de funções f_n converge uniformemente para uma função f num domínio D se, dado qualquer $\varepsilon > 0$, existe N tal que, para todo $x \in D$,*

$$n > N \Rightarrow |f_n(x) - f(x)| < \varepsilon.$$

É costume referir-se à convergência de uma seqüência de funções f_n para uma função f, sem qualquer qualificativo; neste caso deve-se entender que se trata de convergência simples ou pontual. É claro que este tipo de convergência é conseqüência da convergência uniforme, mas a convergência pontual não implica a convergência uniforme.

A convergência uniforme admite uma interpretação geométrica simples e sugestiva: ela significa que, qualquer que seja $\varepsilon > 0$, existe um índice N a partir do qual os gráficos de todas as funções f_n ficam na faixa delimitada pelos gráficos das funções $f(x) + \varepsilon$ e $f(x) - \varepsilon$ (Fig. 9.2). Ao contrário, a convergência não sendo uniforme, existe um $\varepsilon > 0$ tal que, para uma infinidade de valores n, o gráfico de f acaba saindo da faixa $(-\varepsilon, \varepsilon)$, centrada no gráfico de f. É esse o caso da seqüência $f_n(x) = x/n$, que converge para $f(x) = 0$ (x real), mas não uniformemente. Então, qualquer que seja $\varepsilon > 0$, o gráfico de qualquer f_n acaba saindo da faixa $(-\varepsilon, \varepsilon)$, centrada no eixo dos x, como se vê na Fig. 9.1.

Para negar a convergência uniforme, não é preciso que a desigualdade $|f_n(x) - f(x)| < \varepsilon$ seja violada *qualquer* que seja ε e para todo n, como aconteceu no exemplo anterior. Basta que essa violação ocorra para algum $\varepsilon > 0$ e para uma infinidade de índices n, como ilustra o exemplo a seguir.

9.2. Exemplo. Consideremos a função $f(x) = e^{-x^2}$, cujo gráfico é simétrico em relação ao eixo Oy e que tende a zero com $x \to \pm\infty$. Seja f_n a seqüência dada por $f_n(x) = f(x - n)$. Como se vê, o gráfico de f_n é o de f transladado n unidades para a direita (Fig. 9.3). É fácil ver, então, que $f_n(x) \to 0$ pontualmente. Mas essa convergência não é uniforme, pois $f_n(n) = 1$, de sorte que a condição $|f_n(x) - f(x)| < \varepsilon$ estará violada em $x = n$ com qualquer $\varepsilon < 1$. Entretanto, se nos restringirmos a qualquer semi-eixo $x \leq c$, teremos uniformidade da convergência, visto que, a partir de $n \geq c$, $f_n(x) \leq f_n(c) \leq \exp[-(c-n)^2]$; ora, esta última expressão pode ser feita menor do que qualquer $\varepsilon > 0$ a partir de um certo índice N, independentemente de x, desde que $x \leq c$.

9.3. Exemplo. Consideremos a seqüência $f_n(x) = nx(1-x)^n$, que, como é fácil ver, tende a zero pontualmente no intervalo (0, 1]. No entanto, a convergência não é uniforme; como é fácil ver, $f_n(x)$ assume, no ponto $x_n = 1/(n+1)$, seu valor máximo, $f_n(x_n) = [n/(n+1)]^{n+1}$, o qual tende a $1/e$ com $n \to \infty$. Vemos assim que os gráficos das várias funções f_n possuem "picos" que se vão afastando para a esquerda com o crescer de n (Fig. 9.4). (O leitor deve estudar as duas primeiras derivadas de f_n, f'_n e f''_n, que se anulam em x_n e $2x_n$ respectivamente. Do comportamento dessas derivadas se infere como são os gráficos das funções f_n, esboçados na Fig. 9.4.) A convergência

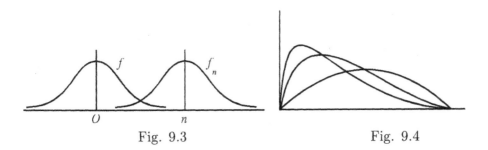

Fig. 9.3   Fig. 9.4

não pode, pois, ser uniforme: a seqüência

$$f_n(x_n) = \frac{1}{1+1/n}\left(\frac{1}{1+1/n}\right)^n$$

é crescente e tende a $1/e$ (Veja o Exerc. 2 adiante), de forma que se tomarmos $\varepsilon < 1/e$ não conseguiremos fazer $f_n(x) < \varepsilon$ para todo $x \in (0,\ 1]$; $x = x_n$ viola essa condição para todo n, a partir de um certo índice N. No entanto, a convergência é uniforme em qualquer intervalo $[c,\ 1]$, com $0 < c < 1$; de fato, em tal intervalo,

$$f_n(x) \leq n(1-c)^n = n e^{n[\log(1-c)]},$$

e como esta última expressão, que é uma seqüência numérica, tende a zero, podemos fazê-la menor do que qualquer ε fixado a partir de um certo índice N, determinado independentemente de x no intervalo $[c,\ 1]$. Então, para todo $n > N$, teremos $f_n(x) < \varepsilon$, qualquer que seja $x \in [c,\ 1]$, o que estabelece a uniformidade da convergência.

9.4. Teorema (critério de convergência de Cauchy). *Uma condição necessária e suficiente para que uma seqüência de funções f_n convirja uniformemente para uma função f num domínio D é que, dado qualquer $\varepsilon > 0$, exista N tal que, qualquer que seja $x \in D$, se tenha:*

$$n > N \ \text{e} \ m > N \Rightarrow |f_n(x) - f_m(x)| < \varepsilon. \tag{9.1}$$

Demonstração. Para provar que a condição é suficiente, observamos que (9.1) e o critério de Cauchy para seqüências numéricas garantem que, para cada x fixado, a seqüência numérica $f_n(x)$ converge para um certo número $f(x)$, de sorte que $f_n(x) - f_m(x)$ tende a $f_n(x) - f(x)$ com $m \to \infty$; portanto, passando ao limite em (9.1) com $m \to \infty$, obtemos

$$n > N \Rightarrow |f_n(x) - f(x)| \leq \varepsilon,$$

qualquer que seja $x \in D$, e isso prova a convergência uniforme de f_n para f. (O fato de havermos perdido a desigualdade estrita não importa; se quiséssemos terminar com $|f_n(x) - f(x)| < \varepsilon$, bastaria começar com $\varepsilon/2$ em (9.1), o que nos levaria a $|f_n(x) - f(x)| \leq \varepsilon/2 < \varepsilon$.)

Deixamos ao leitor a tarefa de provar que a condição é necessária.

Exercícios

1. Prove que, qualquer que seja x, $\cos nx$ não tende a zero.
2. Prove que a função $[x/(x+1)]^{(x+1)}$ é crescente para $x > 1$.
3. Diz-se que uma seqüência (f_n) de funções é *limitada* (ou que as funções f_n são *uniformemente limitadas*) se existe uma constante M tal que $|f_n(x)| \leq M$ para todo índice n e todo x no domínio dessas funções. Prove que se cada f_n for limitada por uma constante M_n e a seqüência convergir uniformemente, então a seqüência é limitada.
4. Mostre que $f_n(x) = 1/nx \to 0$ pontualmente em $x \neq 0$, mas não uniformemente. Prove que a convergência é uniforme em qualquer domínio do tipo $|x| \geq c > 0$. Faça um gráfico para interpretar o que acontece.
5. Prove que $f_n(x) = 1/(1+nx)$ tende a zero em $x \neq 0$, mas não uniformemente.
6. Mostre que as seqüências

$$f_n(x) = \frac{\cos nx}{\log n} \quad \text{e} \quad f_n(x) = \frac{\operatorname{sen}(nx + \cos nx)}{x^2 + n + 1}$$

tendem a zero uniformemente em x, para todo x real.

7. Mostre que a seqüência $f_n(x) = x^n$ tende a zero pontualmente no intervalo $[0, 1)$, mas não uniformemente. Prove que a convergência é uniforme em qualquer intervalo $[0, c]$, com $c < 1$. Faça o mesmo no caso dos intervalos $(-1, 1)$ e $[-c, c]$. Interprete sua análise geometricamente nos gráficos das funções f_n.
8. Faça os gráficos das funções da seqüência

$$f_n(x) = \begin{cases} (1-n)x + 1 & \text{se} \quad 0 \leq x \leq 1/n \\ 1/n^2 x & \text{se} \quad x \geq 1/n \end{cases}$$

Mostre que essa seqüência tende a zero pontualmente em $x > 0$, mas não uniformemente. Prove que a convergência é uniforme em qualquer semi-eixo $x \geq c > 0$.

9. Prove que $f_n(x) = x^2/(1+nx^2)$ tende a zero uniformemente em toda a reta.
10. Prove que a seqüência $f_n(x) = x/(1+nx)$ tende a zero uniformemente em $x \geq 0$. Analise o comportamento dessa seqüência em $x < 0$.
11. Estude a seqüência $f_n(x) = nx/(1+nx)$ quanto à convergência simples e uniforme.
12. Determine o limite da seqüência $f_n(x) = nx^2/(1+nx)$ e prove que a convergência é uniforme em $x \geq 0$. Analise a situação em $x < 0$.
13. Mostre que a seqüência $f_n(x) = e^{x/n}$ tende a 1 pontualmente para todo x real, mas não uniformemente. Prove que a convergência é uniforme em qualquer intervalo $[-c, c]$.
14. Mostre que a seqüência $f_n(x) = nxe^{-nx}$, considerada em $x \geq 0$, tende a zero pontualmente, mas não uniformemente. Prove que a convergência é uniforme em qualquer semi-eixo $x \geq c > 0$.

15. Faça o mesmo que no exercício anterior para a seqüência $f_n(x) = n^2 x e^{-nx}$.

16. Estude a seqüência $f_n(x) = x/(1+nx^2)$ quanto à convergência simples e uniforme em toda a reta.

17. Considere a seqüência $f_n(x) = x^n(1-x^n)$ no intervalo $[0, 1]$. Faça o gráfico de f_n, determinando, inclusive, seu valor máximo e o ponto x_n onde ele é assumido. Mostre que $f_n(x)$ tende a zero pontualmente, mas não uniformemente. Prove que a convergência é uniforme em qualquer intervalo $[0, c]$, $c < 1$.

18. Faça o gráfico de $f_n(x) = x^n/(1+x^n)$ para todo $x \geq 0$ e mostre que essa seqüência converge para a função
$$f(x) = \begin{cases} 0 & \text{se} \quad 0 \leq x < 1 \\ 1/2 & \text{se} \quad x = 1 \\ 1 & \text{se} \quad x > 1 \end{cases}$$
mas não uniformemente. Prove que a convergência é uniforme em qualquer domínio do tipo $R_+ - V_\delta(1)$, com $\delta > 0$. (Aqui, como de costume, R_+ denota o conjunto dos números reais positivos.

19. Mostre que $f_n(x) = nx/(1+n^2x^2) \to 0$ qualquer que seja x real, mas não uniformemente. Prove que a convergência é uniforme em qualquer domínio $|x| \geq c > 0$.

20. Prove que a seqüência
$$f_n(x) = \frac{nx}{1+n^2x^2 \log n}$$
tende a zero uniformemente, para todo x real.

21. Seja f_n uma seqüência de funções contínuas no fecho $\overline{D}$ de um conjunto aberto D, que converge uniformemente em D. Prove que f_n converge uniformemente em $\overline{D}$.

Sugestões e soluções

1. Se $\cos nx \to 0$, o mesmo seria verdade de $\cos 2nx$. Como $\cos 2nx = \cos^2 nx - \text{sen}^2 nx$, $\text{sen } nx$ também tenderia a zero, o que é absurdo, pois $\text{sen}^2 nx + \cos^2 nx = 1$.

2. Basta provar que a derivada de $f(x) = (x+1)\log[x/(x+1)]$ é positiva para x positivo. Lembrando que, para $0 \leq c < 1$,
$$\log(1-c) = -c - \frac{c^2}{2} - \frac{c^3}{3} - \frac{c^4}{4} - \ldots,$$
teremos:
$$f'(x) = \frac{1}{x} + \log\frac{x}{x+1} = \frac{1}{x} + \log\left(1 - \frac{1}{x+1}\right)$$
$$= \frac{1}{x} - \frac{1}{x+1} - \frac{1/2}{(x+1)^2} - \frac{1/3}{(x+1)^3} - \ldots = \frac{1}{x(x+1)} - \frac{1/2}{(x+1)^2} - \frac{1/3}{(x+1)^3} - \ldots$$
$$= \frac{1}{x+1}\left(\frac{1}{x} - \frac{1/2}{(x+1)} - \frac{1/3}{(x+1)^2} - \ldots\right)$$
$$> \frac{1}{x+1}\left[\frac{1}{x} - \frac{1}{2(x+1)}\left(1 + \frac{1}{x+1} + \frac{1}{(x+1)^2} + \ldots\right)\right] = \frac{1}{2x(x+1)} > 0.$$

5. Observe que $f_n(1/n) = 1/2$.

7. Observe que
$$x^n < \varepsilon \Leftrightarrow n \log x < \log \varepsilon \Leftrightarrow n > N = \frac{\log \varepsilon}{\log x}.$$

Vemos assim que para cada x fixado encontramos um N, mas esse N varia com o variar de x, tendendo a infinito com $x \to 1$ (estamos supondo $0 < \varepsilon < 1$); logo, a convergência é pontual, mas não uniforme. Com a restrição $0 < x \leq c < 1$,

$$\frac{\log \varepsilon}{\log x} \leq \frac{\log \varepsilon}{\log c},$$

de forma que basta tomar $N = \log \varepsilon / \log c$, para que tenhamos

$$n > N \Rightarrow x^n < \varepsilon.$$

9. Observe que $f_n(x) < 1/n$.

10. O caso $x \geq 0$ é análogo ao exercício anterior. No caso $x < 0$ não podemos permitir $x = -1/n$ em $f_n(x)$. Mas, qualquer que seja $c > 0$, com $n > 2/c$ e $x \leq -c$, teremos:

$$|1 + nx| = n|x| - 1 > n|x| - n|x|/2 = n|x|/2 > nc/2,$$

donde segue a convergência uniforme.

11. A convergência é uniforme em qualquer domínio do tipo $|x| \geq c > 0$, como se vê analisando a diferença $1 - f_n(x)$. Observe que $f_n(1/n) = 1/2$, donde se vê que a convergência não pode ser uniforme em toda a reta.

12. $f_n(x) = \dfrac{x^2}{x + 1/n} \to x$; $|f_n(x) - x| = |\dfrac{x}{1 + nx}| < \dfrac{1}{n}$ se $x \geq 0$, o que prova que a convergência é uniforme nesse domínio. Se $x < 0$, como x não pode ser igual a $-1/n$, pelo menos a partir de um certo n, podemos nos restringir a $x \leq c < 0$, onde, novamente, a convergência é uniforme, como o leitor deve provar.

16. f_n, que é função ímpar, assume valor máximo $1/2\sqrt{n}$ em $x_n = 1/\sqrt{n}$. Faça o gráfico de f_n para diferentes valores de n.

17. f_n assume seu valor máximo $1/4$ em $x_n = 1/\sqrt[n]{2}$, que tende a 1 crescentemente. Compare os gráficos das diferentes funções f_n para valores crescentes de n.

18. Calcule as derivadas primeira e segunda de $f_n(x)$; verifique que a derivada primeira é sempre positiva e a derivada segunda se anula em $x_n = [(n-1)/(n+1)]^{1/n}$, que tende a 1 crescentemente. Compare os gráficos das diferentes funções f_n, para valores crescentes de n.

19. Observe que $f_n(\pm 1/n) = \pm 1/2$. Se $|x| \geq c > 0$, $|f_n(x)| \leq 1/n|x| \leq 1/nc$.

20. Observe que f_n é função ímpar e ache seu valor máximo.

Conseqüências da convergência uniforme

A convergência uniforme, como se vê, é mais restritiva que a convergência simples, por isso mesmo tem várias conseqüências importantes, como veremos a seguir.

9.5. Teorema. *Se f_n é uma seqüência de funções contínuas num mesmo domínio D, que converge uniformemente para uma função f, então f é contínua* em D.

Demonstração. Sejam x, $x' \in D$. A desigualdade do triângulo permite escrever:

$$|f(x) - f(x')| = |(f(x) - f_n(x)) + (f_n(x) - f_n(x')) + (f_n(x') - f(x'))|$$
$$\leq |f(x) - f_n(x)| + |f_n(x) - f_n(x')| + |f_n(x') - f(x')|$$

Dado qualquer $\varepsilon > 0$, a convergência uniforme permite determinar N tal que, para $n > N$, os primeiro e último termos dessa última expressão sejam cada um menor do que $\varepsilon/3$, quaisquer que sejam x, $x' \in D$. Feito isso, fixamos o índice n e usamos a continuidade de f_n para determinar $\delta > 0$ tal que x, $x' \in D$, $|x - x'| < \delta \Rightarrow |f_n(x) - f_n(x')| < \varepsilon/3$. Assim, obtemos

$$x, \ x' \in D, \ |x - x'| < \delta \Rightarrow |f(x) - f(x')| < \varepsilon,$$

e isso completa a demonstração.

De acordo com o teorema que acabamos de demonstrar, se o limite de uma seqüência de funções contínuas num domínio D não é contínua nesse domínio, então a convergência não pode ser uniforme. É esse o caso da seqüência $x^n/(1+x^n)$ que, como vimos, converge para a função

$$f(x) = \begin{cases} 0 & \text{se} \quad 0 \leq x < 1 \\ 1/2 & \text{se} \quad x = 1 \\ 1 & \text{se} \quad x > 1 \end{cases}$$

que é descontínua; logo, a convergência não pode ser uniforme em qualquer intervalo que inclua o ponto $x = 1$. Do mesmo modo, a seqüência x^n não converge uniformemente no intervalo $[0, 1]$, pois a função limite é 1 em $x = 1$ e zero em $x < 1$.

Deve-se notar também que uma seqüência de funções contínuas pode convergir para uma função contínua, sem que a convergência seja uniforme, como nos Exercs. 4 e 5 atrás, dentre outros.

No entanto, uma certa recíproca do teorema anterior é verdadeira sob hipóteses adicionais, como veremos no teorema seguinte, devido ao matemático italiano Ulisse Dini (1845–1918). Para isso necessitamos da noção de *convergência monótona* de uma seqüência de funções f_n, que tem significado óbvio: além de convergirem, as seqüências numéricas $f_n(x)$ são monótonas.

9.6. Teorema (de Dini). *Se f_n é uma seqüência de funções contínuas num domínio compacto D, que converge monotonamente para uma função* contínua f, então essa convergência é uniforme.

Demonstração. Dado qualquer $\varepsilon > 0$, para cada $x \in D$ existe um inteiro positivo N_x tal que
$$|f_{N_x}(x) - f(x)| < \varepsilon.$$
Pela continuidade, $|f_{N_x}(t) - f(t)|$ permanecerá menor do que ε em toda uma vizinhança de $t = x$; o mesmo acontecerá com a seqüência $|f_n(t) - f(t)|$ para todo $n > N_x$, pois esta seqüência é não crescente. Podemos, pois, dizer que existem N_x como acima e $\delta_x > 0$ tais que
$$n \geq N_x, \ t \in D \cap V_{\delta_x}(x) \Rightarrow |f_n(t) - f(t)| < \varepsilon.$$
Como D é compacto, pelo Teorema de Borel-Lebesgue, basta um número finito das vizinhanças $V_{\delta_x}(x)$ para cobrir D, digamos, $V_{\delta_{x_1}}(x_1), V_{\delta_{x_2}}(x_2), \ldots, V_{\delta_{x_r}}(x_r)$. Então, sendo N o maior dos números $N_{x_1}, N_{x_2}, \ldots, N_{x_r}$, é claro que
$$n > N \Rightarrow |f_n(x) - f(x)| < \varepsilon,$$
qualquer que seja $x \in D$. Isso completa a demonstração.

9.7. Teorema. *Nas mesmas hipóteses do Teorema 9.5, sendo D um intervalo $[a, b]$, temos:*
$$\lim \int_a^b f_n(x)dx = \int_a^b [\lim f_n(x)]dx = \int_a^b f(x)dx.$$

Demonstração. Da convergência uniforme segue-se que, dado qualquer $\varepsilon > 0$, existe N tal que $n > N \Rightarrow |f(x) - f_n(x)| < \varepsilon$; logo, $n > N$ implica
$$\left| \int_a^b f_n(x)dx - \int_a^b f(x)dx \right| = \left| \int_a^b [f_n(x) - f(x)]dx \right|$$
$$\leq \int_a^b |f_n(x) - f(x)|dx < \varepsilon(b - a).$$
Isso prova o resultado desejado.

O teorema que acabamos de provar nos diz que podemos trocar a ordem das operações de integração e de tomar o limite com $n \to \infty$, desde que a convergência seja uniforme. Ele foi demonstrado no pressuposto de que as funções f_n fossem todas contínuas no intervalo $[a, b]$. Mas tal hipótese nem é necessária; basta, além da convergência uniforme, que as funções f_n sejam integráveis em $[a, b]$, como veremos a seguir.

9.8. Teorema. *Se uma seqüência f_n de funções integráveis num intervalo $[a, b]$ converge uniformemente para uma função f, então f é integrável em $[a, b]$ e*

$$\lim \int_a^b f_n(x)dx = \int_a^b [\lim f_n(x)]dx = \int_a^b f(x)dx. \qquad (9.2)$$

Demonstração. Para mostrar que f é integrável, comecemos com a desigualdade do triângulo,

$$|f(x) - f(y)| = |[f(x) - f_n(x)] + [f_n(x) - f_n(y)] + [f_n(y) - f(y)]|$$

$$\leq |f(x) - f_n(x)| + |f_n(x) - f_n(y)| + |f_n(y) - f(y)|.$$

Dado qualquer $\varepsilon > 0$, a convergência uniforme permite determinar N tal que, para $n > N$, os primeiro e último termos dessa última expressão sejam menores do que ε, quaisquer que sejam $x, y \in [a, b]$. Assim,

$$|f(x) - f(y)| \leq 2\varepsilon + |f_n(x) - f_n(y)|. \qquad (9.3)$$

Feito isso fixamos n e usamos a integrabilidade de f_n para determinar uma partição P tal que

$$S(f_n, P) - s(f_n, P) = \sum_{i=1}^n \omega_i^n \Delta x_i < \varepsilon, \qquad (9.4)$$

onde ω_i^n é a oscilação de f_n no i-ésimo intervalo $I_i = [x_{i-1}, x_i]$ da partição P. Seja ω_i a oscilação de f nesse intervalo I_i. Como já vimos antes (Exerc. 12 da p. 82),

$$\omega_i = \sup\{|f(x) - f(y)| : x, y \in I_i\};$$

portanto, tomando o supremo em (9.3), obtemos $\omega_i \leq \omega_i^n + 2\varepsilon$, de sorte que

$$S(f, P) - s(f, P) = \sum_{i=1}^n \omega_i \Delta x_i \leq \sum_{i=1}^n (\omega_i^n + 2\varepsilon)\Delta x_i = \sum_{i=1}^n \omega_i^n \Delta x_i + 2\varepsilon(b-a).$$

Daqui e de (9.4), concluímos que $S(f, P) - s(f, P) < [2(b-a) + 1]\varepsilon$, donde segue a integrabilidade de f.

Só falta provar (9.2), mas o procedimento para isso é exatamente o mesmo do teorema anterior, portanto não precisa ser repetido.

9.9. Exemplo. Consideremos uma enumeração dos números racionais no intervalo $[0, 1]$, resultando numa seqüência numérica (r_n), densa no referido intervalo. Ponhamos

$$f_n(x) = \begin{cases} 1 & \text{se} \quad x = r_1, \ldots, r_n \\ 0 & \text{se} \quad x \neq r_1, \ldots, r_n \end{cases}$$

Como é fácil ver, essa seqüência converge pontualmente para $f(x) = 1$ se x for racional e $f(x) = 0$ se x for irracional. Ora, essa função f nem sequer é integrável, enquanto que $\int_0^1 f_n(x)dx = 0$. Não se aplica, pois, no caso dessa seqüência, o teorema anterior.

9.10. Exemplo. A convergência uniforme é condição suficiente para trocarmos o limite com a integração, como em (9.2), mas não necessária, como veremos agora com um contra-exemplo. Considere, no intervalo $[0, 1]$, a seqüência

$$f_n(x) = \frac{nx}{1 + n^2 x^2} = \frac{1}{2n} \frac{d}{dx} \log(1 + n^2 x^2),$$

que converge pontualmente para a função nula em $[0, 1]$, mas não uniformemente, como vimos no Exerc. 19 da p. 207. Não obstante isso,

$$\int_0^1 f_n(x)dx = \frac{1}{2n} \log(1 + n^2) \to 0 = \int_0^1 f(x)dx.$$

Isso mostra que existem situações, como a que discutimos presentemente, em que ainda vale a troca do limite com a integração, como expressa em (9.2).

O teorema seguinte, também muito importante nas aplicações, diz respeito à possibilidade de trocarmos a operação de limite com a operação de derivação. Ele é o análogo, no caso da derivação, do Teorema 9.8.

9.11. Teorema. *Seja f_n uma seqüência de funções com derivadas contínuas num intervalo $[a, b]$, tal que f'_n converge uniformemente para uma função g. Suponhamos ainda que num ponto $c \in [a, b]$ a seqüência numérica $f_n(c)$ converge. Então, f_n converge uniformemente para uma função f, que é derivável, com $f' = g$. Esta última relação também se escreve*

$$\frac{d}{dx} \lim f_n(x) = \lim \frac{d}{dx} f_n(x). \qquad (9.5)$$

Demonstração. O teorema fundamental do Cálculo permite escrever

$$f_n(x) = f_n(c) + \int_c^x f'_n(t)dt; \qquad (9.6)$$

e como a convergência $f'_n \to g$ é uniforme, podemos passar ao limite sob o sinal de integração, o que prova que $f_n(x)$ tem por limite uma função $f(x)$, dada por

$$f(x) = f(c) + \int_c^x g(t)dt. \qquad (9.7)$$

Daqui segue que $f' = g$.

Falta apenas provar que $f_n \to f$ uniformemente. De (9.6) e (9.7),

$$|f_n(x) - f(x)| \leq |f_n(c) - f(c)| + |\int_c^x [f'_n(t) - g(t)]dt|. \tag{9.8}$$

Dado qualquer $\varepsilon > 0$, existe N tal que, para todo $t \in [a, b]$,

$$n > N \Rightarrow |f_n(c) - f(c)| < \varepsilon \quad \text{e} \quad |f'_n(t) - g(t)| < \varepsilon.$$

Daqui e de (9.8) obtemos: $n > N \Rightarrow |f_n(x) - f(x)| < \varepsilon[1 + (b-a)]$. Isso completa a demonstração do teorema.

O leitor deve notar que a hipótese de convergência uniforme, não da seqüência original f_n, mas da seqüência de derivadas f'_n, foi decisiva na demonstração deste último teorema; e sem ela não podemos chegar à mesma conclusão. Por exemplo, a seqüência $f_n(x) = \text{sen}\, nx/n$ converge uniformemente para zero, mas $f'_n(x) = \cos nx$ nem sequer converge (Exerc. 1, p. 206).

Séries de funções

Os conceitos de convergência simples e uniforme de seqüências transferem-se naturalmente para séries, interpretadas estas como seqüências de *reduzidas* ou *somas parciais*. Assim, a *convergência uniforme* de uma série de funções,

$$\sum_{n=1}^{\infty} f_n(x) = f_1(x) + f_2(x) + \ldots,$$

significa a convergência uniforme da seqüência de somas parciais ou reduzidas de ordem n,

$$S_n(x) = f_1(x) + \ldots + f_n(x).$$

Portanto, diz-se que uma série de funções, $\sum f_n(x)$, converge uniformemente num domínio D para uma soma $f(x)$ se, dado qualquer $\varepsilon > 0$, existe N tal que, qualquer que seja $x \in D$,

$$n > N \Rightarrow |f(x) - \sum_{j=1}^{n} f_j(x)| = |\sum_{j=n+1}^{\infty} f_j(x)| < \varepsilon.$$

Os Teoremas 9.4 a 9.8 e 9.11, aplicam-se às séries, resultando, como é fácil ver, nos teoremas seguintes, sem necessidade de novas demonstrações.

9.12. Teorema (critério de Cauchy). *Uma condição necessária e suficiente para que uma série $\sum f_n(x)$, onde os termos f_n são funções com o mesmo*

domínio D, convirja uniformemente é que, dado qualquer $\varepsilon > 0$, exista N tal que
$$n > N \Rightarrow |f_{n+1}(x) + f_{n+2}(x) + \ldots + f_{n+p}(x)| < \varepsilon,$$
qualquer que seja p inteiro positivo;

9.13. Teorema. *Uma série de funções contínuas, que converge uniformemente num intervalo, tem por soma uma função contínua; e pode ser integrada termo a termo.*

9.14. Teorema (de Dini). *Se $\sum f_n$ é uma série cujos termos são funções contínuas num domínio compacto D, que converge monotonamente para uma função contínua $f(x) = \sum f_n(x)$, então essa série converge uniformemente em D.*

9.15. Teorema. *Uma série de funções integráveis num intervalo $[a, b]$, que converge uniformemente nesse intervalo, tem por soma uma função integrável e*
$$\int_a^b \sum_{n=0}^{\infty} f_n(x)dx = \sum_{n=0}^{\infty} \int_a^b f_n(x)dx.$$

9.16. Teorema. *Se uma dada série de funções $\sum f_n(x)$ é tal que a série de derivadas $\sum f'_n(x)$ converge uniformemente num intervalo, e se a série original converge num ponto desse intervalo, então sua soma f é derivável nesse intervalo e a derivação de f pode ser feita derivando termo a termo a série dada.*

O teorema seguinte, conhecido como *teste M de Weierstrass*, é um critério muito útil para verificar se uma dada série de funções converge uniformemente.

9.17. Teorema (teste M de Weierstrass). *Seja f_n uma seqüência de funções com o mesmo domínio D, satisfazendo a condição $|f_n(x)| \leq M_n$ para todo $x \in D$, onde $\sum M_n$ é uma série numérica convergente. Então a série $\sum f_n(x)$ converge absoluta e uniformemente em D.*

Demonstração. É claro que a série de funções converge para uma certa função $f(x)$, e converge absolutamente, devido à dominação $|f_n(x)| \leq M_n$ e do fato de ser convergente a série $\sum M_n$. A convergência desta série garante que, dado qualquer $\varepsilon > 0$, existe N tal que
$$n > N \Rightarrow \sum_{j=n+1}^{\infty} M_j < \varepsilon.$$

Então, para todo x em D,

$$n > N \Rightarrow |f(x) - \sum_{j=1}^{n} f_j(x)| = |\sum_{j=n+1}^{\infty} f_j(x)| \leq \sum_{j=n+1}^{\infty} M_j < \varepsilon,$$

o que prova a uniformidade da convergência e conclui a demonstração do teorema.

Outra demonstração pode ser feita com base no critério de Cauchy: dado qualquer $\varepsilon > 0$, existe N tal que, para todo $x \in D$,

$$n > N \Rightarrow |f_{n+1}(x) + \ldots + f_{n+p}(x)| \leq M_{n+1} + \ldots + M_{n+p} < \varepsilon.$$

Na aplicação do teste de Weierstrass, basta, evidentemente, que a série dada seja dominada pela série numérica a partir de um certo índice N, não necessariamente $N = 1$.

9.18. Exemplo. A série $\sum \dfrac{\operatorname{sen} nx}{(n+1)n!}$ converge uniformemente em toda a reta, pois é dominada pela série numérica convergente $\sum 1/n!$. Portanto, ela define uma função contínua f. Além disso, a série de derivadas também converge uniformemente, como é fácil ver, donde concluímos que f é derivável e

$$f'(x) = \sum_{n=1}^{\infty} \frac{\cos nx}{(n+1)(n-1)!}.$$

Como se vê, temos aqui um exemplo de função definida por uma série. Muitas funções importantes nas aplicações são assim definidas, por meio de séries de funções. Isso acontece tipicamente na solução de equações diferenciais por meio de séries.

Exercícios

1. Prove que a seqüência $f_n(x) = nxe^{-nx^2}$ não converge uniformemente em $[0, 1]$, verificando que

$$\lim \int_0^1 f_n(x)dx \neq \int_0^1 [\lim f_n(x)]dx.$$

2. Seja f_n uma seqüência de funções contínuas num intervalo $[a, b]$, que converge uniformemente para uma função f em todo intervalo $[c, b]$, com $c \in (a, b)$. Suponhamos ainda que f e a seqüência f_n sejam limitadas em $[a, b]$, isto é, seus módulos são limitados por uma mesma constante C. Prove que

$$\lim \int_a^b f_n(x)dx = \int_a^b f(x)dx.$$

Nos Exercs. 3 a 6, prove que a série dada converge absoluta e uniformemente no domínio indicado.

3. $\sum_{n=1}^{\infty} \dfrac{1}{n^2 + x^2}$ em R;   4. $\sum_{n=0}^{\infty} \dfrac{\operatorname{sen} nx}{n^2 + \cos nx}$ em R;

216   Cap. 9: Seqüências e Séries de Funções

$$5.\ \sum_{n=1}^{\infty} \frac{\operatorname{sen} nx}{\sqrt{n^3(2-\cos x)}} \text{ em } R; \quad 6.\ \sum_{n=0}^{\infty} x^n e^{-nx} \text{ em } x \geq 0.$$

7. Prove que a série $\sum x^n/(1+x^n)$ converge absoluta e uniformemente em qualquer intervalo $|x| \leq c < 1$, mas não em $(-1, 1)$. Prove que ela define uma função contínua em todo o intervalo $(-1, 1)$.

8. Prove que a função $f(x) = \sum x^n/(1+x^n)$, definida no intervalo $(-1, 1)$, tende a ∞ com $x \to 1$ e a $-\infty$ com $x \to -1$.

9. Prove que $\sum 1/(1+n^2 x)$ define uma função contínua em R, excetuados $x = 0$ e os pontos da forma $-1/n^2$, com n inteiro. Prove também que essa função é derivável, com derivada dada pela série obtida por derivação termo a termo da série original.

10. Faça o mesmo que no exercício anterior no caso da série $\sum 1/(n^2 - x^2)$, os pontos omitidos neste caso sendo os inteiros.

11. Estude a função definida pela série

$$\sum_{n=1}^{\infty} \left(1 - \cos \frac{x}{n}\right)$$

quanto à continuidade e derivabilidade termo a termo.

12. Faça o mesmo que no exercício anterior no caso da série

$$\sum_{n=1}^{\infty} \left(\frac{x}{n} - \operatorname{sen} \frac{x}{n}\right).$$

13. Seja $\sum f_n(x)$ uma série de funções positivas e não decrescentes num intervalo $[a, b]$, tal que $\sum f_n(b)$ converge. Prove que a série dada converge uniformemente e que sua soma é integrável, logo,

$$\int_a^b \sum_{n=0}^{\infty} f_n(x) dx = \sum_{n=0}^{\infty} \int_a^b f_n(x) dx.$$

14. Prove que $\sum e^{-nx}/n$ converge uniformemente em qualquer semi-eixo do tipo $x \geq c > 0$, logo, é uma função contínua em $x > 0$. Prove que essa função tende a infinito com $x \to 0$.

Sugestões e soluções

2. f é contínua e limitada em $(a, b]$, pois f é contínua em $[c, b]$ e $(a, b] = \cup\{[c, b] : a < c < b\}$. Dado qualquer $\varepsilon > 0$, existe $c \in (a, b)$ tal que $|\int_a^c f| \leq C(c-a) < \varepsilon/4$ e $|\int_a^c f_n| \leq C(c-a) < \varepsilon/4$. Por outro lado, como $\int_c^b f_n$ converge para $\int_c^b f$, existe N tal que $n > N \Rightarrow |\int_c^b f_n - \int_c^b f| < \varepsilon/2$. Então, $n > N$ implica

$$\left|\int_a^b f_n - \int_a^b f\right| \leq \left|\int_a^c f_n - \int_a^c f\right| + \left|\int_c^b f_n - \int_c^b f\right|$$

$$\leq \left|\int_a^c f_n\right| + \left|\int_a^c f\right| + \left|\int_c^b f_n - \int_c^b f\right| < \varepsilon.$$

6. Aplique o teste M de Weierstrass, notando que $x^n e^{-nx} = e^{-n(x-\log x)} \leq e^{-n}$, pois $x - \log x$ atinge seu mínimo em $x = 1$.

7. Observe que $|x^n/(1+x^n)| \leq c^n/(1-c)$ e aplique o teste M de Weierstrass. Se a convergência fosse uniforme em $|x| < 1$, pelo critério de Cauchy, dado qualquer $\varepsilon > 0$, existiria N tal que $n > N$ implicaria

$$|\frac{x^n}{1+x^n}| = |S_n - S_{n-1}| < \varepsilon$$

para todo $x \in (-1, 1)$. Ora, com n par, suficientemente grande, existe x nesse intervalo, muito próximo de 1 ou de -1 ($x = x_n = 1/\sqrt[n]{2}$), fazendo o primeiro membro da expressão acima igual a $1/3$. Que a série define uma função contínua em $|x| < 1$ é evidente, pois qualquer elemento desse intervalo está em algum $[-c, c]$, com $c < 1$.

8. Fixado $x \in (0, 1)$, $f_n(x) = x^n/(1+x^n)$ é uma seqüência numérica decrescente; logo, $S_N(x) = \sum_{n=1}^{N} x^n/(1+x^n) > Nx^N/(1+x^N)$. Isso permite mostrar que existe uma vizinhança de $x = 1$, onde $S_N(x) > N/3$. Para provar que $\lim_{x \to -1} f(x) = -\infty$, considere $-S_{2N}(x)$, em $x = -y$, com $y \to 1$:

$$-S_{2N}(-y) = \sum_{n=1}^{N} \left(\frac{y^{2n-1}}{1-y^{2n-1}} - \frac{y^{2n}}{1+y^{2n}} \right) > Ny^{4N-1}.$$

Isto pode ser feito maior do que $N/2$ com y numa vizinhança de 1.

9. Considere, primeiro, x positivo. Em qualquer semi-eixo $x \geq c > 0$,

$$\frac{1}{1+n^2x} < \frac{1/c}{n^2} \quad \text{e} \quad D\left(\frac{1}{1+n^2x}\right) = \frac{-n^2}{(1+n^2x)^2} > \frac{-1/c^2}{n^2},$$

donde se prova, com o teste M de Weierstras, a convergência uniforme da série original e da série de derivadas. Qualquer $x > 0$ está em algum semi-eixo $x \geq c > 0$, o que prova a continuidade da soma da série e sua derivabilidade termo a termo. Se $x \leq -c < 0$, tomamos n grande o suficiente para que $1 < n^2c/2$, donde

$$|\frac{1}{1+n^2x}| = \frac{1}{n^2|x|-1} \leq \frac{1}{n^2c-1} < \frac{2/c}{n^2}.$$

10. Considere x restrito a um intervalo $[a, b]$ que não contenha número inteiro e prove que aí a convergência é uniforme, tanto da série original como da série de derivadas.

11. Observe que

$$\frac{1-\cos x}{x^2} = \frac{\operatorname{sen}^2 x}{x^2(1+\cos x)} \to \frac{1}{2} \quad \text{com} \quad x \to 0.$$

Então, sendo $|x| \leq M$ e n suficientemente grande, a série dada é dominada pela série $\sum M^2/n^2$. A série de derivadas, $\sum (1/n)\operatorname{sen}(x/n)$ também converge absoluta e uniformemente no mesmo intervalo $|x| \leq M$, pois, a partir de um certo índice N, a correspondente série de módulos é dominada por $\sum 2M/n^2$.

12. Como no exercício anterior, estude $\lim_{x \to 0} \dfrac{x - \operatorname{sen} x}{x^3}$.

Séries de potências

Dentre as séries de funções desempenham papel especial as chamadas *séries de potências*, que são séries do tipo $\sum a_n(x-x_0)^n$, onde x_0 e os coeficientes a_n são constantes. Como se vê, elas são séries de potências de $x - x_0$. Dizemos que elas são *centradas* em x_0, *têm centro* em x_0, ou que são séries de potências *com referência* a x_0.

Sem nenhuma perda de generalidade, no estudo dessas séries podemos fazer $x_0 = 0$, considerando então séries do tipo $\sum a_n x^n$. Evidentemente, todos os resultados estabelecidos para estas séries podem ser facilmente traduzidos para aquelas com a substituição de x por $x - x_0$.

9.19. Lema. *Se a série de potências $\Sigma a_n x^n$ converge num certo valor $x = x_0 \neq 0$, ela converge absolutamente em todo ponto x do intervalo $|x| < |x_0|$; e se a série diverge em $x = x_0$, ela diverge em todo x fora desse intervalo, isto é, em $|x| > |x_0|$.*

Demonstração. Se a série converge em x_0, seu termo geral, $a_n x_0^n$, tende a zero, portanto, é limitado por uma constante M. Em conseqüência,

$$|a_n x^n| = |a_n x_0^n| \, |\frac{x}{x_0}|^n \leq M |\frac{x}{x_0}|^n.$$

Isso mostra que a série $(1/M) \sum |a_n x^n|$ é dominada pela série geométrica de termo geral $|x/x_0|^n$, que é convergente se $|x| < |x_0|$; logo, $\sum |a_n x^n|$ converge no intervalo $|x| < |x_0|$.

Se a série $\sum a_n x^n$ diverge em $x = x_0$, ela não pode convergir quando $|x| > |x_0|$, senão, pelo que acabamos de provar, teria de convergir em $x = x_0$. Isso completa a demonstração.

Uma série de potências $\sum a_n x^n$ pode convergir somente em $x = 0$, como é o caso da série $\sum n! x^n$; ou pode convergir em qualquer valor x, como se dá com a série $\sum x^n/n!$ Excluídos esses dois casos extremos, é fácil provar, como faremos no teorema seguinte, que existe um número positivo r tal que a série converge se $|x| < r$ e diverge se $|x| > r$.

9.20. Teorema. *A toda série de potências $\sum a_n x^n$, que converge em algum valor $x' \neq 0$ e diverge em algum outro valor x'', corresponde um número positivo r tal que a série converge absolutamente se $|x| < r$ e diverge se $|x| > r$.*

Demonstração. Seja r o supremo dos números $|x|$, x variando entre os valores onde a série converge. É claro que r é um número positivo, com $|x'| < r$; e $r < |x''|$ (pois, se $|x''| < r$, haveria x entre $|x''|$ e r, onde a série convergiria; e, pelo lema anterior, ela teria de convergir também em x'', o que é absurdo). Se x é tal que $|x| < r$, existe x_0 onde a série converge, com $|x| < |x_0| \leq r$. Então, pelo lema anterior, a série converge absolutamente em x. A série diverge em x com $|x| > r$, senão, pelo mesmo lema, teria de convergir em todo y com $|x| > |y| > r$ e r não seria o supremo anunciado.

Raio de convergência

O número r introduzido no teorema anterior é chamado o raio de convergência da série. Essa denominação se justifica porque o domínio natural de estudo das séries de potências é o plano complexo, e quando x varia no plano complexo, o conjunto $|x| < r$ é um círculo de centro na origem e raio r. Demonstra-se então que a série converge no interior do círculo e diverge em seu exterior ([A4], cap. 4). Todavia, em nosso estudo só vamos considerar x real; mas, mesmo assim, pelas razões expostas, chamaremos r de "raio de convergência".

O Teorema 9.20 garante a convergência absoluta no intervalo aberto $|x| < r$, nada afirmando sobre os extremos $-r$ e $+r$. É fácil dar exemplos ilustrativos de todas as possibilidades. Assim, as séries

$$\sum \frac{x^n}{n^2}, \quad \sum \frac{x^n}{n} \quad \text{e} \quad \sum x^n$$

têm todas o mesmo raio de convergência, $r = 1$, como se constata facilmente, verificando que elas convergem quando $|x| < 1$ e divergem quando $|x| > 1$. A primeira converge em -1 e $+1$, a segunda converge em -1 e diverge em $+1$, e a terceira diverge nos dois extremos $x = \pm 1$.

A definição de "raio de convergência" como supremo dos números $|x|$, x variando entre os valores onde a série converge, se estende a todas as séries, podendo ser zero ou infinito, como é o caso das séries $\sum n! x^n$ e $\sum x^n/n!$ respectivamente. É fácil ver, nestes dois casos, que as afirmações do Teorema 9.20 permanecem válidas, com as devidas adaptações: se $r = 0$, a série diverge para todo $x \neq 0$; e se $r = \infty$, a série converge para todo x.

Há outro modo de introduzir o conceito de raio de convergência da série $\sum a_n x^n$, que permite calculá-lo em termos dos coeficientes a_n. Para isso começamos aplicando o critério da razão à série de módulos. Assim, a série $\sum a_n x^n$ é absolutamente convergente se existe e é menor do que 1 o limite de $|a_{n+1}/a_n| |x|$; e divergente se esse limite for maior do que 1. Em conseqüência, o raio de convergência da série $\sum a_n x^n$ é

$$r = \lim \left| \frac{a_n}{a_{n+1}} \right|, \qquad (9.9)$$

(mesmo que esse limite seja zero ou infinito), pois a série converge se $|x| < r$ e diverge se $|x| > r$.

Pode ser que o limite acima não exista, em cujo caso apelamos para o critério da raiz, que é sempre aplicável à situação que estamos considerando. Ele nos leva a examinar se $\limsup \sqrt[n]{|a_n x^n|} = |x| \limsup \sqrt[n]{|a_n|}$ é maior ou menor do que 1. O raio de convergência da série $\sum a_n x^n$ é agora dado por

$$r = \frac{1}{\limsup \sqrt[n]{|a_n|}}, \qquad (9.10)$$

já que a série converge se $|x| < r$ e diverge se $|x| > r$, mesmo nos casos em que o limite superior que aí aparece é zero ou infinito.

A expressão (9.10) é conhecida como *Fórmula de Hadamard* ou *Fórmula de Cauchy-Hadamard*. Como já observamos, ela é sempre aplicável, enquanto que (9.9) pode não ser, pois o limite que nela aparece nem sempre existe.

Propriedades das séries de potências

9.21. Teorema. *Toda série de potências $\sum a_n x^n$, com raio de convergência $r > 0$ (r podendo ser infinito), converge uniformemente em todo intervalo $[-c, c]$, onde $0 < c < r$.*

Demonstração. Fixado $c < r$, seja x_0 um número compreendido entre c e r. Como a série converge absolutamente em x_0, existe M tal que $|a_n x_0^n|$ é limitado por uma constante M; logo, sendo $|x| \leq c$,

$$|a_n x^n| = |a_n x_0^n| \, |\frac{x}{x_0}|^n \leq M |\frac{c}{x_0}|^n.$$

Isso mostra que a série $\sum |a_n x^n|$ é dominada pela série numérica convergente $\sum M |c/x_0|^n$. Então, pelo teste de Weierstrass, $\sum |a_n x^n|$ converge uniformemente em $|x| \leq c$, como queríamos provar.

Observe que o teorema anterior garante a convergência uniforme em qualquer intervalo $|x| \leq c$ contido no intervalo $|x| < r$, mas não neste último, que é a união daqueles. Como exemplo, considere a série geométrica

$$\sum_{n=0}^{\infty} x^n = 1 + x + x^2 + \ldots = \frac{1}{1-x},$$

cujo raio de convergência é $r = 1$. Mas a convergência não é uniforme em todo o intervalo $|x| < 1$. Com efeito, pondo

$$S_n(x) = 1 + x + x^2 + \ldots + x^n = \frac{1 - x^{n+1}}{1 - x},$$

temos:
$$\left| S_n(x) - \frac{1}{1-x} \right| = \frac{|x|^{n+1}}{1-x}.$$

É claro que, dado $\varepsilon > 0$, não existe N tal que para $n > N$ esta última expressão seja menor que ε para todo x em $(-1, 1)$; basta pensar numa seqüência x_n tendendo a 1, com $|x_n|^{n+1}$ mantendo-se maior ou igual a um número c tal que $0 < c < 1$. Por exemplo, $x_n = c^{1/(n+1)}$.

Mas também pode acontecer que uma série $\sum a_n x^n$, com raio de convergência r, seja uniformemente convergente em todo o intervalo aberto $(-r, r)$. Quando isso acontece, então, pelo que vimos no Exerc. 21 da p. 207, a série converge uniformemente no fecho do intervalo, isto é, no intervalo fechado $[-r, r]$. Exemplo disso é a série $\sum x^n/n^2$, para a qual $r = 1$.

9.22. Teorema. *Se a série $\sum a_n x^n$ tem raio de convergência $r > 0$, então a série*

$$\sum_{n=1}^{\infty} n a_n x^{n-1} = \sum_{n=0}^{\infty} (n+1) a_{n+1} x^n, \qquad (9.11)$$

obtida da série dada por derivação termo a termo, tem o mesmo raio de convergência r.

Demonstração. Como $\lim \sqrt[n]{n} = 1$, $\limsup \sqrt[n]{n|a_n|} = \limsup \sqrt[n]{|a_n|}$, donde segue o resultado desejado.

9.23. Teorema. *Se a série $\sum a_n x^n$ tem raio de convergência $r > 0$, então a série*

$$\sum_{n=0}^{\infty} \frac{a_n}{n+1} x^{n+1} = \sum_{n=1}^{\infty} \frac{a_{n-1}}{n} x^n, \qquad (9.12)$$

obtida da série dada por integração termo a termo, tem o mesmo raio de convergência r.

Demonstração. O raciocínio aqui é análogo ao da demonstração anterior.

9.24. Teorema da unicidade de séries de potências. *Se uma função f admite desenvolvimento em série de potências num ponto x_0, esse desenvolvimento é único.*

Demonstração. Suponhamos que f tenha dois desenvolvimentos numa vizinhança da origem, $|x| < r$:

$$f(x) = \sum a_n x^n = \sum b_n x^n.$$

Essas séries podem ser derivadas repetidamente, termo a termo, na referida vizinhança, em particular, em $x = 0$, donde segue que $a_n = b_n$ para todo n, o que prova o teorema.

Se uma função tem série de potências relativamente a um centro x_0, não importa que método empreguemos para obter essa série, já que ela é única pelo teorema que acabamos de demonstrar. Muitas séries são obtidas a partir de seus polinômios de Taylor, como no exemplo a seguir. Outro modo eficaz de obter séries de potências consiste em integrar séries já conhecidas; assim podem ser obtidas as séries em potências de x de $\log(1+x)$, $\operatorname{arctg} x$ e $\operatorname{arcsen} x$, considerados nos exercícios propostos adiante.

9.25. Exemplo. Os desenvolvimentos de várias funções em séries de potências são freqüentemente obtidos de seus desenvolvimentos de Taylor, bastando para isso verificar que o resto $R_n(x)$ tende a zero com $n \to \infty$. Foi o que fizemos no Exemplo 8.17 (p. 194), onde obtivemos o desenvolvimento de e^x em série de potências de x:

$$e^x = 1 + x + \frac{x^2}{2!} + \frac{x^3}{3!} + \ldots \frac{x^n}{n!} + \ldots = \sum_{n=0}^{\infty} \frac{x^n}{n!},$$

válido para todo x real.

Funções C^∞ e funções analíticas

Pelos Teoremas 9.16 e 9.22, uma série de potências pode ser derivada termo a termo; e essa derivação pode, evidentemente, ser repetida indefinidamente. Em conseqüência, uma série de potências define uma função com derivadas contínuas de todas as ordens no mesmo domínio — isto é, todas essas derivadas representadas por séries de potências com o mesmo *raio de convergência* que a série original —, as quais podem ser obtidas por derivações sucessivas, termo a termo, da série original. Assim, toda série de potências com raio de convergência $r > 0$ é uma função de classe C^∞ no intervalo $|x - x_0| < r$.

As funções que admitem representação em séries de potências são chamadas *analíticas*. Mais precisamente, diz-se que uma função é *analítica* num ponto x_0 se ela admite representação em série de potências de $x - x_0$ com raio de convergência positivo (ou infinito). Com essa definição podemos dizer que *toda função analítica num ponto x_0 é de classe C^∞ num intervalo $|x - x_0| < r$*.

A recíproca desta última proposição, todavia, não é verdadeira: existem funções de classe C^∞ em todo um intervalo (ou mesmo em toda a reta, como veremos no exemplo seguinte), que não são analíticas em pelo menos um ponto de seu domínio.

9.26. Exemplos. Já vimos (Exerc. 6 da p. 184) que a função $f(x) = 0$ se $x \leq 0$ e $f(x) = e^{-1/x}$ se $x > 0$, possui derivadas de todas as ordens, qualquer que seja x. Mas f não é analítica na origem, pois $f^{(n)}(0) = 0$ para todo n, de sorte que, pelo Teorema 9.24, se existisse o referido desenvolvimento, f seria nula em toda uma vizinhança da origem. A outra função dada no mesmo Exerc. 6 da p. 183, isto é, $f(0) = 0$ e $f(x) = e^{-1/x^2}$ se $x \neq 0$, também exemplifica uma função de classe C^∞ em toda a reta, sem ser analítica na origem. Este último exemplo é devido a Cauchy ([C2], leçon 28).

Exercícios

Calcule o raio de convergência de cada uma das séries dadas nos Exercs. 1 a 12.

1. $\sum_{n=0}^{\infty}(2n+1)x^n$.

2. $\sum_{n=1}^{\infty}\dfrac{(x-3)^n}{n}$.

3. $\sum_{n=0}^{\infty}(\sqrt{3})^{2n}(x+2)^n$.

4. $\sum_{n=1}^{\infty}\sqrt[n]{n}\,x^n$.

5. $\sum_{n=1}^{\infty}(3^n/n^3)x^n$.

6. $\sum_{n=1}^{\infty}\dfrac{n!(x+1)^n}{1\cdot 3\ldots(2n-1)}$.

7. $\sum_{n=1}^{\infty}\dfrac{3^2(5n^7+2)}{2^n(5n^3-1)}x^n$.

8. $\sum_{n=1}^{\infty}\dfrac{\log(3n^2+5)x^n}{n^2-3n+5}$.

9. $\sum_{n=1}^{\infty}\dfrac{\operatorname{senh} n}{2n^3-1}x^n$.

10. $\sum_{n=1}^{\infty}a_n x^n$, onde $a_{2n} = 2^{2n}$ e $a_{2n+1} = 5^{2n+1}$.

11. $\sum_{n=1}^{\infty}a_n x^n$, onde $a_{2n} = e^n$ e $a_{2n+1} = 1/n!$.

12. $\sum_{n=1}^{\infty}a_n x^n$, onde $a_p = p^2$ se p for primo e $a_n = 0$ se $n \neq$ primo.

13. Prove que se uma série $\sum a_n x^n$ tem raio de convergência $r > 0$ (podendo ser ∞), o mesmo é verdade da série $\sum n^s a_n x^n$, qualquer que seja s. Prove, mais geralmente, que isso também é verdade para qualquer série $\sum q(n)a_n x^n$, onde $q(n)$ é qualquer função racional de n (quociente de dois polinômios) tal que $q(n) > 0$ para n maior que um certo N. (Observe que esse é o caso de várias das séries dos exercícios anteriores.)

14. A chamada *série hipergeométrica*, dada por $F(a,b,c;x) = \sum_{n=1}^{\infty}\dfrac{(a)_n(b)_n}{n!(c)_n}x^n$, onde o símbolo $(r)_n$ significa $r(r+1)(r+2)\ldots(r+n-1)$, engloba várias funções importantes da Física Matemática. Supondo que nenhum dos números a, b, c seja um inteiro negativo, prove que o raio de convergência dessa série é 1.

Obtenha os desenvolvimentos dados nos Exercs. 15 a 21, indicando, em cada caso, o domínio de convergência da série.

15. $\operatorname{sen} x = x - \dfrac{x^3}{3!} + \dfrac{x^5}{5!} - \ldots = \sum_{n=0}^{\infty}\dfrac{(-1)^n x^{2n+1}}{(2n+1)!}$.

16. $\cos x = 1 - \dfrac{x^2}{2!} + \dfrac{x^4}{4!} - \ldots = \sum_{n=0}^{\infty}\dfrac{(-1)^n x^{2n}}{(2n)!}$.

224   *Capítulo 9: Seqüências e Séries de Funções*

17. $\operatorname{senh} x = x + \dfrac{x^3}{3!} + \dfrac{x^5}{5!} - \ldots = \sum_{n=0}^{\infty} \dfrac{x^{2n+1}}{(2n+1)!}$.

18. $\cosh x = 1 + \dfrac{x^2}{2!} + \dfrac{x^4}{4!} - \ldots = \sum_{n=0}^{\infty} \dfrac{x^{2n}}{(2n)!}$.

19. $\log(1+x) = x - \dfrac{x^2}{2} + \dfrac{x^3}{3} - \ldots = \sum_{n=1}^{\infty} \dfrac{(-x)^{n+1}}{n}$.

20. $(1+x)^r = 1 + rx + \binom{r}{2}x^2 + \ldots = \sum_{n=0}^{\infty} \binom{r}{n} x^n$.

21. $\operatorname{arctg} x = x - \dfrac{x^3}{3} + \dfrac{x^5}{5} - \ldots = \sum_{n=0}^{\infty} \dfrac{(-1)^n}{2n+1} x^{2n+1}$. Faça $x=1$ e obtenha o seguinte resultado, conhecido como *série de Leibniz*: $\dfrac{\pi}{4} = 1 - \dfrac{1}{3} + \dfrac{1}{5} - \dfrac{1}{7} + \ldots$

22. $\operatorname{arcsen} x = x + \dfrac{1}{2\cdot 3}x^3 + \dfrac{1\cdot 3}{2!2^2\cdot 5}x^5 + \ldots = \sum_{n=0}^{\infty} \dfrac{1\cdot 3\cdot 5\ldots(2n-1)}{n!2^n(2n+1)} x^{2n+1}$.

Sugestões

10. $\limsup \sqrt[n]{a_n} = 5$.

11. $(n!)^{1/(2n+1)} = (\sqrt[n]{n!})^{n/(2n+1)}$.

12. Se p é primo, $\sqrt[p]{a_p} = (\sqrt[p]{p})^2 \to 1$.

As funções trigonométricas

Nos Exercs. 15 e 16 atrás obtivemos as funções *seno* e *cosseno* em séries de potências de x. Observe que para se obter tais séries basta supor que existam duas funções $s(x)$ e $c(x)$, de classe C^1 em toda a reta, e tais que

$$s'(x) = c(x), \quad c'(x) = -s(x), \quad s(0) = 0, \quad c(0) = 1. \qquad (9.13)$$

De fato, se existirem duas tais funções, é claro que elas serão de classe C^∞ em toda a reta; e que $s^2(x) + c^2(x) = 1$ (Exerc. 1 adiante), donde $|s(x)| \leq 1$ e $|c(x)| \leq 1$. Em conseqüência, essas funções têm desenvolvimentos de Taylor relativamente à origem, com restos que tendem a zero com $n \to \infty$, qualquer que seja x. Fazendo $n \to \infty$ nesses desenvolvimentos, obtemos as séries já mencionadas e aqui repetidas.

$$s(x) = \sum_{n=0}^{\infty} \dfrac{(-1)^n x^{2n+1}}{(2n+1)!} \quad \text{e} \quad c(x) = \sum_{n=0}^{\infty} \dfrac{(-1)^n x^{2n}}{(2n)!} . \qquad (9.14)$$

É fácil verificar que essas séries convergem qualquer que seja x, portanto, realmente definem funções de classe C^∞ em toda a reta, podem ser derivadas termo a termo e satisfazem as propriedades (9.13). Elas são agora usadas como nosso ponto de partida para definir as funções *seno e cosseno*.

É interessante notar que as funções dadas em (9.14) são o único par de funções satisfazendo (9.13) (Exerc. 2 adiante). Portanto, a partir de agora escreveremos sen x em lugar de $s(x)$ e cos x em lugar de $c(s)$.

Das fórmulas (9.14) segue imediatamente que cos x é uma função par e sen x é ímpar. Provam-se também as seguintes "fórmulas de adição de arcos":

$$\operatorname{sen}(a+b) = \operatorname{sen} a \cos b + \cos a \operatorname{sen} b,$$

(9.15)

$$\cos(a+b) = \cos a \cos b - \operatorname{sen} a \operatorname{sen} b$$

Todos as fórmulas e resultados da trigonometria seguem das identidades fundamentais obtidas acima ([A1], Seç. 4.5).

Vamos provar que existe um número $c > 0$ tal que, à medida que x cresce de zero a c, sen x cresce de zero a 1 e cos x decresce de 1 a zero. Definiremos o número π como sendo igual a $2c$, donde $c = \pi/2$.

Começamos observando que cos $x > 0$ em toda uma vizinhança da origem, pois é função contínua e positiva em $x = 0$; e como $(\operatorname{sen} x)' = \cos x$, vemos que sen x é crescente logo à direita da origem, portanto, positiva, já que sen $0 = 0$. E como $(\cos x)' = -\operatorname{sen} x$, cos x é decrescente logo à direita da origem.

Vamos provar que cos x se anula em algum ponto à direita da origem. Supondo o contrário, pelo teorema do valor intermediário, $\cos x > 0$ para $x \geq 0$; portanto, sen x é estritamente crescente e cos x estritamente decrescente em $x > 0$. Fixado qualquer $a > 0$, teríamos

$$0 < \cos 2a = \cos^2 a - \operatorname{sen}^2 a < \cos^2 a;$$

e, por indução, $\cos 2^n a < (\cos a)^{2^n}$ para todo n inteiro positivo. Concluímos que $\cos 2^n a \to 0$, já que $\cos a < 1$. Em consequência, existe $b > 0$ tal que $\cos^2 b < 1/2$ e $\operatorname{sen}^2 b > 1/2$; logo,

$$\cos 2b = \cos^2 b - \operatorname{sen}^2 b < 0,$$

que contradiz a suposição inicial de que cos x não se anula em $x > 0$.

Existem, pois, raízes de $\cos x = 0$ em $x > 0$. Seja c o ínfimo dessas raízes. É claro que $c > 0$; e $\cos c = 0$ pela continuidade de cos x. Como esta função é positiva em $0 \leq x < c$, sen x é crescente nesse intervalo, portanto, sen $c = 1$.

Pomos agora $\pi = 2c$. Em resumo, quando x varia de zero a $\pi/2$, sen x cresce de zero a 1 e cos x decresce de 1 a zero.

Uma vez definidas as funções seno e cosseno, as demais funções trigonométricas, bem como todas as inversas, são definidas e estudadas de maneira óbvia, como o leitor deve reconhecer sem dificuldades. Algumas dessas questões são propostas nos exercícios.

Exercícios

1. Prove que se $s(x)$ e $c(x)$ são duas funções de classe C^1 satisfazendo (9.13), então $s^2(x) + c^2(x) = 1$.

2. Prove que (9.14) é o único par de funções $s(x)$ e $c(x)$ de classe C^1 satisfazendo (9.13).

3. Prove as fórmulas (9.15).

4. Prove que sen $\pi = 0$, cos $\pi = -1$, sen $3\pi/2 = -1$, cos $3\pi/2 = 0$, sen $2\pi = 0$, cos $2\pi = 1$, sen$(x - \pi/2) = \cos x$ e $\cos(x - \pi/2) = $ sen x.

5. Prove que sen x e cos x são funções periódicas de período 2π. Prove também que 2π é o menor período positivo dessas funções. Faça os gráficos dessas funções.

6. prove que $\lim_{x \to 0} \dfrac{\operatorname{sen} x}{x} = 1$.

7. Mostre que a função sen x, restrita ao intervalo $|x| < \pi/2$, é invertível; e que sua inversa tem derivada $(1 - x^2)^{-1/2}$. Repita o exercício restringindo a função sen x ao intervalo $[\pi/2,\ 3\pi/2]$; agora a derivada deverá ser $-(1 - x^2)^{-1/2}$.

8. Mostre que a função cos x, restrita ao intervalo $0 < x < \pi$, é invertível; e que sua inversa tem derivada $-(1-x^2)^{-1/2}$. Como no exercício anterior, repita a questão, começando com a função cos x restrita ao intervalo $[\pi,\ 2\pi]$.

9. Defina tg $x =$ sen $x/\cos x$ e faça o gráfico dessa função. Prove que, restrita ao intervalo $|x| < \pi$, ela é invertível; e que sua inversa, arctg x, tem derivada $(1 + x^2)^{-1}$. O número π pode ser calculado por integração numérica dessa derivada entre $x = 0$ e $x = +\infty$.

Sugestões

1. Derive $f(x) = s^2(x) + c^2(x)$ e note que $f(0) = 1$.

2. Suponha que existisse outro par de funções. S e C, nas mesmas condições de s e c, respectivamente. Mostre que $sC - Sc = a$ e $sS + cC = b$ são constantes; $a = 0$, $b = 1$. Tendo em conta que $s^2 + c^2 = 1$, obtenha $as + bc = C$ e $bs - ac = S$. Daqui segue, com $x = 0$, que $S(x) = s(x)$ e $C(x) = c(x)$.

3. Ponha
$$f(x) = \operatorname{sen}(x+b) - \operatorname{sen} x \cos b - \cos x \operatorname{sen} b,$$
$$g(x) = \cos(x+b) - \cos x \cos b + \operatorname{sen} x \operatorname{sen} b;$$
e verifique que $f' = g$ e $g' = -f$, e que $f^2 + g^2 = 0$. Conclua, pela continuidade, que $f \equiv g \equiv 0$.

5. Se p e p' são períodos, também o são $-p$ e $p + p'$. Mostre que se p é um período entre zero e 2π, então existe um período menor do que π e outro menor do que $\pi/2$.

Multiplicação de séries

Consideremos o problema de multiplicar duas séries de potências, digamos,

$$a_0 + a_1 x + a_2 x^2 + \ldots \quad \text{e} \quad b_0 + b_1 x + b_2 x^2 + \ldots \quad (9.16)$$

Aplicando o procedimento formal algébrico, como se essas séries fossem polinômios, o resultado seria a nova série de potências

$$a_0 b_0 + (a_0 b_1 + a_1 b_0)x + (a_0 b_2 + a_1 b_1 + a_2 b_0)x^2 + \ldots$$

$$= \sum_{n=0}^{\infty} (a_0 b_n + a_1 b_{n-1} + \ldots + a_n b_0) x^n. \quad (9.17)$$

Esse procedimento é correto e tem sua justificativa no resultado que provamos logo a seguir.

9.27. Teorema. *Se $A = \sum a_n$ e $B = \sum b_n$ são duas séries absolutamente convergentes, então é também absolutamente convergente a chamada "série produto" $\sum c_n$, onde $c_n = a_0 b_n + a_1 b_{n-1} + \ldots + a_n b_0$; e o produto das séries dadas é igual à soma C desta série, isto é,*

$$AB = \left(\sum_{n=0}^{\infty} a_n \right) \left(\sum_{n=0}^{\infty} b_n \right) = \sum_{n=0}^{\infty} (a_0 b_n + a_1 b_{n-1} + \ldots + a_n b_0).$$

Demonstração. Sejam A_n e B_n as reduzidas das séries dadas, isto é,

$$A_n = a_0 + a_1 + \ldots + a_n, \quad B_n = b_0 + b_1 + \ldots + b_n,$$

e C_n a reduzida de $\sum c_n$. Analogamente, sejam A'_n e B'_n as reduzidas de $\sum |a_n|$ e $\sum |b_n|$, com somas A' e B', respectivamente; e seja C'_n a reduzida de $\sum c'_n$, onde $c'_n = |a_0| |b_n| + |a_1| |b_{n-1}| + \ldots + |a_n| |b_0|$. Para cada índice n dado, seja m o maior inteiro contido em $n/2$, isto é, $m \leq n/2 < m+1$.

É fácil ver que o produto $A'_n B'_n$ contém todos os termos $|a_i| |b_j|$ que comparecem em C'_n; e todos os termos do produto $A'_m B'_m$ comparecem em C'_n. Portanto, $A'_m B'_m \leq C'_n \leq A'_n B'_n$. Como $m \to \infty$ com $n \to \infty$, isto prova que C'_n converge e seu limite é o produto $A'B'$.

Observe que $|c_n| \leq c'_n$, de sorte que a série produto $\sum c_n$ é absolutamente convergente. Seja C sua soma. Resta provar que $C = AB$. Para isso observe que cada termo da diferença $A'_n B'_n - C'_n$ é o módulo do termo correspondente da diferença $A_n B_n - C_n$, portanto,

$$|A_n B_n - C_n| \leq |A'_n B'_n - C'_n|.$$

228   Cap. 9: Seqüências e Séries de Funções

Como o segundo membro que aí aparece tende a zero com $n \to \infty$, o mesmo acontece com o primeiro membro, donde C=AB, como queríamos concluir.

Como dissemos antes, este último teorema justifica o produto de séries de potências em (9.17), pressupondo, evidentemente, que as séries (9.16) tenham raios de convergência positivos. A série produto (9.17) converge pelo menos no domínio $|x| < r$, r sendo o menor dos raios de convergência das séries (9.16). Mas o domínio de convergência da série produto pode ser mais amplo. (Veja o Exerc. 1 adiante.)

9.28. Exemplo. Vamos obter o desenvolvimento do produto $e^x\sqrt{1+x}$ em série de potências de x. Temos:

$$e^x\sqrt{1+x} = \left(1 + x + \frac{x^2}{2!} + \frac{x^3}{3!} + \ldots\right)\left(1 + \frac{x}{2} - \frac{x^2}{8} + \frac{x^3}{16} + \ldots\right)$$

$$= 1 + \frac{3}{2}x + \frac{7}{8}x^2 + \frac{17}{48}x^3 + \ldots$$

Como se vê, não é fácil obter uma forma geral simples para o termo genérico desse desenvolvimento. É importante observar, todavia, que é sempre possível calcular os primeiros coeficientes da série, o que muitas vezes é suficiente para as aplicações. Assim, para calcular o limite de $(e^x\sqrt{1+x}-1)/\operatorname{sen} x$ com $x \to 0$, bastam apenas os primeiros termos de cada desenvolvimento. Vejamos:

$$\frac{(e^x\sqrt{1+x}-1)}{\operatorname{sen} x} = \frac{(1+x+\ldots)(1+x/2+\ldots)-1}{x-\ldots}$$

$$= \frac{3x/2+\ldots}{x+\ldots} = \frac{3}{2}+\ldots,$$

e isso mostra que o referido limite é $3/2$.

Divisão de séries de potências

Com o Teorema 9.27 podemos obter a série de potências de uma função $1/f$, conhecendo a série de potências de f. Assim, pondo $1/f = q = \sum q_n x^n$, determinamos os coeficientes q_n a partir da relação $fq = 1$. Devemos ter $a_0 q_0 = 1$ e

$$a_0 q_n + a_1 q_{n-1} + \ldots + a_n q_0 = 0, \quad n = 1, 2, \ldots .$$

Daqui obtemos todos os coeficientes q_n: $q_0 = 1/a_0$ e

$$a_0 q_1 + a_1 q_0 = 0 \Rightarrow q_1 = -a_1 q_0 / a_0;$$

$$a_0q_2 + a_1q_1 + a_2q_0 = 0 \Rightarrow q_2 = -(a_1q_1 + a_2q_0)/a_0 \ ;$$

e assim por diante.

Um procedimento análogo a esse permite obter o desenvolvimento, em potências de x, de um quociente do tipo f/g (desde que, evidentemente, $g(0) = b_0 \neq 0$):

$$\frac{f(x)}{g(x)} = \frac{a_0 + a_1x + \ldots}{b_0 + b_1x + \ldots} = \frac{a_0}{b_0} + \ldots \ .$$

Os dois exemplos seguintes são ilustrativos desses procedimentos no cálculo de certos limites, quando a aplicação da regra de l'Hôpital torna-se complicada.

9.29 Exemplo. Seja calcular o limite, com $x \to 0$, da função

$$\frac{(1 - \sqrt[3]{1 - x^2})^2}{(e^{5x} - 1)^2 \operatorname{sen}^2 7x} \ .$$

Isso exige um mínimo de cálculos. Observe que a raiz cúbica que aparece no numerador tem desenvolvimento $1 - x^2/3 + \ldots$, de forma que o numerador é $x^4/9 + \ldots$ O denominador, por sua vez, é

$$(5x + \ldots)^2(7x + \ldots)^2 = (25x^2 + \ldots)(49x^2 + \ldots) = 25x^2 49x^2 + \ldots$$

Em conseqüência, o limite procurado é $(9 \times 25 \times 49)^{-1}$.

9.30. Exemplo. Seja calcular $\lim_{x \to 0} x^{-4}\left(\dfrac{x}{\operatorname{sen} x} - 1 - \dfrac{x^2}{6}\right)$. Temos:

$$\frac{x}{\operatorname{sen} x} = \frac{x}{x - x^3/3! + x^5/5! - \ldots} = \frac{1}{1 - (x^2/3! - x^4/5! + \ldots)}$$

$$= 1 + \left(\frac{x^2}{6} - \frac{x^4}{120} - \ldots\right) + \left(\frac{x^2}{6} - \frac{x^4}{120} - \ldots\right)^2 + \ldots$$

$$= 1 + \frac{x^2}{6} - \frac{x^4}{120} + \frac{x^4}{36} + \ldots = 1 + \frac{x^2}{6} + \frac{7x^4}{360} + \ldots$$

Daqui segue-se que o primeiro termo do desenvolvimento da função dada em potências de x é $7/360$, que é o limite procurado.

Exercícios

1. Prove que o raio de convergência da série produto (9.17) é no mínimo o menor dos raios de convergência das séries (9.16). Dê exemplos de séries de potências cujo produto seja uma série com raio de convergência igual ao menor dos raios de convergência das séries dadas; e exemplos em que o produto seja uma série com raio de convergência maior que o menor dos raios de convergência das séries dadas, ou mesmo tenha raio de convergência infinito.

2. Obtenha os primeiros quatro termos do desenvolvimento de $x/(e^x - 1)$ em potências de x. Mostre que
$$f(x) = \frac{x}{e^x - 1} - 1 + \frac{x}{2}$$
é função par, significando que a função dada pode ser escrita na forma
$$\frac{x}{e^x - 1} = \sum_0^\infty \frac{B_n}{n!} x^n,$$
onde $B_0 = 1$, $B_1 = -1/2$, $B_2 = 1/6$, $B_3 = 0$, $B_4 = -1/30$ e $B_{2n+1} = 0$ para $n \geq 1$. Esses B_n são os chamados *números de Bernoulli* (Jacques Bernoulli (1654-1705)).

3. Mostre que $\dfrac{x}{e^x - 1} + \dfrac{x}{2} = \dfrac{x}{2} \coth \dfrac{x}{2}$ e conclua que $\dfrac{x}{2} \coth \dfrac{x}{2} = \sum_0^\infty \dfrac{B_{2n}}{(2n)!} x^{2n}$. Substituindo x por $2x$, obtém-se $x \coth x = \displaystyle\sum_0^\infty \dfrac{2^{2n} B_{2n}}{(2n)!} x^{2n}$.

4. Calcule os limites, com $x \to 0$, das funções
$$\frac{[\log(1 + x) - x]^2}{\operatorname{sen}^4 3x}, \quad \frac{1 - x/\operatorname{sen} x}{1 - \cos^2 3x}, \quad [(1 + x)^{1/x} - e]\frac{x^3}{\operatorname{sen}^2 x}, \quad \frac{e - (1 + x)^{1/x}}{1 - \sqrt[5]{1 - x}}.$$

Teoremas de Abel e Tauber

Seja $\sum a_n x^n$ uma série com raio de convergência $r > 0$. Já observamos (p. 221) que se a convergência dessa série em $(-r, r)$ for uniforme, então ela convergirá uniformemente em $[-r, r]$. O Teorema de Abel, que discutiremos a seguir, permite chegar a essa mesma conclusão, sabendo apenas que a série converge em $x = r$ e $x = -r$.

9.31. Lema de Abel. *Suponhamos que as reduzidas $S_n = a_1 + \ldots + a_n$ de uma série $\sum a_n$ sejam limitadas por uma constante M, e seja (b_n) uma seqüência não crescente com $b_n \geq 0$ para todo n; ou seqüência não decrescente com $b_n \leq 0$ para todo n. Então as reduzidas da série $\sum a_n b_n$ são limitadas por $M|b_1|$.*

Demonstração. Faremos a demonstração supondo $b_n \geq 0$. O outro caso se reduz a este considerando $-b_n$ em lugar de b_n. Temos:

$$|\sum_{i=1}^n a_i b_i| = |S_1 b_1 + (S_2 - S_1)b_2 + \ldots + (S_n - S_{n-1})b_n|$$

$$= |S_1(b_1 - b_2) + S_2(b_2 - b_3) + \ldots + S_{n-1}(b_{n-1} - b_n) + S_n b_n|$$

$$\leq M[(b_1 - b_2) + (b_2 - b_3) + \ldots + (b_{n-1} - b_n) + b_n] = M b_1,$$

como queríamos provar.

9.32. Teorema de Abel. *Se a série $\sum a_n x^n$ tem raio de convergência $r > 0$ e converge em $x = r$, então ela converge uniformemente no intervalo*

$[0, r]$. Em conseqüência, ela define uma função contínua em todo esse intervalo, de sorte que $\lim_{x \to r-} \sum a_n x^n = \sum a_n r^n$.

Demonstração. Podemos supor $r = 1$ sem perda de generalidade, pois o caso geral se reduz a esse trocando x por rx. Então, dado qualquer $\varepsilon > 0$, existe N tal que, para todo inteiro positivo p,

$$n > N \Rightarrow |a_{n+1} \ldots + a_{n+p}| < \varepsilon.$$

Aplicando o lema anterior com $b_n = x^n$ e $x \in [0, 1]$, obtemos:

$$|a_{n+1} x^{n+1} + \ldots + a_{n+p} x^{n+p}| < \varepsilon x^{n+1} \leq \varepsilon.$$

Daqui e do critério de Cauchy concluímos que a série $\sum a_n x^n$ converge uniformemente em $[0, 1]$, como queríamos provar. O mais é conseqüência do Teorema 9.5 (p. 208).

Observe que uma proposição análoga vale também no caso em que sabemos que a série converge em $x = -r$; então ela convergirá uniformemente em $[-1, 0]$. Este caso pode ser reduzido ao anterior com a simples troca de x por $-x$. E se soubermos que a série converge em $x = r$ e $x = -r$, então podemos concluir que ela converge uniformemente em $[-r, r]$.

9.33. Exemplos. A série

$$\log(x + 1) = \sum_{n=1}^{\infty} \frac{(-1)^{n+1}}{n} x^n$$

tem raio de convergência 1 e converge em $x = 1$ (mas não em $x = -1$). Então ela converge uniformemente em $[0, 1]$ e fornece $\log 2$ com $x = 1$:

$$\log 2 = \sum_{n=1}^{\infty} \frac{(-1)^{n+1}}{n} = 1 - \frac{1}{2} + \frac{1}{3} - \frac{1}{4} + \ldots$$

Já a série $\sum x^n/n^2$, também com raio de convergência 1, converge em $x = 1$ e $x = -1$; logo, é uniformemente convergente em $|x| \leq 1$.

O resultado seguinte é uma espécie de recíproca do Teorema de Abel.

9.34. Teorema de Tauber. *Suponhamos que a série $\sum a_n x^n$, com raio de convergência $r > 0$, tenha limite finito S com $x \to r-$, e que $na_n \to 0$. Então, a série $\sum a_n r^n$ converge e tem soma S.*

Demonstração. Como no caso do Teorema de Abel, podemos supor $r = 1$ sem perda de generalidade. Sejam $x \in (0, 1)$ e N o número inteiro tal que $N(1-x) \leq 1 < (N+1)(1-x)$. Então,

$$\left|\sum_{n=0}^{\infty} a_n x^n - \sum_{n=0}^{N} a_n\right| = \left|\sum_{N+1}^{\infty} a_n x^n - \sum_{n=0}^{N} a_n(1-x^n)\right|$$

$$\leq \left|\sum_{N+1}^{\infty} a_n x^n\right| + \left|\sum_{n=0}^{N} a_n(1-x^n)\right| = S_1 + S_2.$$

Dado qualquer $\varepsilon > 0$, escolhemos N suficientemente grande (ao mesmo tempo estamos fazendo x mais próximo de 1) para que $n > N \Rightarrow n|a_n| < \varepsilon$. Assim,

$$S_1 \leq \sum_{N+1}^{\infty} n|a_n|\frac{x^n}{n} < \frac{\varepsilon}{N+1}\sum_{N+1}^{\infty} x^n < \frac{\varepsilon}{(N+1)(1-x)} < \varepsilon.$$

Quanto a S_2, observe que

$$1 - x^n = (1-x)(1 + x + \ldots + x^{n-1}) < n(1-x),$$

de sorte que

$$S_2 \leq \sum_{n=0}^{N} |a_n|(1-x^n) < (1-x)\sum_{n=0}^{N} n|a_n| \leq \frac{1}{N}\sum_{n=0}^{N} n|a_n|.$$

Como $na_n \to 0$, esta última expressão também tende a zero (Exerc. 7 da p. 25). Portanto, se necessário aumentamos N para termos $S_2 < \varepsilon$. Fica assim provado que, com N suficientemente grande e $N(1-x) \leq 1 < (N+1)(1-x)$,

$$\left|\sum_{n=0}^{\infty} a_n x^n - \sum_{n=0}^{N} a_n\right| < 2\varepsilon$$

Finalmente, como

$$\left|S - \sum_{n=1}^{\infty} a_n\right| \leq \left|S - \sum_{n=0}^{\infty} a_n x^n\right| + \left|\sum_{n=0}^{\infty} a_n x^n - \sum_{n=0}^{N} a_n\right|$$

primeiro fazemos x suficientemente próximo de 1 para que o primeiro termo do segundo membro seja menor que ε; em seguida ajustamos N para que o segundo termo seja menor que 2ε. Isso prova que a série $\sum a_n$ efetivamente converge e sua soma é S, o que completa a demonstração do teorema.

A condição $na_n \to 0$ é essencial no teorema anterior. Por exemplo, a série

$$\sum_{n=0}^{\infty}(-1)^n x^n = \frac{1}{1+x}$$

tem limite $1/2$ com $x \to 1$, mas não converge com $x = 1$. Aqui, $na_n = (-1)^n n$ não tende a zero.

Séries trigonométricas

Ao lado das séries de potências, as *séries trigonométricas* são outra classe muito importante de séries de funções, do tipo

$$A + \sum_{n=1}^{\infty}(a_n \cos nx + b_n \operatorname{sen} nx),$$

onde os coeficientes A, a_n e b_n são constantes. Como já tivemos oportunidade de mencionar (p. 104ss), elas se originaram nos estudos da corda vibrante, e alcançaram enorme importância com as inveestigações de Fourier sobre propagação do calor.

As séries trigonométricas são de caráter bem diferente do das séries de potências. Enquanto estas podem ser derivadas indefinidamente em seus domínios de convergência, o mesmo não é verdade das séries trigonométricas. Por exemplo, é claro que a série

$$f(x) = \sum_{n=1}^{\infty} \frac{\operatorname{sen} nx}{n^3}.$$

pode ser derivada termo a termo, pois ela converge para todo x (aliás, uniformemente) e a série de derivadas,

$$f'(x) = \sum_{n=1}^{\infty} \frac{\cos nx}{n^2},$$

converge uniformemente para todo x, como se vê facilmente pelo teste M de Weierstrass. Se pudermos derivar novamente, termo a termo, teremos

$$f''(x) = -\sum_{n=1}^{\infty} \frac{\operatorname{sen} nx}{n}.$$

Acontece que, para aplicarmos o Teorema 9.16 (p. 214), temos de nos certificar de que esta série converge uniformemente. E agora o teste de Weierstrass não ajuda. Certamente não podemos derivar novamente, termo a termo, pois a série resultante, $-\sum \cos nx$, sequer converge (Veja o Exerc. 1 da p. 206).

234 Capítulo 9: Seqüências e Séries de Funções

Como se vê, as séries trigonométricas criaram novas exigências, que foram logo atendidas pelos matemáticos, como exemplificam o teorema seguinte e o Teste de Abel dado no Exerc. 3 adiante.

9.35. Teorema (teste de Dirichlet). *Seja $\sum p_n$ uma série de funções com domínio D, convergente ou não, cujas somas parciais $S_n = p_1 + \ldots + p_n$ formam uma seqüência limitada por uma constante M. Seja ainda (q_n) uma seqüência monótona de funções com o mesmo domínio D, tendendo a zero uniformemente. Então, a série $\sum p_n q_n$ é uniformemente convergente.*

Demonstração. Dado qualquer $\varepsilon > 0$, existe N tal que $n > N \Rightarrow |q_n| < \varepsilon/M$. Então, pelo Lema de Abel,

$$|p_{n+1}q_{n+1} + \ldots + p_{n+p}q_{n+p}| < M|q_{n+1}| < \varepsilon.$$

Daqui e do critério de Cauchy concluímos que $\sum p_n q_n$ é uniformemente convergente, como queríamos provar.

9.36. Exemplos. O teorema que acabamos de provar é exatamente o que necessitamos para verificar a convergência uniforme das séries

$$\sum_{n=1}^{\infty} \frac{\operatorname{sen} nx}{n} \quad \text{e} \quad \sum_{n=1}^{\infty} \frac{\cos nx}{n}.$$

Pondo $q_n = 1/n$ em ambas as séries, $p_n = \operatorname{sen} nx$ na primeira delas e $p_n = \cos nx$ na segunda, para aplicar o teorema anterior devemos verificar que as reduzidas

$$\sum_{n=1}^{N} \operatorname{sen} nx \quad \text{e} \quad \sum \cos nx$$

são limitadas por uma constante M. De acordo com a fórmula de De Moivre,

$$\sum_{n=1}^{N} \cos nx + i \sum_{n=1}^{N} \operatorname{sen} nx = \sum_{n=1}^{N} e^{inx} = \frac{e^{ix} - e^{i(N+1)x}}{1 - e^{ix}} = \frac{e^{ix/2} - e^{i(N+1/2)x}}{e^{-ix/2} - e^{ix/2}}$$

$$= \frac{i}{2\operatorname{sen}(x/2)}\left[(\cos\frac{x}{2} + i\operatorname{sen}\frac{x}{2}) - \cos(N+\frac{1}{2})x - i\operatorname{sen}(N+\frac{1}{2})x\right]$$

donde tiramos:

$$\sum_{n=1}^{N} \cos nx = \frac{1}{2\operatorname{sen}(x/2)}\left[\operatorname{sen}(N+\frac{1}{2})x - \operatorname{sen}\frac{x}{2}\right];$$

$$\sum_{n=1}^{N} \operatorname{sen} nx = \frac{1}{2\operatorname{sen}(x/2)}\left[\cos\frac{x}{2} - \cos(N+\frac{1}{2})x\right].$$

Essas fórmulas nos mostram que as somas de senos e cossenos que aí aparecem são limitadas por uma constante (independente de N, não apenas de x), se restringirmos x a qualquer intervalo $I_\delta = [\delta,\ 2\pi - \delta]$, δ sendo um número positivo menor do que π. Portanto, em tais intervalos a convergência das séries é uniforme. Em conseqüência, as séries

$$\sum_{n=1}^{\infty} \frac{\cos nx}{n^2} \quad \text{e} \quad \sum_{n=1}^{\infty} \frac{\operatorname{sen} nx}{n^2}.$$

definem funções deriváveis no intervalo $(0,\ 2\pi)$ e suas derivadas podem ser obtidas por derivação termo a termo. (Observe que a convergência provada é em intervalos do tipo I_δ, mas qualquer x em $(0,\ 2\pi)$ está contido no interior de um certo I_δ.)

Exercícios

1. Prove que se (a_n) é uma seqüência numérica, que tende a zero monotonamente, então as séries $\sum a_n \cos nx$ e $\sum a_n \operatorname{sen} nx$ são uniformemente convergentes em intervalos do tipo $I_\delta = [\delta,\ 2\pi - \delta]$, $0 < \delta < \pi$.

2. Prove que as séries $\sum \dfrac{\cos nx}{\log n}$ e $\sum \dfrac{\operatorname{sen} nx}{\log\log n}$ são uniformemente convergentes em intervalos do tipo I_δ do exercício anterior.

3. Prove o seguinte resultado, conhecido como **Teste de Abel**: Se $\sum p_n$ é uma série convergente e (q_n) é uma seqüência monótona, limitada por uma constante M, (portanto convergente para um certo limite c), então a série $\sum p_n q_n$ é convergente. (Observe a diferença entre este teste e o de Dirichlet: aqui a série $\sum a_n$ é convergente; em compensação, o limite c de q_n pode não ser zero.) Sugestão para a demonstração: ponha $r_n = q_n - c$ no teste de Dirichlet.

4. Use o teste de Abel para obter o de Leibniz para séries alternadas: se (a_n) é monótona e tende a zero, então a série $\sum(-1)^n a_n$ é convergente.

5. Prove que $f(x) = \sum e^{-n}(\cos nx + \operatorname{sen} nx)$ é uma função de classe C^∞ e que a série, bem como as dela obtidas por derivação termo a termo, indefinidamente, são todas uniformemente convergentes.

Equicontinuidade

O objetivo desta seção é apresentar um teorema conhecido na literatura como teorema (ou lema) de Ascoli, às vezes como de Arzelà e outras vezes ainda como de Arzelà-Ascoli. Ele é parecido com o teorema de Bolzano-Weierstrass (p. 36) que, como vimos, afirma que toda seqüência numérica limitada possui uma subseqüência convergente. O teorema de Ascoli leva a uma conclusão parecida, porém tratando de seqüências de funções, não de seqüências numéricas.

Muitas vezes a solução de um certo problema — particularmente em cálculo das variações, equações diferenciais ou equações integrais — é obtida por aproximações. Constrói-se uma seqüência infinita de soluções aproximadas e prova-se, com a ajuda do teorema de Ascoli, que ela possui uma subseqüência que converge para a desejada solução do problema.

Já vimos (Exerc. 3 da p. 206, onde definimos "seqüência limitada"), que uma seqüência de funções limitadas, que converge uniformemente, é limitada. A seguir damos um resultado parecido.

Teorema 9.37. *Seja f_n uma seqüência de funções contínuas num domínio compacto D, que converge uniformemente. Então f_n é limitada.*

Demonstração. De fato, sendo contínuas e definidas num domínio compacto, as funções f_n são limitadas, cada uma por uma constante $M_n = \max |f_n(x)|$, portanto, estão satisfeitas as hipóteses do Exerc. 3 da p. 206.

Podemos também dar uma demonstração direta. A função f, limite da seqüência f_n, é contínua no domínio compacto D; portanto, $|f|$ possui valor máximo M. Dado $\varepsilon = 1$, existe N tal que, para todo $x \in D$,

$$n > N \Rightarrow |f_n(x) - f(x)| < 1;$$

logo, $|f_n(x)| < |f(x)| + 1 \leq M + 1$. Tomando, então, M_0 como o maior dos números $M_1, M_2, \ldots, M_N$, $M + 1$, teremos $|f_n(x)| < M_0$, para todo n e todo $x \in D$, como queríamos provar.

O teorema anterior faz pensar em sua recíproca: será que uma seqüência de funções contínuas, que seja limitada, converge uniformemente? ou, ao menos, possui uma subseqüência uniformemente convergente? A resposta é negativa, como podemos ver através de contra-exemplos simples, como $f_n(x) = 1/(1 + nx)$. Esta seqüência tende a zero pontualmente em $x > 0$, de forma que se possuísse uma subseqüência uniformemente convergente, tal subseqüência teria de convergir para zero. Mas isso é impossível, pois $f_n(1/n) = 1$ para todo n.

A condição adicional que a seqüência deve possuir, além da de limitação, e que vamos introduzir agora, é chamada *equicontinuidade*. Para chegarmos a ela, começamos lembrando o teorema de Heine (p. 118). Sendo as funções de uma dada seqüência f_n contínuas no mesmo domínio compacto D, a continuidade uniforme de cada uma delas permite afirmar: dado $\varepsilon > 0$, existe $\delta_n > 0$ tal que

$$x, y \in D, \ |x - y| < \delta_n \Rightarrow |f_n(x) - f_n(y)| < \varepsilon.$$

Mas veja bem: o δ_n que aí aparece pode variar com o n, isto é, à medida que mudamos de uma função para outra. Caso contrário, isto é, caso possamos sempre determinar um único $\delta > 0$ para todas as funções f_n, então a continuidade estará sendo igual para todas as funções da seqüência, isto é, estaremos tendo "equicontinuidade" (equi=igual). Daí a definição que damos a seguir.

Definição 9.38. *Diz-se que uma família F de funções (em particular, uma seqüência f_n), definidas num mesmo domínio D, é equicontínua se, dado qualquer $\varepsilon > 0$, existe $\delta > 0$ tal que*

$$x, y \in D, \ |x - y| < \delta \Rightarrow |f(x) - f(y)| < \varepsilon, \ \forall f \in F.$$

O teorema seguinte tem a mesma hipótese do Teorema 9.37, mas a conclusão é a equicontinuidade, não a limitação.

Teorema 9.39. *Seja f_n uma seqüência de funções contínuas num domínio compacto D, que converge uniformemente. Então essa seqüência é equicontínua.*

Demonstração. Como cada f_n é uniformemente contínua, dado $\varepsilon > 0$, existe $\delta_n > 0$ tal que

$$x, y \in D, \ |x - y| < \delta_n \Rightarrow |f_n(x) - f_n(y)| < \varepsilon. \tag{9.18}$$

e como a seqüência f_n converge uniformemente, existe N tal que

$$n > N \Rightarrow |f_n(x) - f_N(x)| < \varepsilon, \ \forall x \in D.$$

Este resultado e (9.18) com $n = N$ permitem concluir, em face da desigualdade

$$|f_n(x) - f_n(y)| \leq |f_n(x) - f_N(x)| + |f_N(x) - f_N(y)| + |f_N(y) - f_n(y)|,$$

que

$$n > N \text{ e } x, y \in D, \ |x - y| < \delta_N \Rightarrow |f_n(x) - f_n(y)| < 3\varepsilon. \tag{9.19}$$

Falta incluir, neste último resultado, os valores $n = 1, 2, \ldots N$. Para isso tomamos $\delta = \min\{\delta_1, \delta_2, \ldots, \delta_N\}$ e utilizamos (9.18) com $n = 1, \ldots, N$ e (9.19) com $n > N$. Obtemos, então,

$$x, y \in D, \ |x - y| < \delta \Rightarrow |f_n(x) - f_n(y)| < 3\varepsilon, \ \forall n.$$

Isso prova que a seqüência (f_n) é equicontínua, que é o resultado desejado.

Os Teoremas 9.37 e 9.39 mostram que limitação e equicontinuidade são condições necessárias para que uma seqüência de funções contínuas num domínio compacto seja uniformemente convergente. Veremos, a seguir, que essas condições garantem que a seqüência possui uma subseqüência uniformemente convergente, que é o resultado central desta seção.

238 Capítulo 9: Seqüências e Séries de Funções

Teorema 9.40 (de Ascoli). *Toda seqüência limitada e equicontínua de funções definidas num domínio compacto D possui uma subseqüência que converge uniformemente.*

Demonstração. Sejam (f_n) a referida seqüência e (r_n) uma seqüência contendo todos os números racionais $r_n \in D$. (Esta seqüência existe, pois o conjunto dos racionais é enumerável.)

Pelo teorema de Bolzano-Weierstrass (p. 36), a seqüência numérica $(f_n(r_1))$, sendo limitada, possui uma subseqüência convergente. Dito de outro modo, (f_n) possui uma subseqüência, que denotaremos por (f_{1n}), tal que

$$f_{11}(r_1),\ f_{12}(r_1),\ldots,\ f_{1n}(r_1),\ldots$$

é convergente. Pelo mesmo raciocínio, como $(f_{1n}(r_2))$ é limitada, (f_{1n}) possui uma subseqüência (f_{2n}) tal que a seqüência numérica

$$f_{21}(r_2),\ f_{22}(r_2),\ldots,\ f_{2n}(r_2),\ldots$$

é convergente. Prosseguindo dessa maneira, indefinidamente, construímos as seqüências (f_{jn}), $j = 1, 2, \ldots$, tais que (f_{1n}) é subseqüência de (f_n), (f_{jn}) é subseqüência de $(f_{j-1,n})$ para $j > 1$, e as as seqüências numéricas

$$f_{11}(r_1),\ f_{12}(r_1),\ldots,\ f_{1n}(r_1),\ldots,$$

$$f_{21}(r_2),\ f_{22}(r_2),\ldots,\ f_{2n}(r_2),\ldots,$$

$$\ldots\ldots\ldots\ldots\ldots\ldots\ldots\ldots\ldots\ldots\ldots\ldots$$

$$f_{n1}(r_n),\ f_{n2}(r_n),\ldots,\ f_{nn}(r_n),\ldots,$$

$$\ldots\ldots\ldots\ldots\ldots\ldots\ldots\ldots\ldots\ldots\ldots\ldots$$

são convergentes. Além disso, a seqüência $(f_{jn}(x))$, sendo uma subseqüência de todas as anteriores, $(f_{1n}(x))$, $(f_{2n}(x)),\ldots,(f_{j-1,n}(x))$, é convergente em $x = r_1, r_2, \ldots, r_j$.

Considere agora a seqüência diagonal $(g_n) = (f_{nn})$ e observe que, para $n \geq j$, g_n é subseqüência de (f_{jn}), portanto, converge em $x = r_1, r_2, \ldots, r_j$. Isso implica que $(g_n(x))$ converge em todos os elementos da seqüência numérica (r_n).

Queremos provar que (g_n) converge uniformemente em D. Começamos observando que, como a seqüência original é equicontínua, o mesmo é verdade de (g_n); logo, dado qualquer $\varepsilon > 0$, existe $\delta > 0$ tal que

$$x, y \in D,\ |x - y| < \delta \Rightarrow |g_n(x) - g_n(y)| < \varepsilon/3,\ \forall n. \qquad (9.20)$$

As vizinhanças $V_\delta(r_n)$ constituem uma cobertura de D. Como este conjunto é compacto, pelo teorema de Borel-Lebesgue (p. 115) basta um número finito dessas vizinhanças para cobrir D. Mudando a notação, se necessário, sejam $V_\delta(r_1)$, $V_\delta(r_2), \ldots, V_\delta(r_s)$ essas vizinhanças[1] que cobrem D. Como as seqüências numéricas

$$g_n(r_1), \ g_n(r_2), \ldots, \ g_n(r_s),$$

são convergentes, existe N_i tal que

$$n, \ m > N_i \Rightarrow |g_n(r_i) - g_m(r_i)| < \varepsilon/3, \quad i = 1, 2, \ldots, s.$$

Então, tomando $N = \max\{N_1, N_2, \ldots, N_s\}$, teremos:

$$n, \ m > N \Rightarrow |g_n(r_i) - g_m(r_i)| < \varepsilon/3, \quad i = 1, 2, \ldots, s. \tag{9.21}$$

Finalmente, dado qualquer $x \in D$, esse x estará numa das vizinhanças $V_\delta(r_i)$, de sorte que $|x - r_i| < \delta$. De (9.20) e (9.21) teremos, então, com $n, \ m > N$,

$$\begin{aligned}|g_n(x) - g_m(x)| &\leq |g_n(x) - g_n(r_i)| + |g_n(r_i) - g_m(r_i)| + |g_m(r_i) - g_m(x)| \\ &\leq \frac{\varepsilon}{3} + \frac{\varepsilon}{3} + \frac{\varepsilon}{3} = \varepsilon,\end{aligned}$$

isto é, provamos que, dado qualquer $\varepsilon > 0$, existe N tal que

$$n, \ m > N \Rightarrow |g_n(x) - g_m(x)| < \varepsilon, \quad \forall x \in D.$$

Isso conclui a demonstração do teorema.

Observação 1. O leitor deve notar, na demonstração do teorema anterior, que a hipótese de que a seqüência (f_n) seja limitada é mais do que se precisa. Afinal, essa hipótese só foi usada para garantir que são limitadas as seqüências $(f_n(r_1))$, $(f_{1n}(r_2))$, $(f_{2n}(r_3))$ etc. Mas essas seqüências não precisam ser limitadas pela mesma constante. Basta que a seqüência $(f_n(x))$ seja limitada para cada x. Mais precisamente, basta supor que para todo $x \in D$, $M(x) = \sup_n |f_n(x)|$ seja finito. Diz-se, então, que a seqüência (f_n) é *simplesmente limitada*. Esta é uma condição mais fraca que *limitada* e que pode substituir esta na hipótese do referido teorema.

Observação 2. O leitor deve notar também que o Teorema 9.40, embora não seja uma recíproca dos Teoremas 9.37 e 9.39, está perto disso. O teorema

---

[1]Aqui nem seria preciso apelar para Borel-Lebesgue. Basta notar que D está contido num intervalo $[a, b]$, o qual pode ser dividido em, digamos, s sub-intervalos $[a, x_1]$, $[x_1, x_2], \ldots [x_{s-1}, b]$, todos de comprimentos menores do que δ. Esses intervalos formam uma cobertura finita de D e tomam o lugar das vizinhanças acima referidas, desde que no primeiro deles escolhamos um número racional r_1, no segundo um número racional r_2 etc., no último um número racional r_s.

seguinte é uma versão do teorema de Ascoli nesse sentido, isto é, estabelece equivalência entre a convergência uniforme e as condições de limitação e equicontinuidade, que são as hipóteses usadas em 9.37 e 9.39.

Teorema 9.41. (de Ascoli) *Seja F uma família de funções contínuas num domínio compacto D. Então, as seguintes condições são equivalentes:*
a) a família F é limitada e equicontínua;
b) qualquer seqüência de funções $f_n \in F$ possui uma subseqüência uniformemente convergente.

Demonstração. A demonstração de que $a) \Rightarrow b)$ é exatamente a demonstração do Teorema 9.40.

Vamos provar que $b) \Rightarrow a)$ por contradição. Se F não fosse limitada, para cada n poderíamos encontrar uma função em F — que denotamos por f_n — tal que $\sup_x |f_n(x)| > n$. Em vista do Teorema 9.37, a seqüência (f_n) não teria subseqüência uniformemente convergente, uma contradição com a hipótese $b)$.

Se F não fosse equicontínua, haveria um $\varepsilon > 0$ tal que, para todo n seria possível encontrar uma função em F — que denotamos por f_n — tal que para algum par de números x_n, $y_n \in D$, teríamos $|x_n - y_n| < 1/n$ e $|f_n(x_n) - f_n(y_n)| \geq \varepsilon$. Então, se f_n tivesse uma subseqüência uniformemente convergente, essa subseqüência não poderia ser equicontínua, uma contradição com o Teorema 9.39. Isso conclui a demonstração.

Observamos que, ao contrário do Teorema 9.40, onde, como dissemos na Obs. 1 acima, basta a limitação simples, no Teorema 9.41, não basta a família F ser simplesmente limitada, ela precisa ser limitada, isto é, todos os seus elementos limitados por uma mesma constante.

Notas históricas e complementares

As séries de potências

Já tivemos oportunidade de observar (p. 68) que as séries de potências começaram a surgir logo no início do Cálculo, no século XVII. Assim, Newton obteve a série geométrica

$$\frac{1}{1-x} = 1 + x + x^2 + x^3 + \ldots$$

por divisão direta do numerador 1 pelo denominador $1 - x$. E obteve a série do logaritmo,

$$\log(1+x) = x - \frac{x^2}{x} + \frac{x^3}{3} - \ldots = \sum_{n=1}^{\infty} \frac{(-x)^{n+1}}{n},$$

integrando termo a termo a série anterior. Isso aconteceu por volta de 1665, no contexto de calcular áreas sob a hipérbole, mas tais resultados só foram publicados posteriormente. Nicolaus Mercator (1620–1687), apoiando-se nos resultados de Gregorius Saint Vincent (p.

199), obteve a mesma série do logaritmo em 1668, daí essa série ser às vezes chamada "série de Newton-Mercator".

Newton obteve muitas outras séries de potências por esse mesmo método de expandir certas funções simples e integrar termo a termo. Por exemplo, aplicando esse procedimento à série
$$\frac{1}{1+x^2} = 1 - x^2 + x^4 - x^6 + \ldots,$$
obtemos a série de arctg x:
$$\operatorname{arctg} x = x - \frac{x^3}{3} + \frac{x^5}{5} - \ldots = \sum_{n=0}^{\infty} \frac{(-1)^n}{2n+1} x^{2n+1}.$$

Newton obteve também séries de várias funções por um processo de inversão, combinado com aproximações sucessivas. Aliás, essas aproximações são as mesmas que dão origem ao conhecido método de Newton para determinação de raízes de equações. (Veja [E], p. 201 e seguintes.) Assim, por inversão de
$$y = x - \frac{x^2}{2} + \frac{x^3}{3} - \ldots,$$
ele obteve $x = y + y^2/2 + y^3/6 + \ldots$ e concluiu, sem hesitar, que $x = \sum y^n/n!$. E com procedimento análogo ele obtém as séries de sen x, cos x e tg x.

Ao mesmo tempo, e independentemente uns dos outros, vários matemáticos dessa época obtinham os mesmos resultados sobre desenvolvimentos em séries de potências. E como os resultados eram comunicados por cartas ou através de publicações de pequena circulação, ou mesmo ficavam guardados em forma manuscrita, os historiadores da ciência têm dificuldades em decidir sobre quem realmente descobriu o quê em primeiro lugar.

Sem dúvida que, no domínio das séries, o mais importante dos resultados de Newton foi sua descoberta da série binomial (Exerc. 20 da p. 224). O procedimento de Newton para chegar ao resultado final, muito bem descrito no capítulo 7 de [E], é uma excelente ilustração de como os sábios do século XVIII eram guiados pela intuição em suas descobertas. Em todas essas investigações eles não tinham escrúpulos em usar os recursos formais da manipulação algébrica, raciocínios indutivos incompletos e raciocínios por analogia.

A descoberta das séries de potências das funções elementares deu grande impulso ao desenvolvimento do Cálculo. Bastava agora saber derivar e integrar potências de x para ser possível derivar e integrar uma função qualquer. Foi até providencial que as séries de potências fossem descobertas antes que ou/tros tipos de séries de funções, já que elas definem funções muito bem comportadas — as chamadas *funções analíticas*. Por causa disso elas podem ser derivadas e integradas termo a termo, operações essas que eram executadas desde o início do Cálculo, sem maiores preocupações com questões de convergência. Mas isso não é sempre possível com outras séries de funções, como já tivemos oportunidade de observar (p. 233), a propósito de certas séries trigonométricas. É interessante notar também que o surgimento dessas outras séries nas aplicações, sobretudo as séries de Fourier no final do século XVIII, foi um fator decisivo no desenvolvimento da teoria da convergência.

Lagrange e as funções analíticas

Joseph-Louis Lagrange (1736–1813) nasceu em Torino, onde tornou-se professor de Matemática na Escola Real de Artilharia aos 19 anos. E aos 25 anos já era reconhecido como um dos maiores matemáticos do século. Em 1776 Lagrange aceitou o convite para substituir Euler em Berlim, já que este transferia-se de volta para São Petersburgo. Ele satisfazia assim o expresso desejo de Frederico II, segundo o qual "era preciso que o maior geômetra da Europa vivesse junto ao maior dos reis". Com a morte de Frederico em 1787, Lagrange transferiu-se para Paris, onde permaneceu pelo resto de sua vida.

Lagrange produziu uma série de trabalhos da maior importância, nos mais variados domínios da Matemática e da ciência aplicada. Sua obra mais famosa é a *Mécanique Analytique*, concebida em sua juventude, mas só publicada em 1788, e com a qual a Mecânica ficava definitivamente estabelecida como um ramo da Análise Matemática.

Em 1797 Lagrange publicou um livro intitulado *Théorie des fonctions analytiques*, no qual ele procura resolver o problema da fundamentação do Cálculo em bases puramente algébricas, sem a necessidade de considerar grandezas infinitesimais. Para isso ele serve-se da série de Taylor, num processo inverso: partindo da série de Taylor de uma dada função, ele introduz as sucessivas derivadas da função em termos dos coeficientes de sua série. Essa construção se assentava na premissa de que toda função possui desenvolvimento em série de Taylor. (Veja [E], p. 296 e seguintes.) Isso é falso, como já vimos nos Exemplos 9.26 (p. 222), onde exibimos uma função sem desenvolvimento de Taylor, a despeito de ser muito bem comportada. Esse exemplo, diga-se de passagem, é dado por Cauchy, em seu *Résumé* ([C2], Leçon 28). Embora falho em seu intento principal, o livro de Lagrange traz importantes contribuições ao Cálculo, além de representar o esforço mais significativo do século XVIII para os fundamentos dessa disciplina, bem como o prenúncio do rigor definitivo que ia logo se desenvolver no século seguinte.

A convergência uniforme

As questões de convergência, derivabilidade e integrabilidade de séries de funções só puderam ser equacionadas e resolvidas depois que o trabalho de Fourier, devidamente apreciado, deixou bem evidentes as peculiaridades das séries trigonométricas.

Em seu *Cours d'Analyse* de 1821 [C1] Cauchy dá um tratamento bastante completo e satisfatório à convergência das séries. Mas não está totalmente livre das idéias antigas de infinitésimos e do hábito de conceber variáveis como abscissas de pontos móveis ao longo de eixos. Sua própria definição de continuidade (p. 106) revela esse aspecto dinâmico em seu modo de conceber limites. Por causa disso e por não perceber que a convergência das séries de funções tem aspectos que não estão presentes na convergência das séries numéricas, cometeu erros em afirmações que exigiam o conceito de "convergência uniforme" ou de "continuidade uniforme". Assim é que ele prova o (falso) teorema, segundo o qual "a soma de uma série de funções contínuas é uma função contínua". E também ao provar a integrabilidade de qualquer função contínua, a interveniência da continuidade uniforme passa despercebida a Cauchy.

Um outro matemático brilhante dessa época foi o norueguês Niels Henrik Abel (1802–1829). Ele era filho de um pastor pobre e teve um professor à altura de seu gênio, Bernt Holmboe. Quando Abel tinha 17 anos, Holmboe predisse que ele seria o maior matemático do mundo, e procurou encaminhá-lo adequadamente. Com uma bolsa de estudos, Abel viajou para Paris, onde encontrou os maiores matemáticos da época, inclusive Cauchy. Mas não foi devidamente reconhecido. Viajou para Berlim, onde teve o apoio de Crelle, mas também aí a sorte não esteve a seu lado. Logo ficou tuberculoso e morreu muito cedo. O destino, portanto, não permitiu que se cumprisse a previsão de Holmboe.

Num trabalho de 1826 sobre séries, particularmente sobre a série binomial [A], Abel usou a série trigonométrica $\sum (-1)^{n+1} \operatorname{sen} nx/n$ para mostrar a falsidade da afirmação de Cauchy. De fato, a soma dessa série é a função periódica de período 2π, que é igual a $x/2$ no intervalo $(-\pi, \pi)$. Como se vê, é uma função com saltos em todos os pontos da forma $(2k+1)\pi$. Sabemos que a condição que faltava a Cauchy para que seu teorema fosse verdadeiro é a da "convergência uniforme". Mas Abel também não a identificou; e em seu trabalho ele incorre nos mesmos erros que embaraçaram Cauchy: sua concepção dinâmica de continuidade é a mesma de Cauchy e o trato com infinitésimos também segue o mesmo estilo de Cauchy.

É nesse mesmo trabalho de 1826 que Abel demonstra os teoremas que apresentamos atrás como Lema 9.19 e Teorema 9.33. A propósito deste último êle observa que não é sempre permissível substituir valores numéricos numa série, mesmo que sua soma tenha significado correto para esses valores. Por exemplo, não podemos fazer $x = 1$ na série

$$\frac{1}{1+x} = 1 - x + x^2 - x^3 + \ldots$$

A substituição só é possível quando já sabemos que a série converge para tais valores, e é esta a motivação do Teorema 9.33.

O primeiro matemático a identificar o conceito de convergência uniforme parece ter sido Christof Gudermann (1798–1852) num trabalho de 1838 ([D4], p. 47). E Weierstrass, que preparou sua tese (sobre funções elípticas) para a obtenção do diploma de "professor de 2º grau" com Gudermann, assimilou bem o novo conceito, dele tirando todas as implicações importantes na teoria das séries de funções. Em suas preleções em Berlim ele sempre enfatizou a importância da convergência uniforme, particularmente para a integração termo a termo de uma série convergente de funções contínuas.

Independentemente de Gudermann e Weierstrass, a idéia de convergência uniforme, embora não com esse nome, aparece, também de maneira independente, num trabalho de George Stokes (1819–1903) de 1848 e num trabalho de Philipp Seidel (1821–1896) de 1850 ([H1], p. 22). Estes matemáticos, entretanto, não perceberam todas as implicações do conceito, como percebeu Weierstrass.

Um outro fato interessante, que tem a ver com a convergência uniforme, está ligado às séries trigonométricas. Para bem situar o problema, lembremos a questão central: dada uma função f, periódica de período 2π, seja determinar os coeficientes a_n e b_n tais que

$$f(x) = \frac{a_0}{2} + \sum_{n=1}^{\infty} (a_n \cos nx + b_n \sen nx). \qquad (9.22)$$

Fourier fez a determinação desses coeficientes supondo f ímpar e admitindo tacitamente que f fosse desenvolvível em potências de x. Por um longo e cansativo processo de truncar a série num certo índice N, determinar os coeficientes aproximados para $n \leq N$ e passar ao limite com $N \to \infty$, ele termina encontrando a forma final dos coeficientes. (Veja [F1], Sec. VI. Veja também [E], p. 305.) Mas o próprio Fourier observa que se pode chegar ao resultado desejado multiplicando a série anterior, primeiro por $\cos kx$ e integrando de $-\pi$ a π, depois multiplicando a mesma série por $\sen kx$ e repetindo a integração. Como o leitor pode verificar,

$$\int_{-\pi}^{\pi} \cos nx \cos kx dx = \int_{-\pi}^{\pi} \cos nx \sen kx dx = \int_{-\pi}^{\pi} \sen nx \sen kx dx = 0,$$

exceto as primeira e terceira dessas integrais quando $n = k$. Neste caso elas são iguais a π, donde concluímos que

$$a_n = \frac{1}{\pi} \int_{-\pi}^{\pi} f(x) \cos nx dx, \quad b_n = \frac{1}{\pi} \int_{-\pi}^{\pi} f(x) \sen nx\, dx. \qquad (9.23)$$

É interessante notar que esses coeficientes foram obtidos por Euler e Lagrange muito antes de Fourier, mas em contextos que não contemplavam o problema considerado por Fourier — o da possibilidade do desenvolvimento de uma função qualquer em série de senos e cossenos.

O já mencionado trabalho de Riemann [R1], que só foi publicado em 1867 por Dedekind, trazia exemplos de funções possuindo séries trigonométricas que não eram de Fourier, isto é, séries trigonométricas do tipo (9.22), cujos coeficientes a_n e b_n não eram dados pelas expressões (9.23). Os matemáticos perceberam, então, que essas séries não podiam convergir uniformemente, já que não podiam ser integradas termo a termo (senão teriamos as expressões (9.23)). Isso não só mostrava que as séries de Fourier não eram as únicas séries trigonométricas possíveis, mas levantava a questão sobre se uma mesma função poderia se expressar por meio de várias séries trigonométricas ao mesmo tempo. Esse era o problema da *unicidade* da série trigonométrica de dada função, ao qual muitos matemáticos dedicaram suas atenções, sobretudo Cantor, cujos investigações acabaram levando-o mais e mais à consideração de uma diversidade de conjuntos da reta, à introdução de várias noções topológicas, à criação da teoria dos conjuntos e dos números transfinitos.

A aritmetização da Análise

Logo no início do desenvolvimento racional da Matemática, há cêrca de 25 séculos, surgiu a crença, atribuída a Pitágoras, de que o número é a chave da explicação dos fenômenos. Mas não tardaria muito para que essa crença fosse seriamente abalada com a primeira grande crise de fundamentos da Matemática. Essa crise foi contornada por Eudoxo, ligado à escola de Platão, com sua "teoria das proporções", descrita no Livro V dos Elementos de Euclides. Isso deslocou o eixo dos fundamentos, da Aritmética para a Geometria. E Platão exprime muito bem essa nova convicção quando ensina que "Deus geometriza sempre" e manda escrever, no pórtico da Academia, "quem não for geômetra não entre". Desde então, e por muitos séculos a Matemática identifica-se com a Geometria, tanto assim que até uns cem anos atrás os matemáticos eram conhecidos como "geômetras".

Por isso mesmo, os matemáticos do século XVII, que tanto inovaram e deram origem à nova disciplina do Cálculo, foram, todavia, buscar inspiração em Euclides e Arquimedes, cujas obras eram então estudadas e admiradas como modêlo mais acabado de rigor. E essa crença numa possibilidade de fundamentação geométrica do Cálculo perdurou até o início do século XIX. Os conceitos de derivada e integral, que tiveram origem nos conceitos de reta tangente e área, preservaram por muito tempo suas feições geométricas. Por uma curiosa coincidência, foi no momento mesmo em que a Geometria começou a revelar suas falhas de fundamentos, nas primeiras décadas do século, foi então que também tiveram início esforços bem sucedidos para fundamentar o Cálculo fora da Geometria. Todos os conceitos básicos de função, limite, derivada, integral e convergência seriam agora definidos em termos dos números. Mas percebe-se então que os próprios números reais carecem de uma adequada fundamentação, a qual, entretanto, não tarda em ser encontrada. Até aquela definição de limite de Cauchy — correta, porém, ainda eivada da noção espúria de movimento — é agora substituída pela definição puramente numérica de Weierstrass: $f(x)$ tem *limite L com x tendendo a x_0 significa: dado qualquer* $\varepsilon > 0$ *existe* $\delta > 0$ *tal que*

$$0 < |x - x_0| < \delta \Rightarrow |f(x) - L| < \varepsilon.$$

Completava-se assim um movimento que veio a ser chamado de *Aritmetização da Análise*. Agora a própria Geometria teria de buscar na Aritmética elementos mais seguros para sua fundamentação. Era, de certo modo, uma volta a Pitágoras.

Referências Bibliográficas

(com indicação das páginas onde ocorrem as citações)

[A] N. H. ABEL, *Recherche sur la série (binomielle)*, in Oeuvres Complétes, t. I, pp. 219–50, (Christiania, Imprimerie de Grondahl & Son), Johnson Reprint Corporation, 1972. Pág. 242.

[A1] G. ÁVILA, *Cálculo 1 — Funções de uma Variável*, LTC Editora, última edição impressa em 1992. Págs. 11, 27, 86, 90, 95, 127, 128, 141, 181, 188, 225.

[A2] G. ÁVILA, *Cálculo 2 — Funções de uma Variável*, LTC Editora, última edição impressa em 1989. Pág. 196.

[A3] G. ÁVILA, *Cálculo 3 — Funções de Várias Variáveis*, LTC Editora, última edição impressa em 1990. Pág. 189.

[A4] G. ÁVILA, *Variáveis Complexas e Aplicações*, LTC Editora, 1990. Págs. 187, 189, 219.

[A5] G. ÁVILA, *Evolução dos Conceitos de Função e de Integral*, Matemática Universitária N$^{\underline{o}}$ 1 (Junho de 1985) 14–46. Págs. 104, 105, 164.

[A6] G. ÁVILA, *Sobre a Soma de certas Séries Infinitas*, Matemática Universitária N$^{\underline{o}}$ 3 (Junho de 1986) 51–60. Págs. 55, 166.

[A7] G. ÁVILA, *Arquimedes, o Rigor e o Método*, Matemática Universitária N$^{\underline{o}}$ 4 (Dezembro de 1986) 27–45. Pág. 68.

[A8] G. ÁVILA E W. MASCARENHAS, *A Desigualdade de Bernoulli do Ponto de Vista do Cálculo*, Matemática Universitária N$^{\underline{o}}$ 17 (Dezembro de 1994) 52–55. Pág. 9.

[A9] G. ÁVILA, *A Série Harmônica e Fórmula de Euler-MacLaurin*, Matemática Universitária N$^{\underline{o}}$ 19 (Dezembro de 1995) 55–63. Pág. 69.

[B1] E. T. BELL, *Men of Mathematics*, Simon and Schuster, 1937. Pág. 164.

[B2] B. BOLZANO, *Rein Analytischer Beweis der Lehrsatzes, dass zwischen je zwei Werthen, die ein entgegengesetztes Resultat gewahren, wenigstens eine reele Wurzel der Gleichung liege*. Existe tradução francesa na *Revue d'Histoire des Sciences*, T. XVII (1964) 129–64; e tradução inglesa na revista *Historia Mathematica*, vol. 7 (1980) 156–85. Págs. 46, 106, 120.

[B3] R. P. BOAS, *A Primer of Real Functions*, publicado pela Mathematical Association of America, 3$^{\underline{a}}$ edição, 1979. Págs. 111, 164.

[B4] E. BOREL, *Oeuvres*, Editions CNRS, 1972. Págs. 121, 122.

[B5] U. BOTTAZZINI, *The Higher Calculus: A History of Real and Complex Analysis from Euler to Weierstrass*, Springer-Verlag, 1986. Pág. 164.

[C1] A.-L. CAUCHY, *Cours d'Analyse de l'École Royale Polytechnique. 1re. partie: Analyse Algébrique*, 1821. Além de se encontrar nas obras completas de Cauchy, este livro é reimpresso pela Librairie Jacques Gabay de

Paris. A biblioteca do IME-USP possui um exemplar da edição original "de l'Imprimerie Royale" em sua coleção de obras raras. Esta é a fonte de nossas referências. Págs. 71, 106, 120, 242.

[C2] A.-L. CAUCHY, *Résumé des leçons données à l'école royale polytechnique sur le calcul infinitésimal*, 1823. Oeuvres, séries 2, vol. 4, pp. 5–261. Págs. 163, 223, 242.

[C3] J. A. DA CUNHA, *Princípios Mathemáticos*, Departamento de Matemática, Universidade de Coimbra, 1987. Pág. 71.

[D1] R. DEDEKIND, *Essays on the Theory of Numbers*, Dover, 1963. Pág. 12.

[D2] J. DIEUDONNÉ, *Abrégé d'histoire des mathématiques*, Hermann. Págs. 46, 107, 121.

[D3] P. L.-DIRICHLET, *Sur la convergence des séries trigonométriques qui servent à représenter une fonction arbitraire entre des limites données*, Journal de Crelle, 4 (1829) 157–169; Werke, Chelsea Publ. Co. (1969) 117–32. Pág. 163.

[D4] P. DUGAC, *Eléments de l'Analyse de Karl Weierstrass*, Archive for History of Exact Sciences, 10 (1973) 41–176. Págs. 121, 243.

[E] E. H. Edwards, Jr., *The Historical Development of the Calculus*, Springer-Verlag, 1979. Este é um excelente livro, que reune várias virtudes ao mesmo tempo: não é muito longo, faz uma criteriosa seleção dos episódios que apresenta, é fiel aos fatos, usa a linguagem moderna para explicar e tornar inteligíveis os raciocínios antigos, sem contudo deformar esses raciocínios, o que não é fácil, mas torna a apresentação bastante didática. Págs. 68, 103, 141, 198–201, 241–243.

[F1] J. FOURIER, *The Analytical Theory of Heat*, Dover. Págs. 105, 243.

[F2] H. FREUDENTHAL, *Did Cauchy Plagiarize Bolzano?*, Archive for History of Exact Sciences, 7 (1971) 375–92. Este artigo é aqui citado, não pela polêmica de que trata, mas pelos valiosos comentários que contém sobre a obra de Cauchy. Pág. 106.

[G1] B. R. GELBAUM E J. M. H. OLMSTEAD, *Counterexamples in Analysis*, Holden-Day, Inc., 1964. Existe edição mais recente, incorporando modificações. Pág. 100.

[G2] J. V. GRABINER, *Is Mathematical Truth Time-Dependent?*, American Mathematical Monthly, 81 (1974) 354–65. Pág. 107.

[G3] J. V. GRABINER, *The Origins of Cauchy's Rigorous Calculus*, The MIT Press, 1981. Págs. 107, 121.

[G4] I. GRATTAN-GUINNESS, *The Development of the Foundations of Mathematical Analysis from Euler to Riemann*, The MIT Press, 1970. Devemos acautelar o leitor sobre a tese sustentada pelo autor, de que Cauchy teria plagiado Bolzano. Isso foi contestado por estudiosos eminentes (Veja [F2] e [G3]); e, ao que parece, o próprio autor da tese já a abandonou, como se depreende do estilo com que ele escreve o capítulo 3 de [G5]. Pág. 104.

[G5] I. GRATTAN-GUINNESS (Editor), *From the Calculus to Set Theory, 1630–1910 — An Introductory History*, Gerald Duckworth & Co., 1980. Págs. 43, 104, 138, 139, 198.

[H1] T. HAWKINS, *Lebesgue's Theory of Integration*, Chelsea Publ. Co., 1970. Embora seja um livro sobre a Integral de Lebesgue, é excelente leitura sobre o desenvolvimento da Análise no século XIX. Os dois primeiros capítulos são um complemento pertinente ao nosso Capítulo 7. Págs. 164, 166, 243.

[H2] H. HEINE, *Die Elemente der Functionenlehre*, Journal für die reine und angewandte Mathematik, 74 (1872) 172–88. Pág. 122.

[K1] K. KNOPP, *Infinite Sequences and Series*, Dover Publications, 1956. Pág. 68.

[K2] K. KNOPP, *Theory and Applications of Infinite Series*, Dover Publications, 1990. Pág. 68.

[L1] H. LEBESGUE, *Leçons sur l'Intégration et la recherche des fonctions primitives*. A 1ª edição é de 1903, a 2ª de 1928, ambas publicadas em Paris pela Gauthier-Villars. A 3ª edição, publicada em 1973 pela Chelsea Publishing Co. de N. York, é uma reprodução da 2ª edição. Págs. 89, 111, 122, 163.

[L2] E. L. LIMA, *Curso de Análise, Vol. 1*, Projeto Euclides, IMPA, CNPq, 1976. Pág. 14.

[L3] E. L. LIMA, *Espaços Métricos*, Projeto Euclides, IMPA/CNPq, 1977. Págs. 45, 74.

[M] L. H. JACY MONTEIRO, *Elementos de Álgebra*, Ao Livro Técnico, 1969. Pág. 15.

[Q] J. F. QUEIRÓ, *José Anastácio da Cunha: Um Matemático a Recordar, 200 Anos Depois*, Matemática Universitária, Nº 14, Dezembro de 1992. Pág. 71.

[R1] B. RIEMANN, *Über die Darstellarbeit einer Funktion durch eine trigonometrische Rehie*, The Collected Works of Bernhard Riemann, M. Noether & W. Wirtinger, New York, 1953, pp. 227–71. Tradução francesa no "Bulletin des Sciences mathém. et astron., tome V; juillet 1873, pp. 225–79". Págs. 67, 164, 243.

[R2] W. RUDIN, *Princípios de Análise Matemática*, Ao Livro Técnico, 1971. Pág. 14.

[S] M. SPIVAK, *Calculus*, Editorial Reverté, Barcelona. Original em inglês de 1967. Embora se trate de um livro de Cálculo, este livro é um "Honors Calculus" muito bem escrito e que inclui vários tópicos típicos de um curso de Análise. Altamente recomendável. O original, em inglês, é da Editora W. A. Benjamin, Inc. Pág. 14.

Bibliografia Adicional

Além dos livros e artigos já citados nas referências bibliográficas, acrescentamos aqui uma lista adicional de bons livros para leitura colateral ou posterior.

G. BIRKHOFF, *A Source Book in Classical Analysis*, Harvard University Press. Contém (em inglês) extratos dos trabalhos originais que mais influência tiveram no desenvolvimento da Análise Clássica. É uma valiosa coleção, pela maneira criteriosa como foi feita, bem como pelos excelentes comentários do editor.

N. BOURBAKI, *Éléments d'histoire des mathématiques*, Hermann, 1974. Este livro reune as Notas Históricas que aparecem na extensa obra do autor, intitulada *Éléments de Mathématique*. Uma das virtudes do livro consiste nas frequentes referências a uma rica bibliografia de 345 títulos, diretamente ligados ao desenvolvimento da Matemática através dos séculos.

C. B. BOYER, *The History of the Calculus and its Conceptual Development*, Dover, 1959.

G. CANTOR, *Contributions to the Founding of the Theory of Transfinite Numbers*, Dover, 1955. Este livro, pelo seu conteúdo, não é pertinente aos tópicos por nós tratados. É incluido nesta lista pelo mérito de sua introdução, escrita por Philip E. B. Jourdain, dando um excelente apanhado do trabalho desenvolvido pelos predecessores de Cantor, e também do trabalho do próprio Cantor.

H. EVES, *Introdução à História da Matemática*, Editora da Unicamp, 1995. Traduzido do inglês e com mais de 800 páginas, é um dos melhores e mais completos textos de História da Matemática atualmente em uso nos Estados Unidos. De leitura agradável e amena, é enriquecido com seções intituladas "panoramas culturais", que dão valiosos apanhados histórico-culturais dos vários períodos de desenvolvimento da Matemática.

M. KLINE, *The Evolution of Mathematical Thought from Ancient to Modern Times*, Oxford University Press, 1972. Livro de mais de 1200 páginas, muito bem estruturado, bem escrito e fiel aos fatos.

Indice Alfabético

Abel,
  Lema de, 230
  Teorema de, 230
  Teste de, 234, 235
Aderência
  de uma seqüência, 35
  de um conjunto, 75
Aritmetização da Análise, 244
Ascoli,
  Teorema de, 235, 238
Bernoulli,
  Números de, 230
Bijeção, 10, 50, 80
Binomial
  Expansão, 9, 196
Bolzano-Weierstrass
  Teorema de, 35–37, 41, 45, 46, 121, 235, 238
Borel-Lebesgue
  Teorema de, 115, 121, 161, 238
Cantor,
  conjunto de, 98ss, 109
  função de, 100
Cardinalidade, 10
Cobertura, 115
Condição de Lipschitz, 119, 134
Conjunto, 72
  aberto, 75
  compacto, 108, 09
  complementar de, 73–74
  de Cantor, 98ss, 109
  de medida zero, 100, 160–62
  de valores de uma seqüência, 16
  denso, 77
  discreto, 75
  enumerável, 10
  fechado, 75
  interseção, 73, 74
  limitado, 2
  não enumerável, 11
  união, 73, 74
  vazio, 73

Continuidade, 82, 84, 104, 106
  à direita, 91
  à esquerda, 91
  lateral, 91
  uniforme, 116, 17
Contradomínio, 78
Convergência
  absoluta, 64
  condicional, 64, 65
  de uma seqüência, 17–19
  de uma série, 47
  uniforme, 202–04, 213, 242, 243
Corpo, 14, 15
  completo, 14
  ordenado, 14, 15
  dos números reais, 14, 15, 44, 45
Correspondência
  biunívoca, 50, 80
Corte de Dedekind, 13
Critério
  da função intercalada, 89
  da seqüência intercalada, 25
  de confronto, 25, 89
  de convergência de Cauchy, 39, 45, 49, 52, 65, 71, 87, 102, 205, 213
  de integrabilidade, 148
    de Riemann, 158
Dedekind
  Corte de, 13
De Morgan
  Leis de, 73–74
Derivada, 124
  à direita, 124
  à esquerda, 124
  da função composta, 127
  da função inversa, 127
  de ordem n, 123
  lateral, 123, 124
  segunda, 123
Descontinuidade, 95ss
  à direita, 95
  à esquerda, 95
  de primeira espécie, 95

de segunda espécie, 95
do tipo salto, 95, 96
removível, 95
Desenvolvimento binomial, 9, 196
Desigualdade
  de Bernoulli, 8
  do triângulo, 7
Diagonal
  Processo, 11
Diferencial, 125
Diferenciável, 125
Divisão áurea, 33
Dirichlet
  Teorema de, 234
Divisão de séries, 228, 29
Domínio de uma função, 78–81
Enumerável
  Conjunto, 10
Equicontinuidade, 235, 237
Expansão binomial, 9, 196
Exponencial, 174, 176
Fecho de um conjunto, 75
Forma
  do resto na Fórmula de Taylor, 196
    de Cauchy, 197
    de Lagrange, 193, 196
  indeterminada, 181
  integral do resto, 196, 197
Fórmula
  de Cauchy-Hadamard, 220
  de MacLaurin, 194
  de Taylor, 196–97
Função, 78ss, 105
  analítica, 222-23, 241
  bijetiva, 80
  composta, 80, 88, 127
  côncova, 136
  contínua, 83–84
    à direita, 91
    à esquerda, 91
  convexa, 135–136
  crescente, 80–113
  de Airy, 189
  de Cantor, 100
  decrescente, 80, 113
  de Dirichlet, 81
  de classe C^∞, 222

derivável, 123
diferenciável, 125
escada, 148
exponencial, 174, 176
gama, 187, 88
globalmente contínua, 108
ímpar, 80
injetiva, 80
integrável, 145
intercalada, 25, 89
inversa, 80–81
invertível, 80
limitada, 79
logarítmica, 173
módulo, 81
monótona, 80, 93, 96, 150
não crescente, 80
não decrescente, 80
par, 80
seccionalmente contínua, 151
semi-contínua, 119
zeta de Riemann, 54
Gráfico de uma função, 79
Heine
  Teorema de, 118, 236
Heine-Borel
  Teorema de, 122
Imagem de uma função, 79
Incomensurável, 11, 12
Índice de uma seqüência, 16
Indução
  Princípio de, 8–9
Ínfimo de um conjunto, 4
Infinitésimo, 179
Integrabilidade
  Critérios de, 148, 49, 158, 159
Integração
  por partes, 171
  por substituição, 171, 72
Integral, 145
  de Fresnel, 189
  de Dirichlet, 187
  definida, 170
  de Poisson, 188
  imprópria, 184ss
  indefinida, 170
  inferior, 145

superior, 145
Interior de um conjunto, 74
Interpolação, 199
Intervalo
  aberto, 1, 74
  fechado, 1, 75
  semi-aberto, 1
  semi-fechado, 1
Intervalos encaixados, 40
Irracional
  Número, 12, 43, 44
Leis de De Morgan, 73, 74
Lema de Abel, 230
l'Hôpital,
  Regra de, 86, 181ss
Limite
  à direita, 91
  à esquerda, 91
  da soma, 22, 84
  de uma função, 82
  de uma seqüência, 17, 18
  do produto, 22, 84
  do quociente, 22, 84
  inferior, 37
  infinito, 29, 92
  lateral, 91
  no infinito, 92
  superior, 37
  unicidade do, 24
Lipschitz
  Condição de, 119, 134
Logarítmica
  Função, 173
Logaritmo, 173, 177
  natural, 173
MacLaurin
  Fórmula de, 195
Máximo
  de uma função, 110, 129
  de um conjunto, 2
Medida, 100
  zero, 100, 160
Método de bisseção, 41
Mínimo
  de uma função, 110
  de um conjunto, 129
Multiplicação de séries, 227, 228

Número e, 27, 28, 53, 54, 174, 194
  irracionalidade do, 53
Número irracional, 12, 43, 44
Números de Bernoulli, 230
Ordem de grandeza, 125, 178–80
Oscilação de uma função, 82, 101, 02, 143
Partição, 143
Polinômio de Taylor, 191
Ponto
  aderente, 35, 75
  de acumulação, 75
    à direita, 91
    à esquerda, 195
  de inflexão, 74
  interior, 74
  interno, 74
  isolado, 75
Primitiva, 169
Princípio de indução, 8, 9
Processo diagonal, 11, 238
Propriedade
  do supremo, 3, 4
  do valor intermediário, 110, 133
Raio de convergência, 219ss
Reduzida de uma série, 47
Regra
  da cadeia, 127
  de l'Hôpital, 86, 181ss
Resto
  da Fórmula de Taylor, 196
  de Cauchy, 197
  de Lagrange, 193, 196
  de uma série, 47
  na forma integral, 196
Rolle
  Teorema de, 130, 134
Segundo teorema da média, 172
Seqüência
  convergente, 17, 18, 21
  crescente, 26
  de Cauchy, 42, 43
  decrescente, 26
  de Fibonacci, 33, 34
  de funções, 202ss
    uniformemente convergente, 203, 204

divergente, 17
limitada, 21, 26, 206, 236, 238, 240
monótona, 26
não crescente, 26
não decrescente, 26
nula, 17, 44
numérica, 16
oscilante, 35
pontualmente convergente, 202
recorrente, 31
simplesmente convergente, 202
simplesmente limitada, 239
Semi-continuidade, 119
Série
  alternada, 65
  comutativamente convergente, 51, 67
  de Leibniz, 224
  de funções, 187ss
    uniformemente convergente, 187
  de potências, 217ss
  de termos positivos, 50
  geométrica, 48
  harmônica, 48
  hipergeométrica, 223
  trigonométrica, 233
    unicidade da, 244
Soma
  de Riemann, 156
  de uma série, 47
  inferior, 142
  parcial de uma série, 47
  superior, 142
Subseqüência, 28
Supremo de um conjunto, 3
  Propriedade do, 3
Taylor
  Fórmula de, 196-97
Teorema
  da função intercalada, 89
  da Média, 167-68, 169
    Generalizado, 172
  da permanência do sinal, 84, 85
  da seqüência intercalada, 25
  da unicidade da série de potências, 221
  de Abel, 230

de Ascoli, 238, 240
de Bolzano-Weierstrass, 35, 36, 41, 45, 46, 121, 235, 238
de Borel-Lebesgue, 115-16, 120, 121, 161, 238
de Dedekind, 14
de Dini, 214
de Dirichlet, 234
de Heine, 118, 236
de Heine-Borel, 122
de Rolle, 130, 134
de Tauber, 231
de Weierstrass, 110
do confronto, 25, 89
do valor médio, 130
  generalizado, 133, 134
dos intervalos encaixados, 40
do valor intermediário, 110
fundamental do Cálculo, 169
  generalizado da média, 172
Teste da integral, 62
  da raiz, 57
  da razão, 57
  de Abel, 232, 234
  de comparação, 52
  de Dirichlet, 234
  de Leibniz, 66
  M de Weierstrass, 214
Unicidade
  da série de potências, 221
  da série trigonométrica, 244
  do limite, 25, 89
Valor de aderência, 35
Valor intermediário
  Propriedade do, 110, 133
  Teorema do, 110
Valor médio
  Teorema do, 130
  generalizado, 133-34
Variável
  dependente, 79
  independente, 79
Vizinhança, 75, 76
  simétrica, 75, 76
Weierstrass,
  Teorema de, 110

Indice de Nomes

Abel, 230, 231, 234, 235, 243
Airy, 189
Alfonsus de Sarasa, 199
Arquimedes, 68, 107, 197–98, 244
Arzelà, 235
Ascoli, 235, 236, 238
Baire, 122
Barrow (Isaac), 137, 197
Berkeley, 103
Bernoulli (Daniel), 104, 105, 197
Bernoulli (Jacques), 140, 197, 199, 230
Bernoulli (Jean), 140, 197, 199, 200
Bernoulli (Nicolaus), 140
Bolzano, 35, 40, 45, 46, 71, 106, 109, 120, 121, 235, 238
Borel, 115, 116, 120, 121, 161, 238
Briggs, 199, 200
Cantor, 10, 42, 45, 100, 109, 134, 244
Cauchy, 14, 39, 43–46, 49, 51, 57, 62, 70–71, 87, 102, 106, 107, 120, 121, 163–64, 186, 190, 196, 199, 205, 213, 215, 217, 220, 231, 234, 242–44
Cavalieri, 197, 199
Cunha, 71
d'Alembert, 57, 104–06, 140–41
Darboux, 156, 166
Dedekind, 13, 26, 44–46, 91, 164, 243
De Moivre, 234
De Morgan, 73, 74, 77, 78, 137
Descartes, 142
Diderot, 141
Dini, 209, 214
Dirichlet, 12, 67, 81, 89, 148, 163, 164, 187, 234
Euclides, 12, 197, 244
Eudoxo, 11–14, 197, 244
Euler, 53, 104–06, 140, 194, 197, 200–01, 243
Fermat, 142, 197
Fibonacci, 33, 34
Fourier, 105, 106, 163, 164, 241–44
Fresnel, 189
Frederico II, 241
Galileu, 197

Gauss, 12, 107, 163, 164
Gregory (James) 197, 200
Gudermann, 243
Hadamard, 220
Halley, 137
Heine, 118, 122, 236
Holmboe, 242
Hurwitz, 121
Huygens, 139, 197
Kepler, 197
Lagrange, 104, 130, 193, 196, 241–42
Lebesgue, 115, 116, 120, 121, 210, 238
Legendre, 107
Leibniz, 66, 71, 104, 137, 139–41, 197–99, 224, 235
l'Hôpital, 86, 181–84, 192, 199, 229
Lipschitz, 119, 134
MacLaurin, 193, 195, 200
Méray, 43
Mercator, 240
Napier, 198
Newton, 107, 137, 138, 140, 141, 191, 195, 197–99, 240–41
Oresme, 68–70
Pascal, 139, 197
Pasch, 121
Pitágoras, 244–45
Platão, 244
Poisson, 188
Richelot, 121
Riemann, 67, 142, 156, 158, 164, 171, 199, 243
Rolle, 130, 134
Saint Vincent, 199, 240
Schwarz, 121
Seidel, 243
Stokes, 243
Swineshead, 69, 70
Tauber, 230, 231
Taylor, 190–91, 194, 196, 200, 222, 242
Viète, 142
Wallis, 197
Weil, 201
Weierstrass, 35, 40, 43, 45, 46, 106, 108, 110, 121, 214, 216, 217, 220, 233, 243

divergente, 17
limitada, 21, 26, 206, 236, 238, 240
monótona, 26
não crescente, 26
não decrescente, 26
nula, 17, 43
numérica, 16
oscilante, 35
pontualmente convergente, 202
recorrente, 31
simplesmente convergente, 202
simplesmente limitada, 239
Semi-continuidade, 119
Série
  alternada, 65
  comutativamente convergente, 51, 67
  de Leibniz, 224
  de funções, 187ss
    uniformemente convergente, 187
  de potências, 217ss
  de termos positivos, 50
  geométrica, 48
  harmônica, 48
  hipergeométrica, 223
  trigonométrica, 233
    unicidade da, 244
Soma
  de Riemann, 156
  de uma série, 47
  inferior, 142
  parcial de uma série, 47
  superior, 142
Subsequência, 28
Supremo de um conjunto, 3
  Propriedade do 3–4
Taylor
  Fórmula de, 196–97
Teorema
  da função intercalada, 89
  da Média, 167, 68, 169
    Generalizado, 172
  da permanência do sinal, 84, 85
  da sequência intercalada, 25
  da unicidade da série de potências, 221
  de Abel, 230

de Ascoli, 238, 240
de Bolzano-Weierstrass, 35, 36, 40, 42, 46, 121, 235, 238
de Borel-Lebesgue, 115, 16, 120, 121, 161, 238
de Dedekind, 14
de Dini, 214
de Dirichlet, 234
de Heine, 118, 236
de Heine-Borel, 122
de Rolle, 130, 134
de Tauber, 231
de Weierstrass, 110
do confronto, 25, 89
do Valor Médio, 130
  Generalizado, 133, 134
dos Intervalos Encaixados, 40
do Valor Intermediário, 110
Fundamental do Cálculo, 169
  Generalizado da Média, 172
Teste da integral, 62
  da raiz, 57
  da razão, 57
  de Abel, 232, 234
  de comparação, 52
  de Dirichlet, 234
  de Leibniz, 66
  M de Weierstrass, 214
Unicidade
  da série de potências, 221
  da série trigonométrica, 244
  do limite, 25, 89
Valor de aderência, 35
Valor Intermediário
  Propriedade do, 110, 133
  Teorema do, 110
Valor Médio
  Teorema do, 130
    Generalizado, 133, 34
Variável
  dependente, 79
  independente, 79
Vizinhança, 75, 76
  simétrica, 75, 76
Weierstrass,
  Teorema de, 110